白桦类病斑及早衰突变体的鉴定与研究

李然红 著

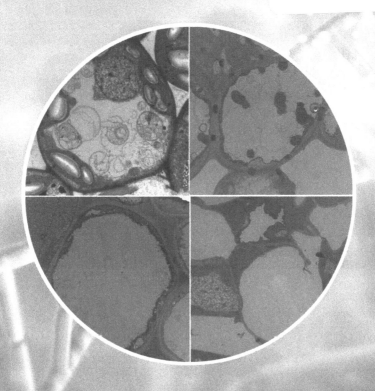

西安交通大学出版社
XI'AN JIAOTONG UNIVERSITY PRESS
国家一级出版社
全国百佳图书出版单位

图书在版编目(CIP)数据

白桦类病斑及早衰突变体的鉴定与研究/李然红著.
—西安:西安交通大学出版社,2022.8
ISBN 978-7-5693-2277-4

Ⅰ.①白… Ⅱ.①李… Ⅲ.①白桦-叶斑病-研究
②白桦-突变型-研究 Ⅳ.①S792.153.04

中国版本图书馆CIP数据核字(2021)第183747号

BAIHUA LEIBINGBAN JI ZAOSHUAI TUBIANTI DE JIANDING YU YANJIU

书　　名	白桦类病斑及早衰突变体的鉴定与研究
著　　者	李然红
责任编辑	赵文娟　田　滢
责任校对	魏　萍
装帧设计	任加盟
出版发行	西安交通大学出版社 (西安市兴庆南路1号　邮政编码 710048)
网　　址	http://www.xjtupress.com
电　　话	(029)82668357　82667874(市场营销中心) (029)82668315(总编办)
传　　真	(029)82668280
印　　刷	西安五星印刷有限公司
开　　本	720mm×1000mm　1/16　印张 18　字数 304千字
版次印次	2022年8月第1版　2022年8月第1次印刷
书　　号	ISBN 978-7-5693-2277-4
定　　价	128.00元

如发现印装质量问题,请与本社市场营销中心联系。
订购热线:(029)82665248　(029)82667874
投稿热线:(029)82668805

版权所有　侵权必究

前　言

植物生活在自然界中,随时面临各种病原物的侵染,在漫长的进化过程中,植物逐渐形成了自己的免疫机制。超敏反应是指在不亲和性病原菌的感染下,植物迅速出现感染处的细胞程序化死亡,并在周围形成细胞壁板状结构,同时激活相关防御基因,从而防止病原物的进一步扩散。类病斑突变体是指在没有病原菌感染下,植物自发地产生类似超敏反应的表型,很多类病斑突变体同时伴有早衰的表型。衰老是植物生长发育中重要的生命过程,也是植物自我保护及抵抗不良外界环境的重要途径。衰老是高度程序化的,细胞结构、代谢途径以及相关基因表达的变化都是有序进行的。衰老最先出现在叶片,通常伴随着叶绿体解体,光合作用减弱,核酸、蛋白质和脂质水平降低等变化。在植物生殖生长和发育后期,叶片衰老可导致光合效率降低,影响种子形成过程中的糖类累积,进而影响个体及后代的生长。植物抗病和衰老过程的调控机制都非常复杂,类病斑和早衰突变体的发现为人们研究细胞程序化死亡、植物防御反应形成、衰老等生命过程提供了理想的研究材料。

笔者在研究中发现了一个白桦类病斑及早衰突变体,并对该突变体的特征进行了研究,找到了导致该突变的原因,本书是对这些研究成果的总结。第1章简要介绍了植物衰老发生的原因,衰老发生时植物的生理、生化变化以及在拟南芥研究中发现的一些与衰老相关的基因、植物类病斑突变的相关研究;第2章对白桦基因工程的研究进展进行了阐述;第3章主要对白桦类病斑及早衰突变体的生长、生理生化、细胞结构及抗病性等表型进行了阐述;第4章介绍了通过转录组测序技术研究白桦类病斑及早衰突变体的基因表达特征;第5章介绍了主要通过基因组重测序技术和TAIL-PCR技术获得了导致突变发生的T-DNA插入位点序列信息;第6章介绍了主要利用转基因

技术对白桦 $BpEIL1$ 基因功能进行的初步研究;第 7 章介绍了对 7 个与抗病相关的白桦基因家族进行了全基因组分析;第 8 章简要讨论了植物叶片衰老与细胞程序化死亡、抗病性及基因表达的关系,并对研究前景进行了展望。本书中的研究为揭示白桦叶片衰老及细胞程序化死亡、白桦抗病性形成的分子机制奠定了基础,为木本植物抗病和衰老的相关研究提供参考。

  本书由李然红(牡丹江师范学院)撰写,在撰写过程中,得到了姜静教授和刘桂丰教授(东北林业大学)的审阅和指导,江慧欣、毕德泷、宁小萌、孙晶晶、冯思雨、李天骄和任占辰参与了"白桦类病斑及早衰突变体的鉴定与研究"项目的部分研究,在此一并表示感谢。这项研究和本书的出版得到了国家自然科学基金项目(31800558、31670673)和牡丹江师范学院博士启动基金(MNUB201908)的资助,特此表示诚挚谢意。由于作者水平有限,书中难免有不足之处,诚恳地欢迎大家批评指正。

李然红

2022 年春

目　　录

第1章　植物衰老和类病斑研究概况 ……………………………（ 1 ）
1.1　影响植物叶片衰老的因素 …………………………………（ 1 ）
1.2　植物衰老的生理生化变化 …………………………………（ 4 ）
1.3　植物衰老的分子机制 ………………………………………（ 5 ）
1.4　植物类病斑突变的研究进展 ………………………………（ 14 ）
1.5　EIN3/EILs 转录因子家族的研究进展 ……………………（ 20 ）

第2章　白桦基因工程的研究进展 ………………………………（ 25 ）
2.1　白桦简介 ……………………………………………………（ 25 ）
2.2　白桦抗病虫害研究 …………………………………………（ 26 ）
2.3　白桦抗非生物胁迫基因工程研究 …………………………（ 28 ）
2.4　白桦木材质量方面基因工程研究 …………………………（ 31 ）

第3章　白桦类病斑和早衰突变体的特征 ………………………（ 34 ）
3.1　lmd、G21、WT 株系生长性状的比较 …………………（ 35 ）
3.2　lmd、G21、WT 株系光合特性和叶绿素荧光参数的比较……（ 38 ）
3.3　lmd、G21、WT 株系叶片表面超微结构的观察…………（ 41 ）
3.4　lmd、G21、WT 株系叶片组织解剖结构的观察…………（ 44 ）
3.5　lmd、G21、WT 株系叶片超微结构的观察………………（ 46 ）
3.6　组织化学染色 ………………………………………………（ 49 ）
3.7　POD、SOD、MDA 的测定 …………………………………（ 53 ）
3.8　lmd、G21、WT 株系抗病性的分析………………………（ 56 ）
3.9　抗病相关基因表达的分析 …………………………………（ 59 ）
3.10　内源激素测定结果 …………………………………………（ 61 ）
3.11　本章小结 ……………………………………………………（ 63 ）

第4章　白桦类病斑及早衰形成相关基因表达的分析 …………（65）
　4.1　RNA 的提取与反转录 ……………………………（65）
　4.2　RNA 文库的构建及测序 …………………………（67）
　4.3　转录组测序文库的质量评估 ………………………（69）
　4.4　基因表达量分析及差异基因统计 …………………（72）
　4.5　不同叶片差异表达基因的分析 ……………………（74）
　4.6　不同叶龄叶片基因表达差异的分析 ………………（92）
　4.7　基因共表达分析 ……………………………………（107）
　4.8　qRT-PCR 验证测序结果 …………………………（109）
　4.9　本章小结 ……………………………………………（111）

第5章　T-DNA 插入位点侧翼序列分析 ……………（116）
　5.1　白桦总 DNA 的获得 ………………………………（117）
　5.2　T-DNA 插入位点数的确定 ………………………（118）
　5.3　lmd 突变株基因组重测序分析 ……………………（123）
　5.4　T-DNA 插入位点侧翼序列的获得 ………………（125）
　5.5　插入位点的验证 ……………………………………（130）

第6章　白桦 BpEIL1 基因功能研究 …………………（134）
　6.1　BpEIL1 启动子序列顺式作用元件分析 …………（134）
　6.2　白桦 BpEIL1 生物信息学分析 ……………………（137）
　6.3　BpEIL1 启动子的克隆与表达载体的构建 ………（145）
　6.4　BpEIL1 基因的克隆及表达载体构建 ……………（149）
　6.5　BpEIL1 基因抑制表达载体构建 …………………（156）
　6.6　转基因植株的获得 …………………………………（160）
　6.7　转基因植株的 PCR 检测和基因定量分析 ………（162）
　6.8　BpEIL1 启动子的活性分析 ………………………（164）
　6.9　转基因植株的表型观察 ……………………………（166）
　6.10　转基因株系的基因表达谱分析 …………………（170）
　6.11　本章小结 …………………………………………（176）

第7章 白桦抗病相关基因家族全基因组分析 （179）
- 7.1 WRKY家族全基因组分析 （180）
- 7.2 白桦TGA基因家族全基因组分析 （188）
- 7.3 白桦TLP基因家族全基因组分析 （197）
- 7.4 白桦Trihelix基因家族全基因组分析 （205）
- 7.5 白桦Mlo家族全基因组分析 （214）
- 7.6 白桦CIPK基因家族全基因组分析 （224）
- 7.7 白桦TAGA基因家族全基因组分析 （233）
- 7.8 研究方法 （241）

第8章 白桦类病斑及早衰形成机制的探讨 （243）
- 8.1 植物叶片衰老与细胞程序性死亡 （244）
- 8.2 植物叶片早衰与抗病性的关系 （245）
- 8.3 植物叶片衰老与基因表达 （247）
- 8.4 植物 *EIN3/EIL1* 基因在衰老和类病斑形成中的调控机制 （248）
- 8.5 展望 （249）

附录：使用药品及试剂配制 （251）

参考文献 （254）

第1章 植物衰老和类病斑研究概况

衰老不仅是植物生长发育的重要阶段，也是植物自我保护、应对环境刺激的一种反应。衰老是高度程序化的，细胞结构变化、代谢途径的变化以及一些相关基因表达的改变都是有序地进行的。衰老叶片的物质和能量被重新分配到发育中的器官，用于生长、繁殖或进行防御反应，对植物的生长发育、抵抗不良环境具有重要意义。

1.1 影响植物叶片衰老的因素

植物叶片的衰老与成熟细胞、组织、器官以及整个植株的程序化死亡有关。对于一年生植物，在完成生殖生长之后，整个植株都会经历这样的程序化死亡过程。而对于多年生植物这是一个持续的过程，在此期间，较老的叶片也会经历这样的死亡过程。叶片衰老是一个非常复杂的过程，受到很多外部和内部因素的影响。

1.1.1 叶片衰老的外部因素

叶片衰老的外部因素主要是指生存环境中的生物和非生物因素。生物因素包括一些病原菌的感染；非生物因素主要有极限温度、遮光、干旱、机械损伤、氧化应激、紫外线B(UV-B)照射、臭氧等。

在叶绿体中，一些非生物胁迫(干旱、盐、高温、低温等)能降低CO_2的同化速率，进而增加活性氧(reactive oxygen species，ROS)的含量，最终导致叶片的衰老[1]。环境温度升高会加速叶片衰老，而温度降低会延缓叶片衰老，水稻、大豆、燕麦等植物对温度的反应相似，高温加速叶片衰老可能与细胞分裂素含量降低有关。黑暗条件能导致叶绿素的降解从而降低叶绿素的含量，最终诱导离体叶片的衰老。光照对叶片衰老具有重要作用，研究表明，红光抑制叶绿素的流失，远红外光可以逆转其作用，超表达光敏色素 A 和光敏色素 B 可以延迟叶片变黄[2]。

1.1.2 叶片衰老的内部因素

影响叶片衰老的内部因素主要有植物激素水平、发育进程、植物的年龄等。植物激素以及一些小分子物质对植物衰老的发生具有重要的作用，其中细胞分裂素、生长素、一氧化氮、Ca^{2+} 等能延迟衰老，而乙烯、脱落酸、茉莉酸、水杨酸及氧等则促进植物衰老[3-4]。

细胞分裂素(CTK)能有效地提高叶绿素含量、叶绿体的稳定性和净光合效率。异戊烯基转移酶基因(*ipt*)是根癌农杆菌细胞分裂素合成过程中的一个基因，将该基因及其启动子转化到烟草中形成 *ipt* 超表达株系，转基因株系细胞分裂素水平将是非转基因对照株系的 2~3 倍，转基因株系的叶绿素含量提高，叶片衰老延迟[5]。在黑暗诱导的衰老过程中，被 BA 处理后 N22 水稻叶绿素的含量及叶绿素 a、b 的比例均保持稳定，并且延迟了光化学效率和降低了氧释放率。7-羟甲基叶绿素（HMChl）得以积累，其积累动力学与衰老进程相关。转录组数据表明，一些定位于质体的基因，特别是光合系统Ⅱ相关的基因转录水平明显提高。细胞分裂通过积累 HMChl 及上调表达叶绿素循环中的相关基因而保持了叶绿素 a、b 的比值并延迟了叶片衰老，通过激活光合系统Ⅱ相关基因而保持了光合色素的稳定性，使植株保持绿色[6]。

乙烯(ethylene)是植物的一种内源激素，其能通过与其他激素的相互作用，调控植物的生长、发育和衰老[7]。在开始衰老的叶片中可以检测到大量乙烯合成相关基因的表达，而外源的乙烯知只能在叶片发育的特定阶段发挥其促进衰老的作用，这就表明，一些由乙烯诱导的衰老与发育阶段的相关因子协同作用[8]。在叶片衰老过程中，乙烯合成相关基因，如 ACC 合成酶(ACS)基因、ACC 氧化酶(ACO)基因呈现上调表达，同时乙烯含量不断升高。EIN2 是乙烯信号途径的重要转录因子，在 *ein2* 突变体中，乙烯转导信号被中断，表现为叶片衰老延迟。*ARABIDOPSIS A-FIFTEEN*（*AAF*）基因是一个衰老相关基因，在拟南芥中过表达 *AAF* 基因会导致活性氧的积累，从而促进叶片衰老，而 *ein2-ein5* 突变植株中，这种作用会被阻断，说明乙烯响应通路是发生 *AAF* 基因诱导的衰老所必需的[9-10]。一氧化氮(NO)缺乏突变体 *nos1/noa1* 呈现叶绿素降解、光化学效率降低、类囊体膜的改变、衰老相关基因表达量上调等早衰表型，而这些表型在 ein2nos1/noa1 双突变体被修复了，说明 nos1/noa1 介导的、黑暗诱导的早衰表型能够被 ein2 突变体抑制，即 EIN2(ethylene insensitive 2)参与了 NO 调控的叶片衰老的信号途径，而 nos1/noa1 突变体并没有改变乙烯信号的转导[11]。在拟南芥中，乙烯信号途径基因的突变均使植株表现出一定的衰老延迟的表型。拟南芥中 EIN2 能正调控 NAC 家族转录因子 ORE1(Oresara1)的表达从而正调控由年龄诱导的细胞死亡[12]。

叶片衰老过程中水杨酸(SA)含量的测量，外施 SA 造成的响应反应以及相关转基因的研究证明 SA 直接或间接参与了衰老相关基因的调控。NPR1(nonexpressor of PR gene)是响应 SA 早期反应的一个重要的基因，在植物系统获得性抗性(SAR)的发生中扮演着重要的角色。npr1 突变体在自然衰老过程中延迟了叶片的黄化。在拟南芥中，MPK6 激活 WRKY6 和 Trx h5 的转录，二者共同调控 NPR1 基因的表达和 NPR1 蛋白的单体化，使之能够进入细胞核内，从而促进由 SA 诱导的衰老的发生[13]。

茉莉酸(JA)调控着植物的防御反应和不同的发育进程。COI1(coronatine-insensitive 1)基因编码的产物是茉莉酸的受体，参与 JA 响应的信号途径。COI1 可将 JAZ(jasmonate ZIM-domain)蛋白阻遏物泛素化和降解，激活下游各种响应 JA 的转录因子。JA 能够诱导叶片衰老，并诱导各种衰老相关基因的表达。抑制 JA 的合成能降低衰老相关基因的表达进而推迟叶片衰老[14]。拟南芥转录因子 TCP4 能直接激活 JA 合成基因脂肪氧合酶 2 的表达，miR319 通过降解 TCP4 而抑制 JA 的生物合成从而延缓叶片衰老。MYC2、MYC3 和 MYC4 功能冗余，它们均能激活由 JA 诱导的叶片衰老。MYC2 结合于 SAG29 基因的启动子上，并激活其表达，从而激活由 JA 诱导的叶片衰老。而 bHLH03、bHLH13、bHLH14、bHLH17 结合于 SAG29 基因的启动子上并抑制其表达，从而抑制由 JA 诱导的叶片衰老[15]。这种相互的拮抗作用使植物在多变的环境条件中能够适宜地调控由 JA 诱导的叶片衰老。水稻基因组中有 3 个 COI1 基因，其中 COI1b 突变体在黑暗诱导的衰老及自然衰老过程中均保持绿色，并保持一定水平的叶绿素含量和光合能力；在 COI1b-1 突变体中衰老相关基因的表达下调，包括拟南芥 EIN3(ethylene insensitive 3)基因和 ORESARA1 基因同系物，而二者为叶片衰老的重要调控因子。在拟南芥 COI1 基因突变体中超表达水稻 OsCOI1a 或者 OsCOI1b 基因能修复该突变体原来叶片衰老延迟的表型，说明二者在叶片衰老过程中都具有重要作用[16]。

脱落酸（ABA）能够在不良条件下诱导植物发生对环境的适应性反应，如根生长的重构、叶片的衰老及脱落等[17]。大量介导 ABA 反应的基因和信号分子通过分子遗传和生理学研究得以分离，其中最为重要的是 ROS。活性氧能够造成 DNA、蛋白质及脂膜的氧化损伤，对细胞是一种有害的物质，但也是植物体适应非生物胁迫和生物胁迫的一种重要的信号分子[18]。ROS 最初是呼吸作用和光合作用的副产物，产生于叶绿体、线粒体和过氧化物酶体，当遇到不良环境胁迫的时候也会通过 NADPH 氧化酶的活性在细胞质中产生[19]。ABA 影响了 ROS 途径中很多基因的表达，如过氧化氢酶1（*CAT1*）、谷胱甘肽还原酶1（*GR1*）、抗坏血酸盐过氧化物酶1（*APX1*）等[20]。在干旱条件下，ABA 能够通过激活 *SnRK2s* 基因而促进衰老的发生，SnRK2s 能磷酸化 ABFs 和 RAV1，而磷酸化的 ABFs 和 RAV1 能上调衰老相关基因表达的水平[21]。

除此之外，叶片生长的角度也会影响叶片衰老。鼠尾草叶片的偏下性生长能降低光保护的破坏，防止光合系统 II 的破坏，进而延缓衰老的发生[22]。

1.2　植物衰老的生理生化变化

衰老叶片中叶绿素的含量降低、光合效率下降、膜的离子渗透性增强。叶片衰老最明显的变化是其颜色发生改变，由绿色变为黄色或者红色，但植物衰老的内在机制远复杂于单纯的叶色变化。在亚细胞结构上，叶绿体的结构首先发生变化，嗜锇颗粒增多，并逐渐解体，而线粒体和细胞核则会保持到衰老的最后阶段，以保证细胞内所有物质被有效地重新利用[23]。

植物衰老过程中的物质代谢变化包括蛋白质、脂类、核酸、色素等的水解。在一年生植物中，这些水解的分子会被用于种子和果实的发育，在多年生的植物中，这些分解产生的营养会储存于茎或根中，随后用于新的叶片或者花的发育。春季开花的植物其所需的物质和能量即来源于秋季叶片衰老所产生的物质和能量。

叶片衰老常伴随着 ROS 的产生，植物细胞内有 ROS 清除系统，当细胞内产生过多的 ROS 时，超氧化物歧化酶（SOD）首先将 O_2^- 转化成过氧化氢（H_2O_2），过氧化氢随后通过以下四种途径转化成水：①抗坏血酸盐过氧化物酶（APX）催化，抗坏血酸盐作为还原剂，通过水-水循环将 H_2O_2 转化成水；②抗坏血酸-谷胱甘肽循环，抗坏血酸盐作为还原剂，由 APX、单脱氢抗坏血酸还原酶(MDHAR)、依赖谷胱甘肽的脱氢抗坏血酸还原酶(DHAR)、谷胱甘肽还原酶(GR)催化 H_2O_2 生成水；③谷胱甘肽过氧化物酶(GPX)循环，谷胱甘肽作为还原剂，GPX 和 GR 催化 H_2O_2 生成水；④过氧化氢酶直接催化 H_2O_2 生成水。H_2O_2 能够使叶绿体内的很多分子氧化，导致光氧化过程的发生。如果光氧化过程被内源的抗氧化系统控制，则这个过程会是短暂的，并且对于植物自身的防御和适应性具有积极作用。如果这个过程持续发生，则不能被植物体自身的抗氧化系统平衡，最终会导致叶绿体的破坏，造成叶片衰老表型的出现。

1.3 植物衰老的分子机制

叶片衰老随着植物年龄增长而产生，其过程包含了精细而复杂的调控。

1.3.1 叶片衰老的多水平调控

叶片衰老是一个高度复杂、程序化的过程，是多个水平共同调控的结果，包括染色质组成和结构的变化、转录及转录后水平的调控以及翻译和翻译后水平的调控等(图 1-1)[24]。

(1) 核染色质介导的基因表达调控

在真核生物中，染色体结构的重建会使基因的表达发生变化。染色质结构可被 DNA 与组蛋白的结合以及组蛋白的翻译后修饰(乙酰化、甲基化、磷酸化)所改变。另外，DNA 的甲基化会影响组蛋白与 DNA 的结合，因此也会影响染色质的结构[25]。研究表明，拟南芥中组氨酸的甲基化与叶片衰老相关。组蛋白 H3 三甲基赖氨酸 4(H3K4me3)基因是染色质激活转录的标志基因，在衰老的叶片中的表达量表现为上调表达，而这种组蛋白水平下降的基因在老的叶片中相对于幼嫩叶片表现为下调。组蛋白 H3 三甲基赖氨酸 27(H3K27me3)基因是组蛋白不活跃的标志，老的叶片中缺少这个标记的基因在叶片衰老过程中表现为上调表达。这个研究说明在叶片衰老过程中，组蛋白的甲基化对相关基因表达具有重大的影响[26]。组氨酸甲基转移酶 SU(VAR)3-9 同源物 2 (SUVH2)超表达会抑制 *WRKY53* 及其目标基因的转录活性，进而导致叶片衰老的延迟。在衰老过程中，整个基因组都表现为低甲基化，而某些基因启动子区域却表现为高度甲基化。

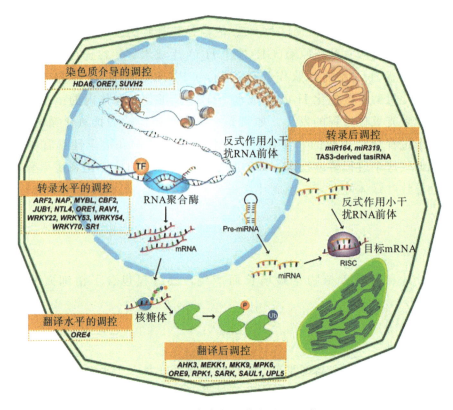

图 1-1 叶片衰老的多水平调控

整个基因组甲基化程度降低是由于作用于异染色质区域的 DNA 甲基转移酶 I 的逐渐降低导致的。组蛋白甲基化模式的改变是衰老过程中，染色质调控基因表达的另一关键因素[27]。

(2)叶片衰老的转录水平调控

叶片衰老的开始、持续和完成是高度协调的，拟南芥叶片衰老的转录组数据表明，此过程中数千个基因在转录水平发生了变化，并与一些生理、生化数据的变化保持一致。由于叶片衰老涵盖了整个基因组范围的基因表达变化，因此，相关的转录因子发挥了重要作用。含有 W-box 的 WRKY 转录因子家族、含有 G-box 的 NAC、bHLH 和 bZIP 等家族成员以及 MYB 家族成员在叶片衰老过程中均具有重要作用[28]。拟南芥转录组数据表明，在叶片衰老过程中，超过 30 个 NAC 家族基因表现为上调表达，NAC 基因突变体和转基因株系表现出与衰老相关的表型。拟南芥 AtNAP 基因是 NAC 家族中与衰老相关的重要的转录因子，AtNAP 基因超表达使拟南芥叶片表现为早衰,而抑制该基因的表达则使之表现为衰老延迟。NAP 可以直接结合于 SAG113 的启动子,而 SAG113 负调控抑制气孔关闭的 ABA 途径,从而导致叶片衰老[29]。在谷子中,SiNAC 是拟南芥 AtNAP 的同源物,*SiNAC1* 基因能被衰老诱导,并且在衰老的叶片中累积。在拟南芥中,SiNAC1 可以诱导 NCED2 和 NCED3 含量的增加,而 NCED2 和 NCED3 则能促进 ABA 的合成,因此,SiNAC1 能通过 ABA 途径促进自然和黑暗诱导的衰老的发生[30]。拟南芥 *NTL4* 基因可以通过调控 ROS 水平来促进干旱诱导的衰老发生,是干旱诱导的衰老发生的分子开关[31]。研究表明,WRKY 家族转录因子对叶片衰老具有调控作用。WRKY53 正调控多种 *SAGs*,包括病原菌相关基因、胁迫相关基因以及一些转录因子。*WRKY22* 是 *WRKY53* 的下游基因,能正调控黑暗诱导的叶片衰老。*WRKY22* 异位表达会加速衰老进程,而 *WRKY22* 基因敲除则延缓衰老的发生[32]。*WRKY54* 和 *WRKY70* 单独突变虽然不能使植株表现明显的早衰特征,但是 *WRKY54*、*WRKY70* 双突变植株却表现为明显的衰老表型[33]。水稻 OsWKKY42 通过抑制 OsMT1d 介导的 ROS 清除而促进衰老的发生[34]。另外,bHLH 家族转录因子,如 PIF3、PIF4 和 PIF5 对由年龄和黑暗诱导的衰老是必需的[35]。

(3)叶片衰老的转录后调控

转录后的调控包括可变剪接、mRNA 编辑、长的非编码 RNA、自然的反转录子,它们在各种生物进程中具有极其重要的作用。近年来,非编码 RNA 的功能成为研究热点,如小分子干扰 RNA(siRNAs)、microRNAs、反式 siRNA(tasiRNA)等。在玉米叶片的衰老过程中,很多小 RNA 都起到了非常重要的作用[36]。在拟南芥中,miR164 和其目标基因 ORE1 共同控制叶片衰老。miR164 负调控 *ORE1* 的表达,随着 miR164 表达量的降低,通过激活 *EIN2* 的表达,导致 *ORE1* 上调表达,而最终导致叶片衰老[37]。miR319 可以通过其目标基因 TCP 转录因子负调控叶片的生长,而正调控叶片的衰老。miR319 超表达植株表现为叶片衰老的延迟,超表达 miR319 目标基因 *TCP4* 能导致叶片早熟[15]。另一类与衰老相关的非编码 RNA 是植物特有的 tasiRNA[38],miR390 激活了 *TAS3* 基因,产生 tasiRNA,其目标基因之一 *ARF2* 正调控叶片衰老,即 miR390 通过 TAS3 调控 *ARF2* 基因的 mRNA 水平,从而调控叶片衰老[39]。

(4)叶片衰老的翻译水平调控

翻译水平的调控,包括翻译的起始和延长,在很大程度上影响了基因的表达。拟南芥 PRPS17 是质体核糖体的组成成分，*PRPS17* 基因启动子被 T-DNA 插入后导致其表达量显著降低，该突变体缺乏多种叶绿体功能，光合系统Ⅰ的活性显著降低，因而导致其生长量降低，叶绿体翻译效率降低，因而叶片表现出衰老延迟的表型[40]。组成高等植物二磷酸核酮糖羧化酶的 8 个小亚基由核基因 *RBCS* 家族基因编码，8 个大亚基由质体基因 *RBCL* 编码。由 *RBCS* 编码的小亚基在细胞质中合成，然后转运到质体中，与其中的大亚基组装成功能蛋白。由于两类亚基的合成位置不同，故两者的合成需要高度的协调。RBCS 亚基的 mRNA 在叶片衰老过程中逐渐减少，与此同时，RBCL 亚基 mRNA 水平降低的速度却慢得多，两种 mRNA 水平的差异在翻译水平得到了调控，说明两种亚基的协调表达是通过翻译水平的调控实现的[41]。有关叶片衰老在翻译水平的调控还所知甚少，有待进一步研究。

(5) 叶片衰老的翻译后水平调控

翻译后的修饰包括磷酸化、泛素化、糖基化、乙酰化及甲基化等影响蛋白质构象、活性、稳定性及细胞定位的过程，毫无疑问，其对叶片衰老的发生也具有重要的影响。半胱氨酸的修饰对蛋白质功能的形成具有重要的作用。在拟南芥中，S-酰基转移酶 PAT13 和 PAT14 通过 NOA1 的 S-酰化作用参与叶片衰老的控制[42]。研究表明，在拟南芥叶片衰老过程中，大量蛋白激酶和磷酸酶的水平发生了改变，其中包含了一些与叶片衰老息息相关的蛋白激酶和磷酸酶，如 MPK6、MKK9、RPK1、AHK3 等[43-44]。一些依赖泛素降解的途径与叶片衰老相关，E3 泛素化蛋白连接酶 UPL5 能与 WRKY53 结合并介导其降解，*UPL5* 基因敲除株系的表型与 *WRKY53* 超表达株系的表型相似，由此可见 UPL5 可通过降解 WRKY53 来调控叶片衰老[45]。总之泛素化对叶片衰老所起到的作用可能比目前我们所认识到的更多。

1.3.2 植物衰老相关基因

在一片正在衰老的绿色叶片中，很多衰老相关的基因表达都会发生变化，如与光合作用相关的基因表达下调，一系列衰老相关基因 (senescence-associated genes, SAGs) 的表达量上调等。与衰老相关的基因主要包括两类：一类是促进衰老发生的基因，另一类是延迟衰老发生的基因。目前在拟南芥中研究的有关衰老的基因见表 1-1[3]。

表 1-1 拟南芥中与衰老相关的基因

基因编号	基因名称	功　能	作　用
AT3G44880	PAO/ACD1	叶绿素降解	促进衰老
AT4G11910	NYE2	叶绿素降解	促进衰老
AT4G13250	NYC1	叶绿素降解	促进衰老
AT4G22920	AtNYE1	叶绿素降解	促进衰老
AT5G13800	PPH	叶绿素降解	促进衰老
AT5G15250	AtFtsH6	叶绿素降解	促进衰老
AT5G42270	FTSH5	叶绿素降解	促进衰老
AT5G04900	NOL	叶绿素降解	促进衰老
AT5G37060	AtCHX24	阳离子/H^+交换	促进衰老
AT1G32080	AtLrgB	细胞死亡	促进衰老
AT2G41060	UBA2b	防御	促进衰老
AT3G15010	UBA2c	防御	促进衰老
AT3G56860	UBA2a	防御	促进衰老
AT1G58340	BCD1	药物跨膜运输	促进衰老
AT4G29130	HXK1/GIN2	葡萄糖信号途径	促进衰老
AT2G40220	ABI4	脱落酸（ABA）响应途径	促进衰老
AT5G13170	SAG29	脱落酸（ABA）响应途径	促进衰老
AT5G59220	SAG113	脱落酸（ABA）响应途径	促进衰老
AT1G19220	ARF19	生长素（Auxin）响应途径	促进衰老
AT1G59750	ARF1	生长素（Auxin）响应途径	促进衰老
AT5G62000	ARF2/ORE14	生长素（Auxin）响应途径	促进衰老
AT1G20330	SMT2/CVP1	油菜素内酯（BR）响应途径	促进衰老
AT2G38050	DET2/DWF6	油菜素内酯（BR）响应途径	促进衰老
AT4G39400	BRI	油菜素内酯（BR）响应途径	促进衰老
AT1G01480	ACS2	乙烯（ET）响应途径	促进衰老
AT1G04310	ERS2	乙烯（ET）响应途径	促进衰老
AT1G66330	AAF	乙烯（ET）响应途径	促进衰老
AT3G20770	EIN3	乙烯（ET）响应途径	促进衰老
AT5G03280	EIN2	乙烯（ET）响应途径	促进衰老
AT1G72520	LOX4	茉莉酸（JA）响应途径	促进衰老

续表

基因编号	基因名称	功　能	作　用
AT1G17420	*LOX3*	茉莉酸(JA)响应途径	促进衰老
AT1G55020	*LOX1*	茉莉酸(JA)响应途径	促进衰老
AT2G33150	*PED1/KAT2*	茉莉酸(JA)响应途径	促进衰老
AT2G44050	*COS1*	茉莉酸(JA)响应途径	促进衰老
AT3G45140	*LOX2*	茉莉酸(JA)响应途径	促进衰老
AT5G63110	*HDA6*	茉莉酸(JA)响应途径	促进衰老
AT5G48880	*KAT5/PKT1*	茉莉酸(JA)响应途径	促进衰老
AT1G64280	*NPR1*	水杨酸(SA)响应途径	促进衰老
AT1G74710	*SID2*	水杨酸(SA)响应途径	促进衰老
AT3G52430	*PAD4*	水杨酸(SA)响应途径	促进衰老
AT4G24230	*ACPB3*	水杨酸(SA)响应途径	促进衰老
AT5G14930	*SAG101*	营养物质循环	促进衰老
AT2G32830	*Pht1;5*	营养物质循环	促进衰老
AT4G15530	*PPDK*	营养物质循环	促进衰老
AT4G30520	*AtSARK*	蛋白质降解/修饰	促进衰老
AT5G05700	*DLS1/ATE1*	蛋白质降解/修饰	促进衰老
AT2G42620	*ORE9/MAX2*	蛋白质降解/修饰	促进衰老
AT1G69270	*RPK1*	蛋白质降解/修饰	促进衰老
AT1G79850	*ORE4/PRPS17*	蛋白质合成	促进衰老
AT2G21660	*ATGRP7*	RNA 结合	促进衰老
AT4G36730	*GBF1*	信号转导	促进衰老
AT4G34160	*CYCD3-1*	信号转导	促进衰老
AT5G17690	*TFL2*	信号转导	促进衰老
AT1G80350	*BOT1*	信号转导	促进衰老
AT1G73500	*MKK9*	信号转导	促进衰老
AT2G43790	*MPK6*	信号转导	促进衰老
AT2G45660	*SOC1*	MADS 转录调控	促进衰老
AT4G28140	*Rap2.4f*	ERF/AP2 转录调控	促进衰老
AT5G41410	*BEL1*	HB 转录调控	促进衰老
AT2G31070	*TCP10*	TCP 转录调控	促进衰老

续表

基因编号	基因名称	功 能	作 用
AT3G15030	*TCP4*	TCP 转录调控	促进衰老
AT4G18390	*TCP2*	TCP 转录调控	促进衰老
AT1G49010	*AtMYBL*	MYB 转录调控	促进衰老
AT2G47190	*ATMYB2*	MYB 转录调控	促进衰老
AT1G69490	*NAP*	NAC 转录调控	促进衰老
AT3G10500	*NTL4/NAC053*	NAC 转录调控	促进衰老
AT3G29035	*AtNAC3*	NAC 转录调控	促进衰老
AT4G35580	*NTL9*	NAC 转录调控	促进衰老
AT5G39610	*ORE1/NAC2*	NAC 转录调控	促进衰老
AT4G27330	*SPL*	NZZ 转录调控	促进衰老
AT4G23810	*WRKY53*	WRKY 转录调控	促进衰老
AT1G13260	*RAV1/EDF4*	AP2/B3 转录调控	促进衰老
AT1G62300	*WRKY6*	WRKY 转录调控	促进衰老
AT4G19890	*AtS40-3*	不 明	促进衰老
AT1G44446	*CAO*	叶绿素合成	延迟衰老
AT4G37000	*ACD2*	叶绿素降解	延迟衰老
AT1G32230	*RCD1*	细胞死亡	延迟衰老
AT2G45760	*BAP2/BON*	细胞死亡	延迟衰老
AT3G61190	*BAP1*	细胞死亡	延迟衰老
AT5G15410	*DND1*	防御	延迟衰老
AT5G09860	*HPR1*	防御	延迟衰老
AT2G42530	*COR15B*	环境因子	延迟衰老
AT2G42540	*COR15A*	环境因子	延迟衰老
AT5G52300	*RD29B*	环境因子	延迟衰老
AT5G52310	*RD29A*	环境因子	延迟衰老
AT1G52340	*GIN1*	脱落酸(ABA)响应途径	延迟衰老
AT2G38120	*AUX1*	生长素(Auxin)响应途径	延迟衰老
AT5G25620	*YUCAA6*	生长素(Auxin)响应途径	延迟衰老
AT1G10470	*ARR4*	细胞分裂素(CK)响应途径	延迟衰老
AT1G19050	*ARR7*	细胞分裂素(CK)响应途径	延迟衰老

续表

基因编号	基因名称	功　能	作　用
AT1G27320	*AHK3/ORE12*	细胞分裂素(CK)响应途径	延迟衰老
AT1G59940	*ARR3*	细胞分裂素(CK)响应途径	延迟衰老
AT2G01830	*CRE1/AHK4*	细胞分裂素(CK)响应途径	延迟衰老
AT2G41310	*ARR8*	细胞分裂素(CK)响应途径	延迟衰老
AT3G48100	*ARR5*	细胞分裂素(CK)响应途径	延迟衰老
AT3G57040	*ARR9*	细胞分裂素(CK)响应途径	延迟衰老
AT4G16110	*ARR2*	细胞分裂素(CK)响应途径	延迟衰老
AT5G35750	*AHK2*	细胞分裂素(CK)响应途径	延迟衰老
AT5G62920	*ARR6*	细胞分裂素(CK)响应途径	延迟衰老
AT1G66340	*ETR1*	乙烯(ET)响应途径	延迟衰老
AT3G23150	*ETR2*	乙烯(ET)响应途径	延迟衰老
AT1G11680	*CYP51A2*	乙烯(ET)响应途径	延迟衰老
AT1G54040	*ESP/ESR*	茉莉酸(JA)响应途径	延迟衰老
AT3G47450	*AtNOS1*	一氧化氮(NO)响应途径	延迟衰老
AT5G64930	*CPR5/OLD1*	水杨酸(SA)响应途径	延迟衰老
AT1G04010	*PSAT1*	脂类/碳水化合物代谢	延迟衰老
AT3G51970	*ASAT1*	脂类/碳水化合物代谢	延迟衰老
AT4G36400	*D-2HGDH*	脂类/碳水化合物代谢	延迟衰老
AT1G67140	*SWEETIE*	脂类/碳水化合物代谢	延迟衰老
AT1G76490	*HMG1*	脂类/碳水化合物代谢	延迟衰老
AT2G39770	*VTC1*	脂类/碳水化合物代谢	延迟衰老
AT4G34890	*AtXDH1*	核酸降解	延迟衰老
AT4G34900	*AtXDH2*	核酸降解	延迟衰老
AT1G26670	*VTI12*	营养物质循环	延迟衰老
AT5G39510	*VTI11*	营养物质循环	延迟衰老
AT1G54210	*ATG12A*	营养物质循环：自噬	延迟衰老
AT1G62040	*ATG8C*	营养物质循环：自噬	延迟衰老
AT2G05630	*ATG8D*	营养物质循环：自噬	延迟衰老
AT2G31260	*AtAPG9*	营养物质循环：自噬	延迟衰老
AT2G45170	*ATG8E*	营养物质循环：自噬	延迟衰老

续表

基因编号	基因名称	功　能	作　用
AT3G06420	*ATG8H*	营养物质循环：自噬	延迟衰老
AT3G07525	*ATG10*	营养物质循环：自噬	延迟衰老
AT3G15580	*ATG8I*	营养物质循环：自噬	延迟衰老
AT3G19190	*ATG2*	营养物质循环：自噬	延迟衰老
AT3G60640	*ATG8G*	营养物质循环：自噬	延迟衰老
AT3G61710	*ATG6*	营养物质循环：自噬	延迟衰老
AT3G62770	*ATG18A*	营养物质循环：自噬	延迟衰老
AT4G04620	*ATG8B*	营养物质循环：自噬	延迟衰老
AT4G16520	*ATG8F*	营养物质循环：自噬	延迟衰老
AT4G21980	*ATG8A*	营养物质循环：自噬	延迟衰老
AT5G17290	*ATG5*	营养物质循环：自噬	延迟衰老
AT5G45900	*APG7*	营养物质循环：自噬	延迟衰老
AT2G44140	*ATG4A*	营养物质循环：自噬	延迟衰老
AT3G59950	*ATG4B*	营养物质循环：自噬	延迟衰老
AT1G08720	*EDR1*	蛋白质降解/修饰	延迟衰老
AT2G43400	*ETFQO*	蛋白质降解/修饰	延迟衰老
AT3G45300	*IVDH*	蛋白质降解/修饰	延迟衰老
AT4G14880	*OLD3/OAS-A1*	蛋白质降解/修饰	延迟衰老
AT5G09900	*RPN5A*	蛋白质降解/修饰	延迟衰老
AT5G64760	*RPN5B*	蛋白质降解/修饰	延迟衰老
AT4G38630	*RPN10*	蛋白质降解/修饰	延迟衰老
AT4G12570	*UPR5*	蛋白质降解/修饰	延迟衰老
AT1G02860	*BAH1/NLA*	蛋白质降解/修饰	延迟衰老
AT1G20780	*SAUL1*	蛋白质降解/修饰	延迟衰老
AT4G09010	*APX4*	氧化还原调控	延迟衰老
AT1G70170	*At2-MMP*	信号转导	延迟衰老
AT1G20900	*ORE7*	信号转导	延迟衰老
AT4G00650	*FRI*	信号转导	延迟衰老
AT5G10140	*FLC*	信号转导	延迟衰老
AT1G09570	*PHYA*	信号转导	延迟衰老

续表

基因编号	基因名称	功 能	作 用
AT4G25470	*CBF2*	ERF2/AP2 转录调控	延迟衰老
AT2G47585	*miR164A*	miRNA 转录调控	延迟衰老
AT5G01747	*miR164B*	miRNA 转录调控	延迟衰老
AT5G27807	*miR164C*	miRNA 转录调控	延迟衰老
AT4G23713	*miR319*	miRNA 转录调控	延迟衰老
AT5G13180	*VIN2/NAC83*	NAC 转录调控	延迟衰老
AT2G40750	*WRKY54*	WRKY 转录调控	延迟衰老
AT3G56400	*WRKY70*	WRKY 转录调控	延迟衰老
AT5G13790	*AGL15*	MADS 转录调控	延迟衰老

1.4 植物类病斑突变的研究进展

植物生活在自然界中，随时面临各种病原物的侵染，在漫长的进化过程中，植物逐渐进化形成自己的免疫机制，如超敏反应（hypersensitive response，HR）。植物超敏反应是指在不亲和型（imcompatible）病原菌的感染下，植物会迅速出现感染处的细胞程序化死亡，并在周围形成细胞壁板状结构，同时相关防御基因被激活，从而防止病原物的进一步扩散。类病斑突变体（lesion mimic mutant，LMM）在没有病原菌感染的情况下，能自发地产生类似超敏反应的表型特征，这类突变体是研究细胞程序化死亡（programmed cell death，PCD）、植物防御反应形成等生命过程的良好的植物材料。

1.4.1 类病斑突变体的类型

类病斑突变体在自然界中本就存在，研究者也可以通过不同途径诱导该突变体的产生。目前，有近百种类病斑突变体从各种植物中分离出来，其中在水稻、玉米、拟南芥等植物中研究得较多。类病斑突变体可分为两种类型：初始型（initiation lesion mutant）和扩散型（propagation lesion mutant）。初始型类病斑突变体形成的坏死斑点不连续、不扩散，能维持一定的大小。这类突变体的形成可能是由于病斑起始功能的异常所致，可能是信号传导过程出现异常，也可能是信号受体发生异常。一些起始型的类病斑突变体可能是因为缺乏某些细胞程序化死亡过程启动的负调控因子，导致这种局部 PCD 的产生；而扩散型类病斑突变体的坏死斑点一旦形成，会向四周扩散，直至延伸到整个叶面，甚至茎秆和整个植株，导致叶片或植株的死亡。一般来说，超敏反应的病斑形成分为两个过程，一是引发病原菌侵染处细胞的死亡，二是当死亡细胞达到一定数量时，启动细胞死亡的限制系统，限制这种细胞死亡的扩散。扩散型的类病斑突变体则丧失了控制细胞死亡扩散的能力。

1.4.2 类病斑突变发生的机制

类病斑突变体常伴有酚类物质的积累、胼胝质的沉积、活性氧的产生、水杨酸含量的变化等，这些物质具有增强植物抗病性的作用。类病斑突变体表现出的局部性 PCD 是植物对细胞死亡调控的异常反应，除此之外，类病斑突变体常伴有对病原菌的抗性增强以及防御系统的组成性表达，因此，涉及相关代谢过程的基因突变均有可能导致该突变体的形成。

活性氧(reactive oxygen species，ROS)是指生物体内有氧代谢过程中产生的比氧分子活泼的含氧物质及其衍生物，包括超氧化物的阴离子(O^{2-})、过氧化氢(H_2O_2)和羟基自由基(·OH)等。活性氧是植物体抵御环境中生物和非生物胁迫的重要信号分子，植物体很多防御代谢途径都是由活性氧激活的。很多转录因子(如 AS1、MYB30、MYC2、WRKY70)，激素调控因子(如 AXR1、ERA1、SID2、EDS1、SGT1b)，细胞死亡调控因子(如 RCD1、DND1)等，均参与由过氧化氢诱导的细胞死亡过程[18]。活性氧是植物细胞防卫应答中最早期的信号之一，正常情况下生成的活性氧会被生物体内的一些酶类清除，从而维持正常水平，而在许多类病变突变体中都有 H_2O_2 和 O^{2-} 的积累，在这些突变体中活性氧分解代谢途径基本没有受到破坏，活性氧的积累可能是由于合成途径中某些关键酶的活性失调所引起。

一些植物激素，如水杨酸(salicylic acid，SA)、茉莉酸(jasmonate acid，JA)、乙烯(ethylene，ET)等，及其代谢途径的相关基因也参与类病斑形成的信号途径。SA 被认为是诱导系统获得性抗性(systemic acquired resistance，SAR)的必需信号分子，施加外源的 SA 及其类似物都能启动 SAR。当植物被病原菌侵染时，植物的免疫系统立即被病原菌相关分子模式(pathogen-associated molecular patterns，PAMPs)激活，称之为 PAMP 激活的免疫(PAMP-triggered immunity，PTI)，PTI 构建了一个基本的防御体系。随后，在病原菌与植物相互作用的过程中，R 蛋白识别效应物，活化了效应物激活的免疫(effector-triggered immunity，ETI)。多数 R 蛋白包含核苷酸结合位点(nucleotide binding site，NBS)和保守的富含亮氨酸的(LRR)结构域。ETI 诱导水杨酸的积累并激活丝裂原活化蛋白激酶(mitogen-activated protein kinase，MAPK)途径，随后系统获得性抗性被激活。水杨酸在这个过程中发挥重要作用，并且诱导病原菌相关基因(*PR1*、*PR2*、*PR5*)的表达。很多植物，包括西红柿、小麦、拟南芥等在被病原菌感染后，水杨酸含量上升。证明水杨酸在植物防御反应过程中发挥重要作用最直接的证据是在烟草中过表达 *NahG* 基因。*NahG* 基因编码水杨酸羟化酶，该基因产物能将水杨酸转化成儿茶酚。在烟草中过表达 *NahG* 基因能抑制水杨酸的积累，过表达 *NahG* 的转基因植株在烟草花叶病毒的侵染下无法形成 SAR。拟南芥类病斑基因 *AtNPR1* 是 SA 介导 SAR 途径中一个重要的调控因子，水稻中也存在类似的信号途径，过量表达 *NPR1* 基因能使植株产生 SAR，由 PeaT1 诱导的 SAR 途径也是由水杨酸和 *NPR1* 基因介导的。

卟啉代谢途径中任何催化酶基因的突变，甚至任何可导致光活化代谢物富集的突变都有可能引起类病斑坏死的形成。玉米 *Les22* 突变体呈现类病斑表型特征，在该突变体中克隆到了发生突变的基因——尿卟啉原脱羧酶(UROD)基因，该基因产物在叶绿体形成和亚铁血红素合成过程中均有重要作用；在烟草中，抑制 *UROD* 基因的表达，可使其表达量降低，而尿卟啉得到积累，在高光照条件下，较老的叶片出现坏死的斑点[46]，说明尿卟啉的积累能够导致类病斑表型的产生。另外，抗病基因的突变可能导致信号传导途径的改变从而启动超敏反应，形成类病斑坏死症状。脂肪酸代谢途径中的基因突变也能导致类病斑表型的形成。外源基因的过表达也会导致植物产生类病斑表型。从目前的研究结果看，能导致植物产生类病斑突变的基因涉及植物的各个代谢过程，说明植物的细胞程序化死亡、超敏反应、防御反应涉及的分子机制非常复杂。

1.4.3 类病斑突变基因

目前，研究人员利用各种分子遗传学技术，如图位克隆(mapping based cloning)、T-DNA 和转座子标签插入诱变及 TAIL-PCR 技术等，在多种类病斑突变体中克隆得到了导致类病斑突变的基因。在类病斑突变体研究较多的水稻中共克隆得到 18 个基因，在拟南芥中克隆得到 49 个基因，这些基因编码功能各异的蛋白，参与多条复杂的代谢途径，并作为一些关键因子调控细胞的死亡进程。在水稻中克隆的基因有 *SPL5*[编码剪接因子 3b 的亚基 3（SF3b3）]、*SPL7*[编码热激蛋白转录因子（HSF）]、*SPL11*（编码具有 E3 泛素连接酶活性的 U-box/ARM 重复蛋白）、*SPL18*[编码酰基转移酶（OsAT1）]、*SPL28*[编码定位在高尔基体上网格蛋白相关受体蛋白复合体 1（AP1）亚单位 μ1（AP1M1）]、*OsPti1a*（编码质膜蛋白激酶）、*OsNPR1*（非病程相关基因表达子）、*OsACDR1*[编码具有自身磷酸化作用的核蛋白 Raf-like 有丝分裂原活化蛋白激酶激酶激酶（MAPKKK）]、*OsSSI2*（编码脂肪酸脱氢酶）、*RLS1*[编码 1 种含有 N 端核苷酸结合位点（NB）结构域和 C 端 ARM（armadillo）结构域的未知蛋白]、*NLS1*（编码 CC-NB-LRR 结构的蛋白）、*RLIN1*[编码催化粪卟啉原Ⅲ氧化为原卟啉原Ⅳ反应的关键酶-粪卟啉原Ⅲ氧化酶（CPOX）]、*OsLMS*[编码含有两个双链 RNA 结合域（dsRBM）的蛋白]、*SL*（编码细胞色素 P450 单加氧酶家族成员-CYP71P1 蛋白）、*OsLSD1*（编码一个含锌指结构域的蛋白）、*OsHPL3*[编码脂氧合酶（LOX）代谢途径中处于分支点的关键酶-脂氢过氧化物裂解酶]、*UAP1*（编码尿苷二磷酸乙酰葡糖胺焦磷酸化酶）、*LMR*（编码 AAA-类型蛋白相关 ATPase）[47]。在不同的拟南芥类病斑突变体中克隆得到的基因见表 1-2[48]。

表 1-2 拟南芥类病斑突变体克隆得到的基因

基因编号	基因产物
At3g44880	脱镁叶绿酸加氧酶
At1g55490	伴侣蛋白 60β
At4g37000	红色叶绿素降解产物还原酶
At4g33680	叶绿体的转氨酶
At5g51290	神经酰胺激酶
At3g25540	神经酰胺合酶
At4g14400	具有锚蛋白结构域的跨膜蛋白
At1g32080	叶绿体内膜的膜间蛋白
At2g34690	神经酰胺磷酸盐膜间转运蛋白
At1g03470	粪卟啉原Ⅲ氧化酶
GRMZm2 G044074	尿卟啉原脱羧酶
Os02g0639000	具有 CTD 磷酸酶结构域和两个 dsRBM 基序的蛋白

续表

基因编号	基因产物
At5g48380	LRRX 类的受体样激酶
At4g20380	含有三个锌指结构域的蛋白质
At1g29690	含 MACPF 结构域的蛋白
At4g39800	肌醇-1-磷酸合酶
At2g22300	钙调蛋白结合转录因子
At4g16860	RPP4 蛋白（TIR-NBS-LRR）
At4g35090	H_2O_2 的歧化作用
At4g01370	MAP 激酶
Os02g0110200	过氧化氢裂解酶
At1g28380	含有 MACPF 结构域的蛋白质
At4g26070，At4g29810	两种 MAP 激酶
At3g46510，Os12g0570000	具有 E3 泛素连接酶活性的蛋白质
At5g61900	依赖钙的磷脂结合蛋白
At5g08280	胆色素原脱氨酶
At5g64930	分子功能未知的跨膜蛋白
At5g60410	SUMO E3 连接酶
At2g46450，At2g46440	Ca^{2+} 环化门控离子通道
At5g45260	具有 WRKY 结构域的 TIR-NBS-LRR
Os08g06380	纤维素合成酶类似蛋白
At5g19400	参与无义介导的 RNA 降解过程
At5g15410	Ca^{2+} 环化门控离子通道
Os05g0530400	热胁迫转录因子
At5g54250	K^+、Na^+ 和/或 Ca^{2+} 的环化门控离子通道
At3g11820，At3g52400	突触融合蛋白
At1g08720	MAP 激酶激酶激酶
At2g43710	甾醇-ACP 去饱和酶
At4g19040	含 PH 和 STAR 结构域的蛋白
Ssi4 突变体	推测为 TIR-NBS-LRR 蛋白
At3g60190	动力相关蛋白
Os01g0736000	AP1M1

续表

基因编号	基因产物
At2g37940	肌醇磷酰神经酰胺合酶
At5g47010	参与无义介导的 RNA 降解过程
At5g58430	EXO70 家族蛋白 B1
At1g02120	具有 GRAM 结构域的膜相关蛋白
At3g14110	具有卷曲螺旋 TPR 结构域的蛋白
At2g01850	木葡聚糖内切葡聚糖酶/水解酶
At1g03160	膜重构鸟苷三磷酸酶

有些类病斑突变基因在不同的植物中研究较多，构成了植物-病原菌相互作用的信号网络(图1-2)。当病原菌侵染植物时，直接被侵染细胞识别，植物细胞通过 EDS1、NDR1 以及目前未知的一些其他途径激活活性氧中间体(reactive oxygen intermediates，ROI)，ROI 激活附近未被感染细胞中的 EDS1 和 PAD4，并通过水杨酸势差环放大。除了水杨酸，其他信号分子，如乙烯和茉莉酸，以及乙烯下游信号分子 EIN2 和 ETR1、茉莉酸下游信号分子 COI1 和 JAR1，也参与到防御反应、细胞死亡等代谢途径中。水杨酸信号途径的必需因子 NPR1、水杨酸生物合成途径的 SID1 以及分解代谢途径的 NahG 均参与其中。细胞死亡是依赖水杨酸存在的，但是水杨酸单独存在并不能直接引起细胞的死亡，说明在细胞识别病原菌后诱导细胞死亡的过程中，除了水杨酸外，还需要其他一些必需信号分子的参与。防御反应的标志基因 *PDF1.2*、*Thio2.1* 和 *PR1* 同时参与了多个途径。SSI4 是一个 TIR-NB-LRR 蛋白，依赖 EDS1 而不依赖 NDR1，CPR5 和 HRL1 在乙烯、茉莉酸和水杨酸途径上游发挥作用，SSI2 参与茉莉酸信号途径及茉莉酸与水杨酸途径的交叉作用，*cpr22* 突变诱导水杨酸途经中依赖 NPR1 和不依赖 NPR1 的分支、乙烯和茉莉酸信号途径以及一些其他未知的信号途径。SSI1 可能是一个水杨酸、乙烯和茉莉酸途径的交联点，其能通过一个自动调节环来调控水杨酸的积累。AGD2 在 NPR1 的部分控制下能在抑制细胞死亡的过程中发挥作用。LSD1、LSD2、LSD4、ACD6 和 ACD11 在水杨酸和 NPR1 上游或者独立于水杨酸和 NPR1 发挥作用。DND1、DND2 和 HLM1 编码功能相似的蛋白，是细胞死亡的调控因子，其他功能仍在研究中。LSD6 和 LSD7 属于水杨酸扩大反馈环。在附近未被感染的细胞中，LSD1 由于水杨酸势差环的作用负调控细胞死亡的信号

途径，ACD11 和 DLL1 的功能可能相似。除了 LSD1，类病斑突变基因和 ROI 之间的关系还尚未被阐明[49]。

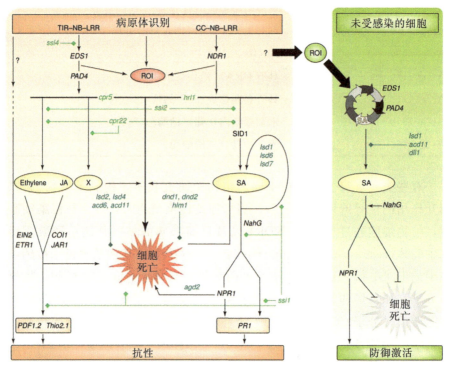

CC—卷曲螺旋结构；LRR—富含亮氨酸重复单位；NB—核苷酸结合位点；TIR—Toll 和白细胞介素受体结构。

图 1-2　类病斑突变基因所处的对病原菌防御和抵抗的不同信号网络示意图

1.5　EIN3/EILs 转录因子家族的研究进展

乙烯是一种重要的植物激素，在植物种子萌发、侧根及簇根形成、植株衰老、开花、果实成熟以及抵抗生物和非生物胁迫等方面都具有重要的作用。EIN3(ethylene-insensitive3)和 EIL(ethylene-insensitive3-like)蛋白是乙烯信号转导的重要转录因子。1997 年，Chao 等首次在拟南芥的乙烯不敏感突变体中分离得到 *EIN3* 基因，之后，人们在水稻、烟草、番茄等多种植物中分离得到 *EIN3/EILs* 基因，发现 *EIN3/EILs* 在高等植物基因组中编码一个小的转录因子家族。EIN3/EILs 定位于细胞核内，其氨基酸的 N 端高度保守，有一个富含酸性氨基酸的结构域、一个脯氨酸富集区卷曲结构和几个高度碱性区域；C 端保守性较低，有几个多聚天冬氨酸或多聚谷氨酰氨重复。酸性氨基酸区、脯氨酸富集区和谷氨酰胺富集区被认为是转录激活结构域所具有的，因此推测该蛋白具有转录激活的作用。

1.5.1 EIN3/EILs 参与乙烯信号转导

乙烯信号转导通路线性模型如图 1-3 所示。拟南芥 EIN3/EILs 家族共有 EIN3、EIL1、EIL2、EIL3、EIL4、EIL5 六个成员，其中 *EIL1* 与 *EIN3* 基因之间存在功能冗余。乙烯能够影响植物幼苗产生"三重反应"，即在黑暗条件下生长的黄化幼苗在乙烯存在的条件下，表现出特殊的表型变化，包括根和下胚轴伸长受抑制、下胚轴横向生长加粗、顶端子叶弯曲

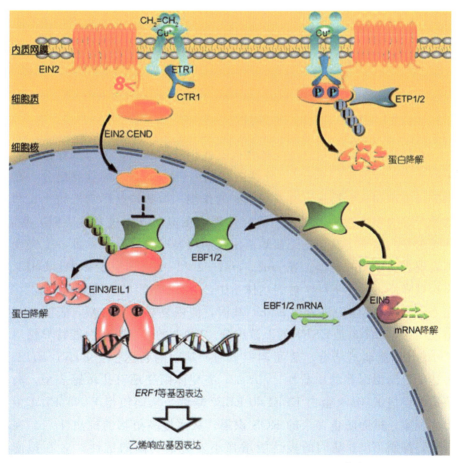

图 1-3 乙烯信号转导通路线性模型示意图[50]

生长加剧。拟南芥 ein3 突变体缺乏幼苗的"三重反应"表型，对外源乙烯不敏感；eil1 突变体具有不完全的乙烯不敏感表型，而 ein3eil1 双突变体则表现为完全的乙烯不敏感表型[51]。研究表明，在拟南芥中，乙烯的信号转导近似线性，即乙烯→ETR→CTR→EIN2→EIN3→乙烯反应[52]。乙烯信号最初是由膜内受体 ETR1、ETR2、ERS、ERS2 和 EIN4 感受的。在没有乙烯存在的条件下，受体与蛋白激酶 CTR1 结合，共同抑制下游乙烯信号。在这两类负调控因子的下游是乙烯信号的正调控因子 EIN2。ein2 突变体在高浓度乙烯存在的条件下，也表现出完全的乙烯不敏感表型。在 ein2 突变体中过量表达 EIN3 会导致植物组成型乙烯应答，表明 EIN3 在乙烯信号途径中处于 EIN2 的下游[53]。EIN3/EILs 与乙烯反应基因（如 ERF1）结合，启动一系列调节乙烯目标基因表达的转录级联反应。研究还表明，乙烯信号的转录因子受泛素化降解途径调控，F-box 蛋白 EBF1 和 EBF2 能识别并结合 EIN3 等转录因子，介导其降解。EIN5 是一种 $5'→3'$ 外切核酸酶，它能够通过促进 EBF1 和 EBF2 的 mRNA 的降解来拮抗这两个 F-box 蛋白对 EIN3 的负调控作用[54]。

1.5.2 EIN3/EILs 与植物抗逆性的关系

乙烯通常被认为是一种与植物抗逆性相关的激素，参与多种植物应对胁迫的适应性反应，而 EIN3 作为乙烯信号转导途径中的重要组分，在植物应对生物和非生物胁迫时发挥重要的作用。盐胁迫是影响植物生长和发育最严重的非生物胁迫之一。研究发现，在拟南芥中过表达 ESE1 基因，其无论是在种子萌发期还是在幼苗生长期均表现耐盐表型，而 ese1 突变体则表现为盐敏感的表型。在 ein2、ein3-1 和 eil1-3 突变体中，ESE1 的表达量降低，而在 EIN3 过表达株系中，ESE1 基因的表达量则明显上升，在 ein3-1 突变体中过表达 ESE1 基因，能恢复盐敏感表型，表明在盐胁迫反应中，EIN3 是 ESE1 的上游组分。EIN3 的氨基端蛋白能特异性地与 ESE1 基因启动子结合，从而调控 ESE1 基因的表达[55]。EIN3/EIL1 超表达能提高拟南芥的耐盐性，ein3eil1 突变体则变现对盐敏感表型。高盐胁迫能促进 F-box 蛋白 EBF1 和 EBF2 降解，从而使得 EIN3/EIL1 蛋白得到积累，进而防止多余的 ROS 积累，从而提高植物的抗盐性[56]。在小麦中，抑制 EIL1 基因的表达能增强小麦对条锈菌的抗性[57]，在拟南芥中，EIN3/EIL1 能直接结合于 SID2 基因的启动子上，通过抑制水杨酸的合成而负调控植物的病原体相关分子模式（pathogen-associated molecular pattern，PAMP)防御反应[58]。富亮氨酸重复类受体蛋白激酶(leucine-rich repeat receptor kinases，LRR-RK)FLS2 是细菌 PAMP 鞭毛蛋白或活性表位的受体，被激活的 FLS2 能激活 MAP 激酶途径的 MEKK-MKK4/5-MPK3/6 和 MEKK1-MKK1/2-MPK4，进而通过 WRKY 转录因子激活相关防御基因的表达。而 EIN3/EIL1 转录因子能够直接调控 *FLS2* 基因的表达，从而调控植物对病原菌侵染的防御反应[59]。

1.5.3　EIN3/EILs 调节乙烯与其他激素的交叉对话

EIN3/EILs 是乙烯与其他激素协同及拮抗作用的重要节点。乙烯(ethylene，ET)和茉莉酸(jasmonate，JA)都能调控植物的生长、发育以及防御反应。二者在植物根毛发育和抵抗死体营养型真菌侵染的过程中表现为协同关系，而在基因表达调控、顶芽弯曲和对抗昆虫等过程中表现为拮抗关系。研究表明，乙烯和 JA 之间的拮抗作用是通过由 JA 激活的转录因子 MYC2 和乙烯信号转导通路中的转录因子 EIN3 之间的相互作用实现的[60]。在拟南芥中，乙烯能够推迟开花，乙烯的这种作用会被 DELLA 功能缺失突变弥补，说明在某些方面，乙烯是通过调控 DELLA 的活性实现其功能。而 DELLA 是赤霉素(GA)信号传递分子，激活乙烯途径会减少有活性的 GA 的水平，而增加 DELLAs 的积累量。CTR1/EIN3 依赖的乙烯途径和 GA-DELLA 信号途径之间的联系使植物能够在与不良环境的对抗中适应生活史中重要的调控过程[61]。EIN3 能通过负调控 CBFs 和 A 型 *ARR* 基因的表达而降低植物的抗寒性，A 型 *ARR* 基因是细胞分裂素的负调控因子，因此在植物对抗外界不良环境的过程中，EIN3 和 A 型 *ARR* 基因是乙烯信号和细胞分裂素信号的关键节点[62]。在植物根中，乙烯能调控局部生长素的合成量，从而调控根系的发育和向地性生长，L-犬尿素(KYN)分子的目标之一是 TAA1/TARs，而 TAA1/TARs 是生长素合成的重要途径——吲哚丙酮酸途径的关键酶。KYN 能抑制细胞核内 EIN3 的积累，从而降低根中由乙烯诱导的生长素的合成。生长素又能增加 EIN3 在细胞核内的积累，说明生长素的合成和乙烯信号转导之间存在正向的反馈调节作用[63]。EIN3/EIL1 能通过直接调控 *SID2* 基因的表达来调控水杨酸的水平，从而实现乙烯与水杨酸的拮抗作用[58]。激素之间的相互作用对于植物的生长发育以及抵抗不良环境具有重要的意义，大量研究表明 EIN3/EILs 是乙烯信号与其他激素信号交叉对话的重要转录因子(图 1-4)。

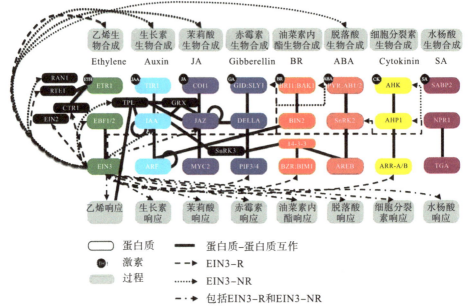

图1-4 发生在不同的水平的由EIN3介导的乙烯共调控[64]

植物衰老是一个主动的、有序的生物学过程，叶片衰老是叶片发育的最后一个阶段，除了受本身遗传因素的控制外，还受很多外界自然环境因素的影响，尤其是逆境胁迫。早期突变体为研究植物衰老及其与周围环境的相互作用提供了理想的材料。笔者的研究团队在开展白桦 $BpGH3.5$ 基因功能研究时，共获得21个 $BpGH3.5$ 超表达株系，其中一个株系表现出叶片早衰并伴有类病斑表型的 T-DNA 插入突变株，命名为 lmd 突变株。本研究以 lmd 为研究对象，以另一个 $BpGH3.5$ 超表达株系 $G21$ 以及野生型白桦 WT 为对照，对 lmd 突变株在生长发育、生理生化、形态特征等方面的表型变化进行全面的研究，利用转录组测序技术对 lmd 转录水平的变化进行分析。从分子、细胞、组织等不同水平对 lmd 的特征进行描述。进而采用基因组测序技术、TAIL-PCR 技术鉴定 lmd 突变株基因组上的 T-DNA 插入位点，对获得的可能影响其表型产生的突变基因进行克隆以遗传转化，研究结果为探讨 lmd 出现早衰及类病斑表型的原因，为揭示白桦叶片衰老及细胞程序化死亡分子机制奠定基础，为木本植物衰老的相关研究提供参考。

第 2 章

白桦基因工程的研究进展

2.1 白桦简介

白桦(*Betula platyphylla* Suk)为温带植物区系中的典型科桦木科桦木属植物,属浅根系落叶乔木,是天然林的主要树种之一,也是林场重点培育和种植的树种之一。白桦树皮为灰白色且表皮平滑,多为薄层状剥裂或片状剥裂,树枝呈暗灰或暗褐色,无毛,具树脂腺体,但小枝不具树脂腺体。单叶互生,叶片下表面多含腺点,且无毛,叶脉羽状,有细瘦无毛的叶柄。花单性,雌雄同株,柔荑花序。果序为单生,呈下垂状,且多为圆柱形或矩圆状圆柱形,长度为 2~5 cm,平均直径 10 mm,坚果狭长或呈卵形或矩圆形,长为 1.5~3 mm,宽 1~1.5 mm,含膜质翅,种子单生,具膜质种皮[65]。白桦是温寒带树种,耐严寒,喜光,不耐庇荫,对土壤具有较强的适应性,森林被大火烧毁后,最先生长的往往是白桦,为次生林的先锋树种,但白桦的纯林较少,多与山杨、蒙古栎、辽东栎混合种植形成落叶阔叶林,或者与油松、红松、华北落叶松形成针阔混交林。

白桦分布广泛,在世界各地均有生长,如东北亚地区与北欧地区,以及苏联远东地区、日本北部、朝鲜北部及东西伯利亚、蒙古东部等地区。在我国白桦生长于黑、吉、辽、豫、冀、宁、甘、青、川,南至云南等十多个省、自治区[66],普遍集中在寒带针叶林、温带针阔混交林、青藏高原高寒植被区、温带草原区、亚热带常绿阔叶林、温带荒漠区、暖温带阔叶林等植被区内,只有热带季雨林区没有白桦生长[67]。在黑、吉、辽三省主要分布在海拔 600~700 m 的地区,即北部的寒温带针叶林区,包括大兴安岭和小兴安岭及长白山,占全国白桦总数量的 2/3,分布较密集,多为成片的纯林，是东北三省蓄积量最大的速生乡土阔叶树种[68]，而在西南山地和黄土高原山区的阔叶落叶林及针叶阔叶混交林区，白桦的分布则较为松散。

  白桦具有多种用途，如白桦汁液富含人体进行生命活动所必需的多种无机盐、氨基酸、维生素、碳水化合物等，具有抗疲劳、延缓衰老、止咳平喘的功效，此外，还富含钾、钙、钠、镁、铝等矿物质及鞣质、皂苷等物质，是天然的营养保健品；白桦树皮苦、寒，具有清热润湿、祛痰止咳的功能，泡油可用于治疗中耳炎、耳聋，烧灰可用于治疗腹泻、菌痢、胃溃疡出血等；白桦树枝呈深红色且柔软，树干为灰白色且笔直，春夏两季树叶嫩绿，秋季则为金黄色，与灰白色树干相得益彰，十分美观，常种植于公园的草坪、湖泊或路旁供园林绿化使用，亦可种植于山坡或丘陵坡地，成为风景林。白桦木纤维较长，质地、纹理好，是重要的用材及纸浆材树种，传统用于制备胶合板的树种，如椴木、榆木等几近枯竭，白桦作为替代树种具有很大的优势。白桦具有较高的二氧化碳吸收能力，调节气候、防风固沙的性能较好，在保护生态环境方面也具有重要作用，是一种应用范围十分广泛的树种。

2.2 白桦抗病虫害研究

2.2.1 白桦抗虫基因工程研究

  很多昆虫都以白桦为食，如金针虫、尺蠖虫、金龟子、象鼻虫等。不同昆虫啃食白桦的季节不同，介壳虫若虫一般在四月上旬活动，吸吮汁液，导致白桦枝叶萎黄，甚至整枝死亡。冷杉虎天牛幼虫则在六月下旬活动，孵化后进入白桦树皮下啃食韧皮部及木质部表层。日益增多的工业化建设导致了空气中二氧化碳含量逐渐升高，全球变暖，以往受严寒影响的昆虫不再受寒冷制约，数量不断增多，同时，为了降低种植成本而不加入其他树种的单一白桦林不具有完备的生态系统，因此很难抵挡害虫入侵。1984年乌尔旗汉和库都尔发生白桦尺蠖（*Phigalia diakonori* M.）灾害，受害面积达到3.3万平方公顷，1999年位于内蒙古的牙克石林区40万平方公顷的白桦林被白桦尺蠖毁坏，大片的白桦死于虫害。传统化学杀虫剂的长期使用会导致害虫产生抗药性，严重影响周围生态环境，化学杀虫剂成本高昂，田间稳定性差，且不具有普遍适用性。近年来基因工程的发展为植物抗虫育种带来了新思路，培育抗虫品种提高白桦自身的抵抗性成为白桦抗虫育种的必要选择。

用于植物基因工程的抗虫基因主要有胆固醇氧化基因、苏云金杆菌（Bt）内毒素基因、营养期杀虫蛋白基因以及其他植物、动物来源的抗虫基因等。Bt 毒蛋白为单基因产物，具有生物降解性、高度专一性等特点，对人体和动物均不造成威胁，因而在转基因植物抗虫方面应用较广泛。詹亚光等应用农杆菌介导法将蜘蛛杀虫肽和 *Bt* 基因 C 肽序列导入白桦基因组中，得到了转基因白桦，用 PCR – Southern 杂交技术对 17 株卡那霉素抗性苗进行了检测，证明了外源基因转化成功。分别用转基因白桦和非转基因白桦叶片饲喂舞毒蛾幼虫，结果表明转基因白桦叶片对舞毒蛾幼虫具有致死作用，饲喂时间越长，致死率越高，证明转基因白桦对舞毒蛾幼虫具有明显的抵抗能力[69-70]。2005 年，王志英等研究了转基因白桦对舞毒蛾幼虫的抗性。通过比较取食转基因白桦和取食对照白桦叶片的舞毒蛾幼虫，发现啃食转基因白桦的舞毒蛾幼虫的中肠细胞逐渐模糊直至严重变形，细胞核逐渐朦胧直到完全消失，围食膜与中肠细胞间出现空隙，最终完全脱落消失。而食对照叶片的舞毒蛾的中肠细胞排列有序，含较明显的细胞核，围食膜紧贴于中肠细胞，且含有大量食物。证明了转基因白桦对舞毒蛾的毒害是通过舞毒蛾啃食来破坏中肠组织，使进食量逐渐减少，直至死亡，揭示了转基因白桦抗舞毒蛾虫害的机制[71]。2008 年，孙冬制备了蜘蛛杀虫肽与 Bt – toxin C 肽融合蛋白（BGT）的特异性抗体，并采用敏感度高、特异性较好的酶联免疫吸附试验（ELISA）来检测转基因白桦外源基因的表达。结果表明，转基因白桦中的 *BGT* 基因表达量随着植物的生长发育而改变，而同一植株的不同部位则无明显规律。据此选出其中基因表达最强的转基因株系，分别饲喂天幕毛虫幼虫、舞毒蛾幼虫、分月扇舟蛾幼虫，来研究转基因白桦对虫害的抗性，结果表明转基因白桦对舞毒蛾幼虫的抗虫性最强，对天幕毛虫幼虫仅有一定的杀灭、抑制作用，而对分月扇舟蛾幼虫则无杀虫效果，仅能抑制其体重的增长，说明转基因白桦对不同害虫的抑制作用有所不同[65]。

2.2.2 白桦抗病基因工程研究

当土壤含水量过高时，白桦幼苗的生长发育会受到较大影响，并且容易感病。其中最容易发生的病害为立枯病，极易感染幼苗。此外，根腐烂类型与猝倒类型的病害在白桦幼苗中也较多见，幼苗受病虫害影响的死亡率可达 20%～60%。化学制剂具有良好的抗病害效果，但对植物自身的生长发育也具有一定影响，为了更加安全、有效地达到抗病害的目的，利用植物基因工程技术，培育白桦抗病品种成为一个更好的选择。目前，与白桦抗病性相关的研究还比较少，主要有 miR156 和 *EIN3* 基因。

miR156 最早是在拟南芥中发现的，是陆地植物中最保守的 microRNA[72]。2019 年，颜斌通过农杆菌介导遗传转化，将白桦 *BpmiR156* 基因导入白桦获得过表达株系，通过分子检测技术证明 *BpmiR156* 被成功整合进白桦植株，并可正常表达。在抗病性分析中发现 miR156 可增强 *MYB61*、*MYB106*、*RPP13*、*RPM1* 等基因的表达，从而提高转基因白桦的抗病性[73]。李晓媛等利用农杆菌介导法进行白桦遗传转化试验，获得了 *BpEIN3* 过表达与抑制表达株系。通过 qRT-PCR 技术对各株系 *BpEIN3* 基因的表达量进行分析，结果表明，*BpEIN3* 基因表达量为 *BpEIN3* 过表达株系＞野生型株系＞*BpEIN3* 抑制表达株系。通过喷洒叶枯病菌的孢子悬液对不同株系的抗病性进行分析，结果表明，*BpEIN3* 抑制表达株系对叶枯病具有一定抗性[74]。

2.3　白桦抗非生物胁迫基因工程研究

虽然白桦树具有较强的适应性和更新性，且耐严寒、耐贫瘠，但其对干旱和高盐环境却不耐受。随着社会经济发展，人类对木材的需求量逐渐增大，导致森林的过度砍伐，同时，工业、汽车废气排放量增大，全球变暖，生态系统受到影响，水资源严重缺乏，缺水问题已经成为全球性问题。而我国为大部分耕地面积为干旱型的国家，20% 的耕地受到盐害威胁，这导致了白桦的分布受到影响。此外，由于白桦在建筑、药用等各方面的广泛用途及社会需求量的增加，使提高白桦的抗逆性、扩大白桦的种植范围成为白桦育种的重要课题。由于传统育种条件下，白桦的育种周期长，改良效率低，故应用基因工程技术来提高白桦的抗逆性成为一条行之有效的育种途径。

2.3.1　转脱水素基因白桦的抗旱性、耐盐性研究

脱水素是晚期胚胎发育蛋白（LEA）家族 D-Ⅱ类蛋白，发现于多种植物对干旱胁迫和盐胁迫的应答中[75-76]，由于脱水素在植物中广泛存在，并且能显著增强植物对非生物胁迫的抗性，故其成了研究抗逆性的理想基

因。脱水素的作用机制为：一方面植物缺水时代替水分子来维持细胞的结构，另一方面作为分子伴侣维持蛋白质的功能及在干旱、高盐植株中大量表达。目前，成功克隆了多种脱水素基因，转入拟南芥、烟草、黄瓜等一百多种植物获得大量抗性植株。柽柳作为沙漠地区固沙能力极强的耐盐渍植物，具有很强的抗旱、耐盐特性，脱水素基因在其中起重要作用。在盐胁迫、ABA诱导等条件下，脱水素基因的表达量会显著增加。2009年，张瑞萍以白桦的成熟合子胚作为外植体，将柽柳脱水素基因转入白桦中，获得转脱水素基因白桦卡那霉素抗性植株，再通过PCR鉴定，获得了目的条带，证明脱水素基因初步转化成功。用NaCl对转基因株系和对照株系进行处理，发现加入0.3%NaCl时，转基因株系的生根能力强于对照株系，数天后，对照株系的叶片变黄绿，而转基因白桦的叶片仍为绿色，证明转脱水素基因白桦具有抗盐性。同时进行水分胁迫试验，发现转脱水素基因白桦比对照株系的长势好，证明脱水素也具有增强植物耐旱性的功能[77]。

2.3.2 转 bZIP 基因的抗旱性、耐盐性研究

植物碱性亮氨酸拉链(bZIP)蛋白可以调控ABRE等顺式作用元件，来促进下游抗非生物胁迫基因的表达，从而提高植物抗性。2013年，李园园等以农杆菌介导法，将柽柳 TabZIP 基因导入白桦基因组，再利用qRT-PCR技术及Western blot检测进一步证明转录因子 TabZIP 已成功转入白桦中并进行了表达。用0.4%的NaCl对转基因白桦进行胁迫处理，发现转基因株系的耐盐性普遍高于对照株系。其中，TB4株系耐盐最为显著，盐害指数仅为0.05，证明转 TabZIP 基因的白桦具有耐盐性[78]。2018年，王艳敏、王玉成对白桦 BpbZIP36 基因的功能进行了研究，通过农杆菌介导法将pROK2-BpbZIP36表达载体导入野生型白桦中，获得白桦 BpbZIP36 基因的过表达株系。对转 BpbZIP36 基因白桦株系和对照株系进行干旱处理，发现在非胁迫条件下两种植株的生长发育无差异，但在干旱胁迫下，白桦 BpbZIP36 基因的过表达株系较对照株系生长状况良好，转基因白桦电导率低于对照株系，MDA含量较低，证明转基因白桦中的 BpbZIP36 基因可以对细胞膜的结构起保护作用以此来提高白桦的抗逆性[79]。

2.3.3 转 BpWND1 基因白桦抗旱性、耐盐性研究

BpWND1 基因是一种转录因子，可以结合顺式作用元件起到提高植

株抗逆性的作用。2015 年，杨传平等首先将 $BpWND1$ 基因进行 PCR 扩增并连接到 pROK2 载体上，再利用农杆菌介导法将 $BpWND1$ 基因转入白桦，成功构建了 $BpWND1$ 过表达株系，并通过与对照株系对比培养证明转基因白桦可以抗干旱和盐胁迫。并通过 DAB 染色、NBT 染色、Evans blue 染色等发现，过表达 $BpWND1$ 的白桦中过氧化氢的含量降低自由氧的含量增高，细胞受损程度小，因此其具有较强的抗旱性、耐盐性[80]。

2.3.4 转 $BpBEE$ 基因白桦抗旱性、耐盐性研究

$BpBEE$ 基因是植物所特有的 bHLH 家族转录因子[81]，在植物抗非生物胁迫过程中具有一定作用。颜斌等研究了白桦 $BpBEE$ 基因的功能，构建了白桦 $BpBEE$ 基因超表达和抑制表达载体，采用农杆菌介导法对白桦合子胚进行遗传转化，获得了白桦 $BpBEE$ 基因超表达和抑制表达株系。通过 NaCl 处理对转基因白桦的抗盐性进行分析，结果表明，经 NaCl 处理的过表达株系显著高于对照及抑制表达株系，证明 $BpBEE$ 基因参与白桦对盐胁迫的应答，但该基因调控植株抗旱耐盐的分子机制还有待进一步研究[82]。

2.3.5 转 $BpCHS3$ 基因白桦耐盐性研究

查尔酮合成酶(CHS)广泛存在于植物中，在黄酮类化合物合成途径中发挥重要作用，催化对香豆酸辅酶 A 和丙二酰辅酶 A 合成四羟基查尔酮，为黄酮、花青苷、黄烷酮等物质的合成提供了碳骨架[83]，CHS 基因的沉默或超表达都会影响类黄酮物质的合成。另外，CHS 还参与调控植物的防御反应、色素合成及花发育等生理、生化过程。2019 年，姜晶等将白桦 $BpCHS3$ 基因转入到白桦基因组中，获得转基因白桦。利用 qRT-PCR 技术检测转基因白桦 $BpCHS3$ 基因的表达量，结果表明，转基因白桦 $BpCHS3$ 基因表达上调。对转基因白桦进行耐盐性检测，发现在用 0.3% NaCl 处理转基因与对照白桦后，转基因白桦的盐害指数小于对照组白桦，证明转 $BpCHS3$ 基因的白桦具有耐盐性[84]。有研究表明，黄酮类化合物可在减除盐胁迫带来的活性氧损伤方面起到直接的作用，而具体是哪种黄酮类化合物提高了植株的耐盐性能及其作用的分子机制还有待进一步的研究。

2.4 白桦木材质量方面基因工程研究

2.4.1 影响木材质量的因素

造纸业是我国的重要产业之一,由于林木资源短缺,我国起初以草浆为原料进行造纸。随着工业的快速发展,原始造纸已经不能满足社会的大量需求,因此改用纤维质量好、方便砍伐、易于储存的木材作为造纸原料。纸浆常用的木材原料有两种:针叶树和阔叶树。虽然与阔叶林相比,针叶林质量更佳,但由于其生长缓慢而不利于大量用于造纸,故适应性强、生长速度较快的阔叶树种白桦被广泛使用以满足木材原料需求。白桦的纤维素长宽比为56.7,木质素含量较高,木质素是白桦植株内含量第二丰富的物质。木质素具有提高机械强度,疏导水分,抵抗外界侵害等特性[85],是造成造纸成本提高、影响木材质量的重要原因。因此分离木质素与纤维素成为造纸行业的中心任务。传统上,造纸业通过脱除木质素来提高木材品质,木质素由复杂的苯丙烷单体组成,极难从植物中分离出来,且分离木质素所消耗的化学药品还会污染环境,造成生态系统的破坏,十分不利于长期使用。因此,通过基因工程技术有效地降低木质素含量,提高纤维素的含量成为研究的热点问题。

2.4.2 木质素的影响

木质素是一种芳香性高聚物,是细胞壁的组成成分,具有抵抗病原体入侵的作用。木质素可以分为三个种类:紫丁香基木质素(S-木质素)、愈创木基木质素(G-木质素)和对羟基苯基木质素(H-木质素)。白桦中的木质素为愈创木基-紫丁香基木质素(G-S木质素)。木质素的含量影响木材质量,因此,可以通过改变木质素的含量来调控木材质量。木质素的合成途径是多基因、多途径、错综复杂的,很多酶在此过程中发挥重要作用。如作为起始反应酶的苯丙氨酸解氨酶(PAL),它可以催化苯丙氨酸生成肉桂酸,再生成香豆酸,*PAL* 的表达直接调控木质素的含量;COMT 与 CCoAOMT 为甲基化酶,在木质素合成途径中为平行路径。吕梦燕[86]以 RT-PCR 技术分离出白桦 *COMT1* 基因后对其进行克隆,通过 Gateway 技术构建白桦过表达和抑制表达载体,进行遗传转化,获得转基因株系。基因定量分析表明,抑制表达转基因白桦中 *COMT1* 的表达量低于对照株系，且在植株的不同部位，*COMT1* 表达量降低的程度也有所不同，该研究为后续研究白桦 *COMT1* 基因与木质素含量的关系提供了参考。

肉桂酰辅酶 A 还原酶(CCR)及肉桂醇脱氢酶(cAD)还原酶在木质素合成途径中起枢纽作用，CCR 可以还原三种羟基肉桂酸的辅酶 A 酯为肉桂醛，还可以调控木质素合成途径中碳素的进入。2012 年，韦睿[87]以白桦 cDNA 为模板，克隆得到 *BpCCR1* 基因，通过农杆菌介导法得到 19 个 *BpCCR1* 超表达株系和 39 个抑制表达株系。结果表明，白桦超表达株系的高度均低于对照株系，部分超表达株系木质素的含量低于对照株系，部分高于对照株系，木质部直径比为超表达株系高于抑制表达株系。该研究初步证实，*BpCCR1* 基因与白桦木质素的合成有关。张岩[88]等利用实时荧光定量 PCR 技术检测，发现 *BpCCR1* 在叶柄、茎和分生木质部具有较高表达量。在白桦形成层中克隆了 *BpCCR* 基因，再利用叶盘转化法将 *BpCCR* 导入白桦，进行 PCR 和 Northern 杂交试验，发现转基因白桦的木质素含量高于对照株系，进一步证明 *BpCCR* 基因与木质素的含量相关。

4-香豆酸辅酶 A 连接酶(4CL)可以催化肉桂酸生成相对应的脂类，是木质素生物合成过程中的关键酶之一。2008 年，陈肃[89]利用 RT-PCR 和 RACE 技术克隆了白桦的 *4CL2* 基因，再利用 RT-PCR 和 Northern 杂交技术对白桦 *4CL2*、*CCoAOMT* 基因的表达量进行分析，表明该基因在时间与空间上的表达量存在不同，木质化程度明显的部位其表达量也高，证明 *4CL2*、*CCoAOMT* 基因的表达与白桦的木质化进程有关。2014 年，孔雪[90]以白桦 cDNA 为模板，克隆 *4CL* 基因，通过农杆菌介导法得到 *Bpl4CL1* 过表达白桦，再经过 qRT-PCR 检测发现过表达株系中 *4CL* 基因的表达量显著高于野生植株，为进一步分析 4CL 活性及木质素的含量有积极作用。

2.4.3 纤维素的影响

纤维素为大分子多糖，具有水不溶性，是植物细胞壁的组成成分，可以抵抗机械压力，为重要的造纸材料。纤维素合成的过程非常复杂，纤维素合成酶(CesA)、纤维素酶、谷甾醇糖基转移酶、细胞骨架蛋白以及蔗糖合成酶等均可能从不同水平影响纤维素的合成。目前，对白桦纤维素的研究主要以 CesA 为主。纤维素合成酶在纤维素合成中具有重要作用，可以将葡萄糖转化为葡聚糖苷链。关录凡[91]以 RACE 技术克隆白桦的 *BpCesA* 基因，并通过 PCR 技术、Southern 杂交等方法证明已成功得到了白桦

$BpCesA$ 过表达株系,再利用农杆菌介导法将 $BpCesA4$ 进行烟草的遗传转化,获得了具 $BpCesA4$ 基因的转基因烟草,该研究为 CesA 与纤维素含量的相关性研究奠定基础。陈鹏飞[92]从白桦叶片中克隆了 $BpCesA1$、$BpCesA2$ 基因,从白桦木质部中克隆了 $BpCesA3$,对其进行 qRT-PCR 检测,发现在不同部位 3 种基因的表达量均有所不同。$BpCesA1$ 和 $BpCesA3$ 在木质部的表达量高于叶片,$BpCesA2$ 基因在叶片中的表达量高于木质部。由此可知,$BpCesA1$ 与 $BpCesA3$ 基因参与次生壁的形成,$BpCesA2$ 基因参与初生壁的形成。蔗糖合成酶(sucrose synthetas)是蔗糖代谢的重要酶类,可以催化蔗糖和 UDP 形成 UDP-葡萄糖和果糖,两者直接为纤维素的合成提供底物,故蔗糖合成酶在纤维素中合成中发挥较大作用。

基因工程育种具有周期短、能打破物种之间界限等特点,并且在提高物种抗生物和非生物胁迫能力、提高生物产品品质等方面较科学、精准,因此得到研究者的青睐。近年来,随着基因分离技术、遗传转化技术、载体构建技术等的发展和完善,针对白桦抗虫害、抗旱、耐盐等方面的基因工程育种均取得了许多显著的成果。然而,白桦基因工程的研究还存在一些问题,如对白桦的遗传转化多以单基因转化为主,多基因遗传转化的技术较为缺乏。另外,对于木本植物而言,难以通过杂交获得转基因纯合体,新型的基因敲除技术(如 CRISPR/Cas9)的应用还受到限制,对转化基因的敲除存在困难等问题尚未得到解决,这些都是白桦基因工程育种技术上面临的难题。

第3章

白桦类病斑和早衰突变体的特征

白桦属于桦木科、桦木属植物，落叶乔木，树干可高达 25～30 m，粗约 50 cm，喜阳，是亚欧大陆分布很广的世界性树种，在我国白桦集中分布于东北及内蒙古四省。白桦具有很高的经济价值，并且是重要的造林树种。白桦生命力强，在大火烧毁森林以后，首先生长出来的经常是白桦，常形成大片的白桦林，是形成天然林的主要树种之一。白桦木材可供一般建筑使用，树皮可提炼桦油，在北方其也是园林绿化的常用植物，孤植、丛植于庭园、公园的草坪、池畔、湖滨或列植于道旁均颇为美观。

衰老是植物生长发育的重要生命过程，也是植株抵抗不良外界环境的有效手段。植物早衰突变体的发现，为进行植物衰老以及植物应对外界不良环境的研究提供了良好的材料。笔者的研究团队在进行 $BpGH3.5$ 基因研究时，获得了一个转基因的早衰突变体，命名为 lmd(lesion mimic and defoliation)株系，并以 lmd 株系作为主要研究对象，以转基因株系 G21 和野生型株系 WT 为对照，对该白桦早衰突变体的植株生长、光合生理、细胞结构、组织化学染色、相关酶类活性变化、抗病性等表型特征进行了研究。

本研究使用的植物材料包括 $BpGH3.5$ 超表达转基因白桦 lmd、G21 株系以及野生型白桦(WT)，其中 lmd 株系为白桦早衰突变体，是本研究的主要研究对象，G21 株系为转基因对照，WT 为野生型对照。以上 3 个株系均为三年生无性系苗木，每个株系 30 株，种植于直径为 40 cm 的花盆中，置于白桦育种基地进行常规管理。用于抗病性观察的植物材料为移栽的幼苗，培养于植物培养室中(26 ℃、12 h 光照/12 h 黑暗)，待植株长到 50 cm 左右，挑选生长一致的各株系苗木进行实验。

3.1 lmd、G21、WT 株系生长性状的比较

对白桦类病斑及早衰突变株 lmd、转基因对照 G21 株系及野生型对照 WT 株系三年生植株的株高、地径以及 1、2 级侧枝生长情况进行测量和计数，观察 3 个株系的生长状况。株高采用直尺测量，地径取距地面 1 cm 处位置用游标卡尺测量。3 个株系的生长情况测量结果见图 3-1a。测量结果表明，lmd 株系的株高和地径显著低于 G21 和 WT 株系（图 3-1c、d）；1 级侧枝数目显著高于 G21 株系，但低于 WT 株系，2 级侧枝数目显著高于 G21 株系，与 WT 株系差异不显著（表 3-1），说明该突变体的侧枝生长并未受到显著影响，但整个植株的生长量有所下降。

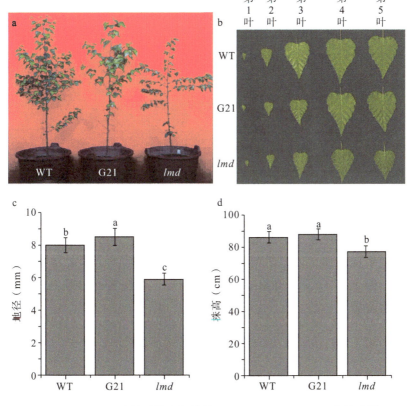

a. WT、G21、lmd 3 个株系的生长情况；b. WT、G21、lmd 3 个株系第 1~5 叶形态观察；c 和 d 分别为 3 个株系地径和苗高的比较。

图 3-1　WT、G21、lmd 株系的生长情况

表 3-1　*lmd*、G21 和 WT 株系的生长情况

株系	株高(cm)	地径(mm)	1级侧枝(个)	2级侧枝(个)
WT	86.193±6.02a	7.952±0.807b	32.4±3.93a	43.8±15.78a
G21	88.844±7.439a	9.261±0.767a	24.35±2.97c	33.65±13.69b
lmd	79±8.217b	5.978±0.693c	28.94±3.82b	48.58±17.11a

　　lmd 株系三年生植株的株高和地径显著低于对照，随着植株的生长，分枝越来越多，由于 *lmd* 株系从每一个枝的顶端第 4 叶开始出现褐色斑点（图 3-1b），并且叶片逐渐脱落，而其他株系的叶片在生长期均保持旺盛的生长状态，没有脱落情况的出现，因此 *lmd* 株系能有效进行光合作用的叶片数目明显少于其他株系，这极大地影响了植株的生长，造成其株高、地径显著低于其他株系的状况。

　　取 *lmd*、G21 及 WT 3 个株系相同位置的枝进行观察发现，*lmd* 株系的枝较两个对照株系的枝短且叶片数目较少（图 3-2e）。用实体显微镜对 *lmd* 株系叶片进一步进行观察发现，从第 4 叶开始，叶片表面开始出现褐色斑点，随着叶龄的增加斑点数目逐渐增加，但斑点的大小保持不变（图 3-2a~d）。

　　对 *lmd* 株系叶片表面褐色斑点的出现情况进行观察和分析发现，5 月中旬同一枝条上自顶端数第 4 叶开始出现褐色斑点，6 月中旬，随着植株进入生长旺季，同一枝条上的叶片数目逐渐增多，第 3 叶叶片边缘开始出现少量褐色斑点，第 1、2 叶无肉眼可见斑点产生。用实体显微镜观察（图 3-2b、c、d）可发现，斑点大小保持不变，不会扩散。对 *lmd* 株系同一枝条上叶片表面类病斑数目进行统计，结果见图 3-3，第 1、2 叶无褐色斑点产生，除了第 4、5 叶和第 5、6 叶之间外，其他各叶片彼此间类病斑的数目具有显著差异。

a、b、c、d 分别为第 3~6 叶(Bars=1 mm);e:3 个株系枝的生长情况。

图 3-2 lmd 株系枝及叶片的观察

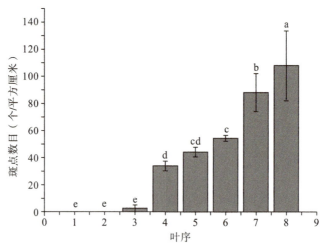

图 3-3 *lmd* 株系第 1~8 片叶片斑点数目统计

3.2 *lmd*、G21、WT 株系光合特性和叶绿素荧光参数的比较

对三年生转 $BpGH3.5$ 白桦株系 *lmd*、G21 及野生型株系 WT 的净光合速率(P_n)、胞间 CO_2 浓度(C_i)、蒸腾速率(T_r)、气孔导度(G_s)及非光化学猝灭系数(NPQ)、光化学猝灭系数(qP)、PSⅡ最大光化学效率(F_v/F_m)和 PSⅡ实际光化学效率(ΦPSⅡ)进行测定。净光合速率是表示光合作用强弱的指标,可以用单位时间单位叶面积所吸收的二氧化碳或释放的氧气表示。气孔导度表示气孔张开的程度,单位为 $mmol/(m^2 \cdot s)$,气孔导度影响植物的光合作用、呼吸作用和蒸腾作用。植物进行光合作用需要通过气孔吸收 CO_2,此时气孔需要张开,而气孔张开又不可避免地散失水分,因此,气孔需要根据环境条件的变化来调节自己的开度,从而使植物在损失较少水分的条件下获取更多的 CO_2。气孔导度也影响蒸腾作用,与蒸腾作用成正比,与气孔阻力成反比。胞间 CO_2 浓度是 CO_2 同化速率与气孔导度的比值,在光合作用的气孔限制分析中,胞间 CO_2 浓度的变化是确定光合速率变化的主要原因和是否为气孔因素的必不可少的判断依据。一般情况下,胞间 CO_2 浓度和净光合作用成正相关,胞间 CO_2 浓度较高时,光合速率下降趋势平缓,当胞间 CO_2 浓度降至较低水平后,光合速率下降幅度较大,甚至呈现线性相关,这说明光合速率的增高是胞间 CO_2 浓度增

高的结果。蒸腾速率是指植物在一定时间内单位面积蒸腾的水量，一般用每小时每平方米叶面积蒸腾水量的克数表示[g/(m²·h)]。叶绿素荧光能反映整个光合作用过程的变化情况，一般条件下，叶绿素荧光主要来源于光系统Ⅱ（PSⅡ）的叶绿素a，PSⅡ处于整个光合作用过程的最上游，因此，包括光反应和暗反应在内的多数光合过程的变化都会反馈给PSⅡ，进而引起叶绿素a荧光的变化。PSⅡ的最大光化学效率反映了植物潜在的最大光能转换效率，在健康生理状态下，多数高等植物的F_v/F_m为0.8~0.85，当F_v/F_m下降时，代表植物受到了胁迫，F_v/F_m是研究光抑制或各种环境胁迫对光合作用影响的重要指标。PSⅡ的实际光化学效率反映了光合系统目前的实际光能转换效率。由光合作用引起的荧光猝灭称为光化学猝灭，反映了植物光合活性的高低，由热耗散引起的荧光猝灭称为非光化学猝灭，反映了植物通过热耗散形式消耗过剩光能的能力，也就是光保护能力。叶绿素荧光参数计算涉及的主要参数及意义如下。

F_o：初始荧光量，也称基础荧光量，是光系统Ⅱ反应中心（经暗适应后）处于完全开放状态时的荧光产量。

F_m：最大荧光产量，是光系统Ⅱ反应中心处于完全关闭状态时的荧光产量，反映光系统Ⅱ的电子传递情况。

F：任意时间的实际荧光产量。

F_s：稳态荧光产量。

F_v：$F_v = F_m - F_o$，可变荧光，反映光系统Ⅱ传递电子的最大潜力，经暗适应后测得。

F_v/F_m：经暗适应后，光系统Ⅱ反应中心完全开放时，最大的光化学效率，反映光系统Ⅱ反应中心最大光能转换效率。

F_v/F_o：光系统Ⅱ潜在的光化学活性，与有活性的反应中心的数量成正比关系。

F_o'：光适应下的初始荧光量。

F_m'：光适应下的最大荧光量。

$F_v' = F_m' - F_o'$：光适应下的可变荧光量。

F_v'/F_m'：光适应下，光系统Ⅱ的最大光化学效率，反映有热耗散存在时光系统Ⅱ反应中心完全开放时的光化学效率，也称为最大天线转换效率。

$\Phi PSⅡ = (F_m' - F_s)/F_m'$：光系统Ⅱ的实际光化学效率，反映在光照下光系统Ⅱ反应中心部分关闭情况下的实际光化学效率。

$q_P=(F_m{'}-F_s)/(F_m{'}-F_o{'})$：光化学猝灭系数，反映光系统Ⅱ反应中心的开放程度，$1-q_P$用来反映光系统Ⅱ反应中心的关闭程度。

$q_{NP}=(F_m-F_m{'})/(F_m-F_o{'})$：可变荧光的非光化学猝灭系数，反映光系统Ⅱ反应中心关闭的程度。

$NPQ=(F_m-F{'}_m)/F{'}_m=F_m/F_m{'}-1$：非光化学淬灭系数，反映植物热耗散能力的变化。

$ETR=\Phi_{PSⅡ}\times A_{PFD}\times 0.5$：光系统Ⅱ的电子传递速率。

光合速率的测量（LI-6400便携式光合仪）：取三年生白桦lmd、G21、WT株系植株上部侧枝上的功能叶片（取第5叶）进行测量。每个株系取10株，每株取3片叶片进行测量。

叶绿素荧光参数的测定（PAM-2500便携式叶绿素荧光仪）：取各株系植株上部侧枝上的功能叶片（取第5叶）进行测量，重复3次。

植物叶绿素荧光动力学分析技术能够快速、灵敏、无损伤地检测光系统对光能的吸收、传递、耗散和分配等方面的状况。实验结果表明：lmd株系的PSⅡ最大光化学效率与G21株系差异不显著，均显著高于WT株系；PSⅡ实际光化学效率、光化学猝灭系数与G21和WT相比差异均不显著；非光化学猝灭系数与G21植株差异不显著，但显著低于WT植株。lmd株系的净光合速率显著低于G21和WT株系，气孔导度和蒸腾速率与G21株系的差异不显著，低于WT株系；CO_2胞间浓度显著高于G21，与WT相比差异不显著（表3-2、3-3）。可见白桦早衰突变体的PSⅡ最大光化学效率、PSⅡ实际光化学效率、光化学猝灭系数和非光化学猝灭系数变化不大。但是lmd株系的净光合速率显著低于两个对照，使其光合产物减少而影响植株生长，可能是由于lmd株系从第4叶开始叶片表面逐渐产生越来越多的褐色斑点所致。

表3-2　lmd、G21和WT株系叶绿素荧光参数比较

	F_v/F_m	$\Phi_{PSⅡ}$	q_P	NPQ
WT	0.772±0.004b	0.645±0.021b	0.898±0.015a	0.326±0.066a
G21	0.788±0.003a	0.668±0.021ab	0.894±0.018a	0.260±0.070ab
lmd	0.783±0.008a	0.688±0.005a	0.919±0.016a	0.210±0.007b

表 3-3　*lmd*、G21 和 WT 株系光合指标比较

	P_n	G_s	C_i	T_r
WT	12.444±1.001a	0.268±0.042a	284.03±13.537a	6.033±0.610a
G21	12.297±1.101a	0.183±0.047b	247.8±20.038b	4.692±0.650b
lmd	9.300±1.016b	0.171±0.034b	276.556±10.685a	4.423±0.556b

3.3　*lmd*、G21、WT 株系叶片表面超微结构的观察

取 *lmd*、G21、WT 株系上部枝条的第 1~4 叶为材料，用扫描电镜观察不同株系叶片表面的超微结构。具体方法如下：分别取三年生 *lmd*、G21、WT 株系植株一年生上部枝条上的第 1、2、3、4 叶片(从枝条顶端开始计数)进行扫描电镜的观察，具体步骤如下。

(1) 取材：将样品用双面刀片切成 2 mm×5 mm 的小条。

(2) 固定：加入适量 2.5% 戊二醛(pH6.8)，置于 4 ℃ 冰箱中固定 1.5 h 以上。

(3) 冲洗：用磷酸缓冲液(0.1 mol/L，pH6.8)冲洗 2~3 次，每次 10 min。

(4) 脱水：分别用浓度为 50%、70%、90% 的乙醇进行脱水，每次 10~15 min，然后用无水乙醇脱水 2~3 次，每次 10~15 min。

(5) 置换：无水乙醇与叔丁醇混合物(二者比例为 1∶1)、纯叔丁醇分别置换 1 次，每次 15 min。

(6) 干燥：将样品放入 −20 ℃ 冰箱中 30 min，再放入 ES-2030(HITACHI)型冷冻干燥仪中干燥 4 h。

(7) 粘贴样品：将样品观察面朝上，用导电胶带粘贴在扫描电镜样品台上，标记好样品粘贴顺序。

(8) 镀膜：用 E-1010(HITACHI)型离子溅射镀膜仪在样品表面镀一层厚 100~150 Å 的金属膜(金或铂膜)，然后将处理好的样品放入样品盘中，使用 S-3400 扫描电镜进行观察。

叶片的近轴面和远轴面的观察结果分别见图 3-4、图 3-5。由图可见，白桦叶片表面分布着一些圆形的叶腺结构，在第 1 叶上，该结构的数量非常多，遍布整个叶片，随着叶片的生长，该结构的数量逐渐减少直至

退化消失。

从近轴面观察 lmd、G21、WT 3个株系同一叶片的叶腺数目差别不大，在 lmd 株系第3、4叶表面发现有一些裂纹（图3-4），可能是由于叶片褐色斑点产生，相应位置细胞死亡，使部分组织失水，变得较脆而形成的。

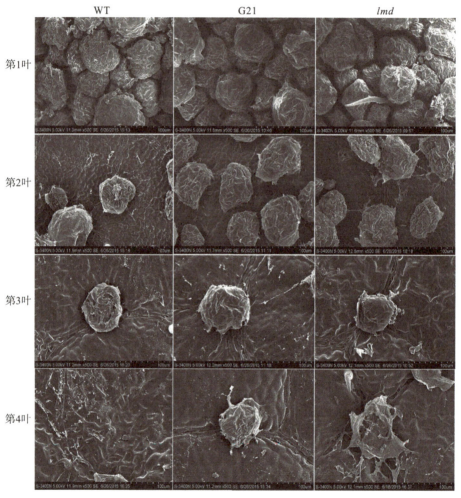

图3-4　WT、G21、lmd 株系近轴面表面结构观察

从远轴面观察（图3-5），不同株系第1叶叶腺结构的数目相近，均紧密排列在叶片表面上，而 lmd 株系的第2叶表面，叶腺结构分布不均匀，有的位置较多，有的位置则较少，可见叶腺结构脱落后留下的痕迹，而G21和WT株系的第2叶远轴面上的叶腺结构则均匀分布，无脱落现象。

lmd 株系第 3 叶远轴面球状结构的数目明显少于 G21 和 WT 株系,第 4 叶与两个对照株系没有明显差别。相比 G21 和 WT 株系而言,*lmd* 株系叶片远轴面凸凹不平,表面光滑,不存在细小的粉状颗粒。

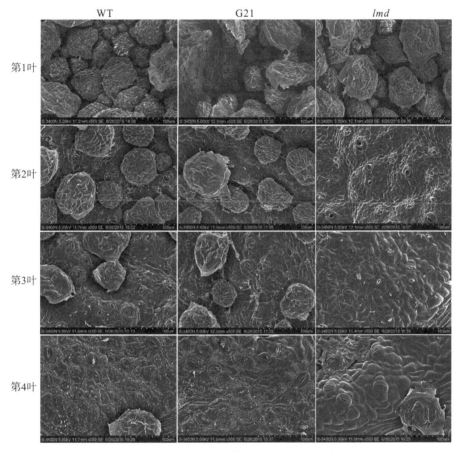

图 3-5　WT、G21、*lmd* 株系远轴面表面结构观察

分别对第 2、3、4 叶片远轴面叶腺数目进行统计(第 1 叶数目过多未做统计),结果见图 3-6。由统计结果可知,*lmd* 株系第 2、3 叶的叶腺数目显著低于两个对照 G21 和 WT 株系,第 4 叶三者的叶腺数目无显著差异。由于叶腺结构是随着叶片的生长而逐渐退化的,故 *lmd* 株系叶腺数目的提前减少和退化预示着早衰的发生。

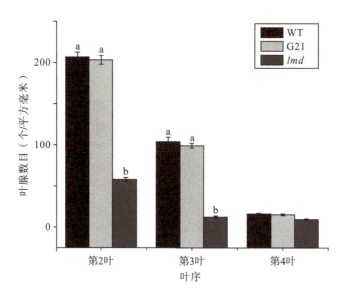

图 3-6　WT、G21、lmd 株系第 2、3、4 叶远轴叶腺数目比较/mm²
（纵坐标 0 以下仅为比较时看清楚低数值，无实际意义）

3.4　lmd、G21、WT 株系叶片组织解剖结构的观察

石蜡切片(paraffin section)是组织学常规制片技术中应用最为广泛的方法，常用于观察组织细胞的形态结构。本研究中，分别取 lmd、G21、WT 株系不同叶龄的叶片制作石蜡切片，用番红、亮绿对染后，观察不同株系间及同一株系内不同叶片间叶结构的变化情况。具体方法如下：分别取 lmd、G21、WT 株系植株一年生枝条上的第 1、2、3、4、5 叶片（从枝条顶端开始计数）进行石蜡切片的制备与观察，具体步骤如下。

(1) 固定：在叶片主脉两侧取 0.5 cm×1 cm 大小的小块，置于 FAA 固定液固定 3 天。

(2) 脱水：分别用 85%、95% 的乙醇和无水乙醇进行脱水，每个梯度脱水 4 h，其中无水乙醇脱水应进行两次。

(3) 透明：将无水乙醇与二甲苯按 1∶1 的比例混合，将脱水后的材料放入其中过夜，然后转入纯二甲苯中透明 2 次，每次 2 h。

(4) 浸蜡：将材料依次转入二甲苯与纯蜡比例为 2∶1、1∶1、1∶2 的混合液中，在 45 ℃ 烘箱中各放置 4 h，然后将其转入纯蜡中放置于 60 ℃ 烘箱中 4 h，再次转入纯蜡中过夜，之后每天早晚各换一次纯蜡，使材料在纯蜡中浸泡 7 天左右。

(5)包埋：将石蜡浸透的材料倒入含有熔化的石蜡的包埋盒内，待其稍凝后将其放到冷冻台上，使其凝固成蜡块。

(6)切片：确定切面的方向，用刀片将材料四周的蜡块进行修整，把蜡块安装到切片机上，调整刀片和蜡块的角度，用 MICROM GmbH HM34E-2 切片机进行切片，切片厚度设定为 8 μm。

(7)展片和烘片：在载玻片上滴一滴水，将切好的蜡带用毛笔托到载玻片上，用 YABO200 漂烘片机 55 ℃ 展片，沥干多余水分后转至 42 ℃ 烘箱中烘片 48 h 以上，以避免掉片。

(8)脱蜡：将切片置于脱蜡缸内，加入二甲苯，进行三级脱蜡，每级脱蜡持续 10 min。

(9)复水：依次转入无水乙醇、95% 乙醇、80% 乙醇、60% 乙醇、30% 乙醇、蒸馏水中进行复水，每级复水持续 2~3 min。

(10)染色：将切片置于 1% 番红 O 染色液中染色 30 min，然后再依次放入 35%、50%、70%、80%、0.5% 的固绿及 95% 的乙醇各 1~2 min，其中固绿染色约 30 s，然后转入无水乙醇、无水乙醇和二甲苯(比例为 1:1)的混合液、二甲苯中各 5 min；

(11)封片观察：将染色好的切片取出，滴加 1~2 滴中性树脂，用干净的盖玻片进行盖片，晾干后置于显微镜下进行观察。

实验结果见图 3-7。如图所示，各株系第 1 叶差别不明显，lmd 株系第 2 叶上、下表面均未见球状叶腺结构，与之前扫描电镜的观察结果一致，可见叶腺确实提前退化。lmd 株系第 3 叶上表皮细胞的细胞核不可见，而另外两个株系的细胞核清晰可见，可能是表皮细胞已经死亡，细胞内容物消失的原因。lmd 株系第 4、5 叶可见被番红染成深红色的区域(箭头所指位置)，该区域内细胞内部结构消失，细胞核不可见，只有细胞壁残留，该位置应为褐色斑点形成的位置，可见该位置的细胞已经死亡，而其周围位置的细胞则为正常的生长状态，可见褐色斑点的形成具有一定的区域性。

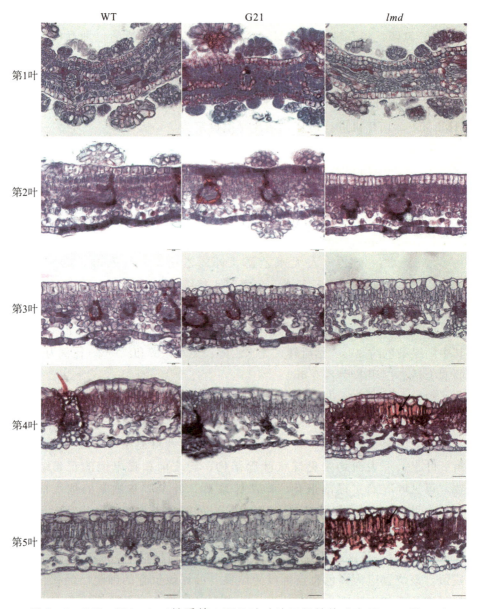

图 3-7　WT、G21、lmd 株系第 1 至 5 叶叶片组织结构观察（Bars＝20 μm）

3.5　lmd、G21、WT 株系叶片超微结构的观察

对高等植物而言，特定细胞的死亡对整个植物体的生长发育具有重要意义，这种细胞死亡是由生物体精确控制的，除此之外，当植物受到生物

和非生物胁迫时,也会启动细胞程序化死亡。本研究分别取 lmd、G21、WT 株系第 1、2、3、4 叶为材料进行细胞内超微结构的观察,以研究不同叶片发育时期、不同株系之间亚细胞结构的变化情况。具体方法如下。

(1)取材:分别取 lmd、G21、WT 株系一年生枝条第 1、2、3、4 叶片为实验材料,将主脉两侧叶片切成 1 mm×3 mm 的小块,各样品均在相同位置取材。

(2)前固定:将取好的材料置于 2.5%戊二醛固定液中固定 2 h 以上。

(3)漂洗:用磷酸缓冲液(0.1 mol/L,pH6.8)将固定好的材料漂洗 3 次,每次 15 min。

(4)后固定:将漂洗好的材料置于 1%锇酸固定液中固定 2.5 h。

(5)漂洗:用磷酸缓冲液(0.1 mol/L,pH6.8)将经后固定的材料漂洗 3 次,每次 15 min。

(6)脱水:用 50%、70%、90%的乙醇对材料进行逐级脱水,每级脱水 15 min;用无水乙醇脱水两次,每次 10 min;用无水乙醇:丙酮(1:1)混合液处理 10 min,以上步骤均在 4 ℃ 冰箱内进行。然后置于纯丙酮中室温处理 10 min。

(7)包埋:纯丙酮与包埋液混合液 1(比例为 1:1)室温处理 40~60 min;纯丙酮与包埋液混合液 2(比例为 1:2)室温处理 2~5 h;纯丙酮与包埋液混合液 3(比例为 1:3)室温过夜;纯包埋液 37 ℃ 包埋 2~3 min。

(8)固化:将包埋好的样品置于 37 ℃ 烘箱内过夜,然后置于 45 ℃ 烘箱内 12 h 再置于 60 ℃ 烘箱内 24 h。

(9)切片:使用超薄切片机进行切片,切片厚度为 50~60 nm。

(10)染色:使用 3%醋酸铀-枸橼酸铅对材料进行双染色。

(11)用 JEM-100X 透射电镜观察、拍片。

实验结果见图 3-8。如图所示,3 个株系的第 1、2 叶叶肉细胞没有明显的变化。lmd 株系第 3 叶叶肉细胞开始出现细胞程序化死亡(programmed cell death,PCD),而两个对照植株则没有出现 PCD 细胞,lmd 株系第 4 叶进入程序化死亡的细胞数相比两个对照株系则明显增多。

在 lmd 株系的叶肉细胞中,很多细胞出现了自噬体(图 3-8 箭头所示),细胞器逐渐消失,死亡的细胞仅残留细胞壁结构,原生质体完全消失,死亡细胞成簇存在,这与通过石蜡切片观察到的结果一致。而 lmd 株系的正常细胞与两个对照株系细胞的结构相比无明显变化,叶绿体结构和数量均保持正常。说明这种细胞程序化死亡的发生具有局部性。

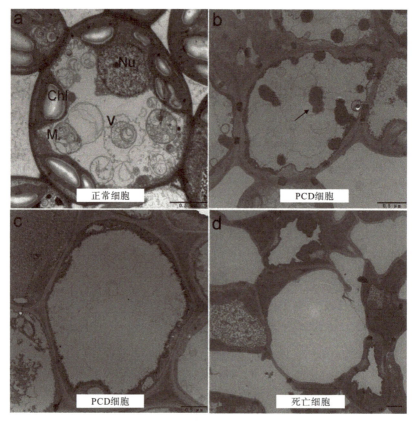

a：正常细胞；b、c：正在凋亡的细胞，箭头所示为自噬体；d：死亡细胞。
Nu—细胞核；V—液泡；Chl—叶绿体；M—线粒体。

图 3-8　lmd 株系叶片细胞超微结构观察（Bars=0.5 μm）

对 lmd、G21、WT 3 个株系成熟叶片（第 4 叶）的程序化死亡细胞数目进行统计，每个视野计数 30 个叶肉细胞，每个样品随机对 3 个视野进行计数，细胞中含有自噬体（AB）即视为程序化死亡细胞，统计结果见图 3-9。结果表明，lmd 株系第 4 叶叶肉程序化死亡细胞数显著多于 WT 和 G21 两个株系。说明 lmd 株系的叶片细胞提前进入了衰老状态。

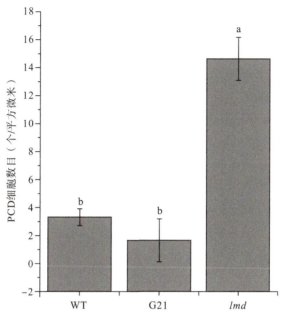

图3-9 *lmd*、G21、WT株系叶肉细胞程序化死亡细胞数目的统计
（纵坐标0以下仅为比较时看清楚低数值，无实际意义）

3.6 组织化学染色

通过组织化学染色的方法可以直观地观察到植物组织中一些物质成分含量的变化情况以及发生部位，本研究主要使用了4种方法，分别观察 *lmd*、G21、WT 3个株系叶片中活性氧、胼胝质积累以及细胞死亡情况。

(1) 3,3-二氨基联苯胺染色和2,7-二氯二氢荧光素-乙酰乙酸酯染色

3,3-二氨基联苯胺(DAB)能够被细胞中 H_2O_2 释放出的氧离子氧化而形成棕色沉淀，染色的深浅能反映细胞中 H_2O_2 含量的多少，染色越深，则 H_2O_2 的浓度越高。分别取 *lmd*、G21、WT株系一年生枝条第1、2、3、4、5叶片，置于培养皿中，加入DAB染色液没过材料，室温条件下过夜，在组培室光照1 h，弃去染色液，然后置于95%的乙醇中浸泡至完全脱去叶绿素后进行观察。结果如图3-10所示，*lmd* 株系的第2、3、4、5叶明显染成棕色，说明其中有大量 H_2O_2 积累，而其他两个株系则颜色较浅，说明没有明显的 H_2O_2 积累。

2,7-二氯二氢荧光素-乙酰乙酸酯(DCFH-DA)可以自由地穿过细胞

膜进入细胞，细胞内的酯酶可以将DCFH-DA水解生成DCFH。DCFH不能发出荧光，而细胞内的活性氧可以氧化DCFH而生成可以发出荧光的DCF，通过检测DCF的荧光就可以知道细胞内活性氧的水平。分别取 *lmd*、G21、WT株系成熟叶片，剥取下表皮，置于诱导气孔开放液（KCl 30 mmol/L，乙磺酸10 mmol/L，用KOH调pH至6.5）中，正常生长条件下光照诱导1 h以确保气孔完全开放，然后用10 mmol/L的DCFH-DA染色液染色10～15 min。染色结束后，用诱导气孔开放液洗涤下表皮3次，于激光共聚焦显微镜下观察并拍照[93]。实验结果表明，*lmd* 株系细胞活性氧水平高于转基因对照G21株系和野生型对照WT株系（图3-10）。

DAB染色和DCFH-DA染色结果表明，*lmd* 株系叶片中存在大量的活性氧，活性氧是诱导细胞死亡的重要因素。因此，推测 *lmd* 植株叶片细胞的程序化死亡是由活性氧的积累导致的。

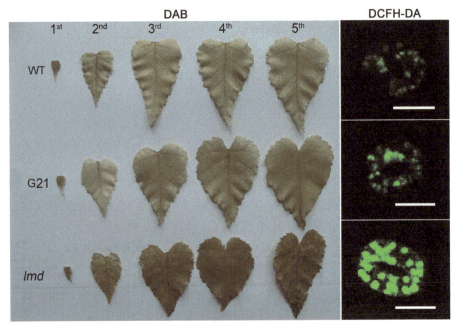

1st、2nd、3rd、4th、5^{th}分别指从枝顶端开始第1、2、3、4、5叶。

图3-10 活性氧染色结果（Bars=20 μm）

（2）胼胝质染色

胼胝质（callose）广泛存在于高等植物内，在植物的生命活动中具有重要的调节作用[94-95]。在生长发育过程中，通过胼胝质的合成和降解，植物可以应答外界环境的机械损伤、由病原菌入侵引起的生物胁迫以及由物理、化学、环境因子等引起的非生物胁迫等[96]。分别取 lmd、G21、WT 株系功能叶片，按照 3.4 中的方法制备石蜡切片。将制备好的石蜡切片置于二甲苯中，三级脱蜡，每级 10 min。然后依次转入无水乙醇、95% 乙醇、80% 乙醇、60% 乙醇、30% 乙醇、蒸馏水中复水，每级复水持续 2~3 min。置于染色液(150 mmol/L K_2PO_4，0.01% 苯胺蓝，pH9.5)中染色 45~60 min，染色后叶片用甘油漂洗后封片，在荧光显微镜紫外光激发下观察、拍照。

通过苯胺蓝染色，可以观察到 3 个株系叶片组织内胼胝质的积累情况，实验结果见图 3-11。由图可见，lmd 株系叶片维管束有明显的胼胝质积累，说明 lmd 株系叶片的成熟和老化。胼胝质的积累也是植物对病原菌的抗性反应，lmd 株系胼胝质的积累可能对其对病原菌的抗性增强具有一定的作用。

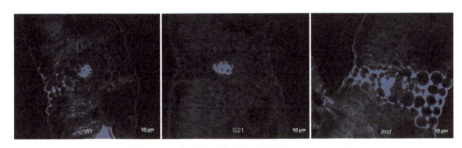

图 3-11　胼胝质染色结果(Bars=50 μm)

(3) Evans blue 染色

Evans blue(可音译为伊文思蓝)是一种偶氮染料，由于活细胞具有外排功能而不能被 Evans blue 染色，而死细胞能被染色。通过 Evans blue 染色可以判断哪些细胞是活细胞，哪些是死细胞。取 lmd、G21、WT 株系的功能叶片，置于 0.25% Evans blue 溶液中，室温下染色 30 min，用蒸馏水漂洗直至无蓝色洗出。

染色情况观察：将已染色的材料置于 95% 乙醇溶液中浸泡，直至将叶绿素全部去除后，进行拍照。

组织活力检测：将已染色的植物材料各取 0.12 g，浸入 5 mL SDS-甲醇溶液(50% 甲醇∶1% SDS)中，50 ℃ 水浴 1 h，过滤，取滤液测定 595 nm 波长处的吸光值。

对 lmd、G21、WT 3 个株系第 1~4 叶进行染色，实验结果见图 3-12。

如图 3-12a 所示，lmd 株系第 2 叶叶片的边缘有深蓝色的染色，第 3、4 叶片表面遍布深蓝色的染色点，说明此处细胞已经死亡，而其他两个对照株系则无明显的着色。如图 3-12 b、c 所示，染色前，在叶片上并无肉眼可见的褐色斑点，而染色后可见遍布于整个叶面的深蓝色着色点，说明这些位置的细胞死亡，将来会发展成肉眼可见的褐色斑点。

用洗脱液将多余的染料洗去后，测量 595 nm 的吸光值，该数值可以反映植物组织的活力。取 lmd、G21、WT 株系的第 4 片叶染色 10 min，洗去表面浮色，用洗脱液洗脱后，测 595 nm 处的吸光值，实验结果见图 3-12 d。结果表明，lmd 株系第 4 叶洗脱染料的吸光值显著高于 WT 和 G21 株系，说明 lmd 株系第 4 叶上的死亡细胞数显著多于 WT 和 G21 株系，lmd 株系叶片的组织活力明显下降。

a：3 个株系 1～4 叶叶片染色结果，其中 1st、2nd、3rd、4th 分别指从枝顶端开始第 1、2、3、4 叶；b：第 3 叶染色前的叶片；c：lmd 株系第 3 叶染色后的结果；d：3 个株系叶片染色后洗脱液的吸光度。

图 3-12 Evans blue 染色结果

3.7 POD、SOD、MDA 的测定

为了解 3 个株系叶片中过氧化物的积累情况,分别测定了 3 个株系叶片过氧化物酶(POD)和超氧化物歧化酶(SOD)的活性,并对 3 个株系叶片中的丙二醛(MDA)含量进行了测定。具体方法如下:分别取 lmd、G21、WT 株系功能叶片为材料,加液氮研磨,称取 0.1 g 材料放入 2 mL 离心管中进行如下指标的测定。每个实验重复 3 次,具体步骤如下。

(1)超氧化物歧化酶(SOD)活性测定

①取研磨好的植物样品,加入 1 mL 50 mmol/L 磷酸缓冲液(含 0.1 mmol/L EDTA,pH7.8)中,4 ℃,11000 r/min 离心 15 min。

②取 10 mL 试管,按表 3-4 添加各试剂。

表 3-4 SOD 活性测定试剂的配制

试剂	用量(mL)
50 mmol/L 磷酸缓冲液	4.05
220 mmol/L Met 溶液	0.3
1.25 mmol/L NBT 溶液	0.3
33 μmol/L 核黄素溶液	0.3
酶液	0.05
总体积	5

③30 ℃,4000 lx 日光灯下反应 20 min 后立即测量 560 nm 处反应液的吸光度。用不加酶液的反应液做对照,用稀释后的酶液调零。

④SOD 活性根据如下公式计算。

SOD 总活性 $= (A_{CK} - A_E)V / 0.5 A_{CK} W V_t$

A_{CK} 为对照的吸光度,A_E 为样品的吸光度,V 为样液总体积,V_t 为测定时样品用量,W 为样品质量(g)。

(2)过氧化物酶(POD)活性测定

①取研磨好的植物样品,加 1 mL 50 mmol/L 磷酸缓冲液(pH7.0),4 ℃,15000 r/min 离心 15 min。

②在 3 mL 反应体系中,加入 0.3% H_2O_2 1 mL,0.2%愈创木酚 0.95 mL,50 mmol/L 磷酸缓冲液(pH7.0)1 mL,最后加入 0.05 mL 酶液启动反应,

记录470 nm处吸光度增加速率,将每分钟吸光度值增加0.01定义为一个活力单位,以去离子水替代H_2O_2溶液的反应体系作为对照调零。

③POD活性根据如下公式计算。

POD活性$=(N \times \Delta A)/(W \times T)$

式中,N为稀释倍数。

$\Delta A=$(对照A值-测定A值)/对照A值

式中,W为材料重量(g),T为反应时间(min)。

(3)丙二醛(MDA)含量测定

①取研磨好的样品,加入2 mL 50 mmol/L磷酸缓冲液(pH7.8),4 ℃、11000 r/min离心20 min,取上清。

②测值管:1 mL酶液 + 1 mL 0.6%硫代巴比妥酸(TBA);调零管:1 mL水 + 1 mL 0.6% TBA。两者均经沸水浴15 min,冷却,4 ℃,4500 r/min离心10 min后测532 nm和600 nm处吸光度。

③计算公式如下。

MDA含量$=6.45(A_{532}-A_{600}) \times (V_1 \times V)/(V_2 \times W)$

其中,V_1为反应液总量(mL);V_2为反应液中的提取液量(mL);V为提取液总量(mL);W为样品质量(g)。

SOD和POD相关基因表达量分析中所用的4对引物序列如下($5' \rightarrow 3'$)。

POD15 - F:TTTACGCTAGCACATGCCCG

POD15 - R:GAAGGCGGATGAGTTTGGCA

POD21 - F:CGTTCTATCAGGAGCGCACA

POD21 - R:TAGGAGGGACGAATCCAGCG

GLP1 - F:CATTTCCGGGGCTCAACACT

GLP1 - R:CTGAAGCGACCAGAACAGCC

GLP2 - F:GTTTTGACAGCTGGACAGCTTTTTATC

GLP2 - R:CGAAAGCAATCCCTGGTAATTGACT

过氧化物酶(POD)是植物体内活性较强的一类酶,与呼吸作用、光合作用等生理过程密切相关。过氧化物酶能使组织中的一些碳水化合物转化成木质素,增加植株木质化程度,因此在幼嫩组织中其活性一般较弱,而在老化组织中其活性则较强,如早衰减产的水稻根系中过氧化物酶的活性显著增加。因此,过氧化物酶可作为组织老化的一个生理指标。对lmd、G21、WT 3个株系功能叶片的POD含量进行测定,结果表明(图3-

13a)，*lmd* 株系的 POD 活性显著高于 G21 和 WT 两个对照株系，说明 *lmd* 株系叶片的老化程度高于两个对照株系。

超氧化物歧化酶(SOD)是生物体内重要的抗氧化酶，是生物体清除体内自由基的重要物质。对 *lmd*、G21、WT 3 个株系功能叶片中的 SOD 活性进行测定，结果表明(图 3-13b)，*lmd* 株系超氧化物酶活性显著高于 WT 株系，与转基因对照 G21 株系的差异不显著。在白桦基因组内找到 POD、SOD 相关酶的基因进行定量分析，结果如图所示，*POD15*、*POD21*、*GLP1*、*GLP2* 的表达量均显著上升。

丙二醛(MDA)是膜脂过氧化最重要的产物之一，MDA 的产生能加剧膜的损伤，是植物衰老生理和抗性生理研究中的常用指标，通过 MDA 含量的测定，可以了解膜脂过氧化的程度，从而间接反映膜系统受损程度及植物的抗逆性[97]。对 *lmd*、G21、WT 3 个株系功能叶片中的 MDA 含量进行测定，结果表明(图 3-13c)，*lmd* 株系功能叶片中的 MDA 含量显著高于 G21 和 WT 株系，说明 *lmd* 株系叶片细胞的细胞膜有一定程度的损伤，其衰老程度高于两个对照株系。

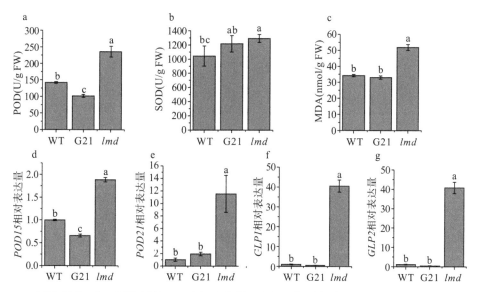

a：POD 活性；b：SOD 活性；c：MDA 含量；d 和 e 分别为对 *POD15* 和 *POD21* 基因表达量的分析；f 和 g 分别为对 *GLP1* 和 *GLP2* 基因表达量的分析。

图 3-13 POD、SOD、MDA 测定结果

3.8 *lmd*、G21、WT 株系抗病性的分析

在前面的研究中,笔者发现,*lmd* 株系除了早衰,还表现出另外一种有趣的表型,就是植物成熟叶片表面具有大小一致、分布均匀的褐色斑点,并且随着叶龄的增大,叶片斑点数目逐渐增多,笔者曾认为叶片上的斑点是由某些病原菌引起,并做了病原菌分离实验,但并未获得任何病原菌,在新鲜材料的徒手切片中也未发现有病原菌菌丝体的出现,后来发现在组织培养过程中,当没有及时进行继代而放置时间较长时,在叶片表面也会产生相同的斑点,这说明这些斑点并不是由于外界病原菌引起的,而是由突变株白桦自发产生的。这一表型与植物的类病斑表型极其相似,而植物的类病斑突变体通常会具有抗病或者感病的表型,因此笔者设计实验来观察突变体 *lmd* 对病原菌的响应。链格孢菌[*Alternaria alternata*(Fr.)Keissler]能使杨树和白桦等多种木本植物发生叶枯病,本实验选用此菌种来进行突变株的抗病性研究。菌种由东北林业大学森林资源保护与游憩学科王志英教授惠赠。具体方法如下:将 *lmd*、G21、WT 白桦幼苗放于植物培养室培养,接种半知菌亚门的链格孢菌孢子悬浮液,7 天后开始观察 3 个株系的染病情况,具体步骤如下。

(1)链格孢菌的培养

PDA 培养基的配制:马铃薯(去皮)300 g 切成小块,加水煮沸 0.5 h,双层纱布过滤,取滤液加入葡萄糖 20 g、琼脂 20 g,完全溶解后加水定容至 1000 mL,分装于试管后于 121 ℃灭菌 30 min,冷却放置斜面备用。

将链格孢菌于超净工作台上接种于斜面培养基上,25 ℃±1 ℃培养 6~7天;在培养好的培养基中加入无菌水 5 mL,轻轻将琼脂表面的孢子刮下,将该孢子悬浮液置于已灭菌的 50 mL 三角瓶内,瓶中预先放置数粒无菌玻璃球,充分振摇后用灭菌的脱脂棉过滤,并用无菌水冲洗、滤渣 2~3次,使滤液终体积达到 10 mL,即得孢子悬浮液[98]。

将孢子悬浮液用无菌水稀释至 10^{-6}~10^{-7} 倍,吸取适量的稀释液至血球计数板(16×25 型)进行计数,孢子浓度用以下公式进行计算。

孢子数/mL=100 个小方格细胞总数/100 ×400×10000×稀释倍数。

每支斜面孢子数=孢子数/mL×悬浮液总体积(mL)。

(2)接种

喷雾法接种幼苗:用小型喷雾器将制备好的一定浓度的新鲜孢子悬浮

液喷于供试植株叶片上,保湿 48 h;培养条件为 25 ℃,光照时间为 16 h/d,光照度为 1000~1500 lx。

(3) 数据分析

在植株上喷洒链格孢菌孢子后第 7 天开始观察、记录植株的发病情况,以后每隔 5 天调查一次,连续观察 5 次,统计发病植株的数目和每株发病植株的患病情况,分别以发病率和单株发病率统计。发病率和单株发病率按以下公式进行计算。

单株发病率=每株树发病叶片数/该单株树总叶片数×100%。

发病率=发病植株数/总植株数×100%。

将喷洒当日设为第 0 天,其后的观察日期以 DAS(days after spray)为单位。结果如图 3-14 所示,在喷洒孢子后的 12 天,G21 和 WT 株系大部分叶片均已染病,而此时 *lmd* 株系未见染病,可见 *lmd* 株系的染病时间明显推迟,对链格孢菌具有明显的抗性。

图 3-14 喷洒孢子 12 天后 3 个株系幼苗的染病情况

喷洒孢子7天后，开始统计各株系的发病情况，实验结果见图3-15，WT株系的发病率为83.31%，G21株系的发病率为54.44%，*lmd*株系的发病率为0；12天以后进行第2次统计，此时WT株系的发病率为91.11%，G21株系的发病率上升到85.55%，*lmd*株系的发病率为0；17天后进行第3次统计，WT、G21、*lmd*株系的发病率分别为94.44%、93.33%、0；22天后为第4次统计，WT和G21株系的发病率均达100%，*lmd*株系的发病率为45.56%；27天后第5次统计，WT、G21发病率均为100%，并且出现死亡株系，而*lmd*株系的发病率为91.11%，无死亡植株。由以上结果可见，*lmd*株系的发病率在整个观察阶段均低于两个对照株系，且发病时间明显后延，比两个对照株系的发病时间至少推迟10天。

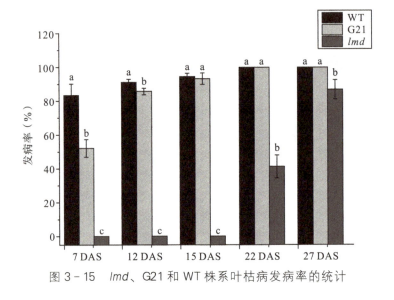

图3-15　*lmd*、G21和WT株系叶枯病发病率的统计

为观察3个株系幼苗染病的严重程度，进行了单株发病率的统计，即统计每个发病植株上发病叶片数占总叶片数的比例，实验结果见图3-16。由图可见，喷洒病菌孢子后的7～27天内，*lmd*株系的单株发病率均低于两个对照株系，说明*lmd*株系的发病情况较轻。

本实验结果说明*lmd*株系与两个对照株系相比，发病时间延迟、发病率降低、发病严重程度较轻，即*lmd*株系对链格孢菌具有明显的抗性。

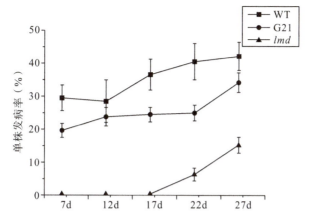

图 3-16　WT、G21、*lmd* 株系单株发病率的统计结果

3.9　抗病相关基因表达的分析

提取 WT、G21 和 *lmd* 株系功能叶片的 RNA 进行反转录，以合成的 cDNA 为模板，进行荧光定量 PCR，以 $2^{-\triangle\triangle Ct}$ 法计算基因的相对表达量。具体方法如下。

(1) RNA 的提取

采用通用型植物总 RNA 提取试剂盒（离心柱型）(百泰克) 提取白桦总 RNA，具体步骤如下。

①取新鲜的白桦叶片，迅速置于液氮中，在研钵中充分研磨至粉末状。

②在磨好的样品中加入 1 mL 65 ℃ 预热的裂解液 PL，漩涡振荡 1~2 min，使样品与裂解液充分混匀，65 ℃ 水浴 5 min。

③在室温条件下，12000 r/min 离心 10 min，取上清加入蓝色过滤柱中。

④4 ℃，12000 r/min 离心 45 s，收集下滤液于收集管中，加入等体积 70% 的乙醇，混匀后，转移到吸附柱 RA 中。

⑤4 ℃，12000 r/min 离心 2 min，弃掉收集管内的液体，将吸附柱重新放回收集管。

⑥加入 500 μL 去蛋白液 RE，12000 r/min 离心 45 s，弃掉废液。

⑦加入 700 μL 漂洗液 RW，12000 r/min 离心 60 s，弃掉废液，重

复一次，将吸附柱放回收集管，12000 r/min 离心 2 min，尽量去除漂洗液。

⑧取出吸附柱 RA，放入一个 RNase free 离心管中，在吸附膜中间加 50 μL RNase free water，室温放置 2 min，12000 r/min 离心 1 min，离心管内即为 RNA。

⑨将产物在 1.0% 琼脂糖凝胶中进行电泳，100 V，20 min 后在凝胶成像仪中观察电泳结果，并用凝胶成像分析软件进行电泳图的分析。

⑩用核酸蛋白检测仪对 RNA 的质量进行检测。

(2) mRNA 的反转录

使用 ReverTra Ace qPCR RT Master Mix with gDNA Remover(Code No. FSQ-301，TOROBO 东洋纺)对 RNA 进行反转录，步骤如下。

取 RNA 1 μg，用 RNase free water 补体积至 12 μL，65 ℃变性 5 min，立即置于冰上，冷却后加 4×DN Master Mix 4 μL，37 ℃ 5 min，取出后立即置于冰上，之后再加入 5×RT Master Mix Ⅱ 4 μL，37 ℃ 15 min→50 ℃ 5 min→98 ℃ 5 min。得到的 cDNA 用去离子水稀释 10 倍，于 -20 ℃下保存备用。

(3) 使用的定量引物信息

抗病性分析中使用的 5 对与植物抗病相关的基因引物序列如下 ($5'\rightarrow 3'$)。

PR1-F：ACTCATGTGTTGGCGGGGAA

PR1-R：GTTGCCTGGAGGGTCGTAGT

PR1b-F：TGCCCAAGACACCCAACAAGA

PR1b-R：CGTTCACCCACAAGTTCACCG

PR1a-F：CGAACAGCCCTTACGGTGAA

PR1a-R：CCAGCAGCGCAAGAGTTAGA

PR5-F：TGGCCAGGAACTCTAACATCGG

PR5-R：CGTTCGTGGTGCATCGTGTT

用实时荧光 PCR 的方法对植物抗病相关基因进行定量检测，结果见图 3-17。由图可见，*lmd* 株系抗病基因 *PR1*、*PR1b*、*PR1a*、*PR5* 的表达量均显著升高，说明 *lmd* 株系的抗病性增强。

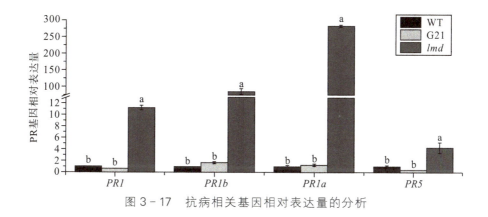

图 3-17 抗病相关基因相对表达量的分析

3.10 内源激素测定结果

植物激素对植物生长发育以及抵抗生物和非生物胁迫都具有重要的作用，lmd 突变株表现出对病原菌的抗性，其内源激素是否发生了变化呢？水杨酸（salicylic acid，SA），化学名称为邻羟基苯甲酸，是广泛存在于植物中的一种小分子酚类物质。水杨酸与植物抗病性密切相关，当植物受到病原菌侵染后，水杨酸水平上升，一些病程相关蛋白（pathogenesis-related proteins，PRs）被诱导表达，进而激活植株的系统获得抗性（systemic acquired resistance，SAR），从而提高植株的抗病性。茉莉酸（JA）、茉莉酸甲酯以及一些其他的茉莉酸衍生物统称为茉莉酸类化合物，是普遍存在于植物中的激素，除了参与植物的生长发育过程，还在抵御生物和非生物胁迫过程中具有重要的作用。JA 能诱导脂氧合酶、葡萄糖苷酶、壳多糖酶等防御蛋白，增强保护酶类的活性以及一些次生代谢物的产生，从而增强植物的防御能力。脱落酸（ABA）是生长抑制类植物激素，ABA 累积可以提高植物的抗逆能力，产生抗寒、耐盐、抗旱等特性。当拟南芥被细菌侵染后，ABA 抑制胼胝质产生，降低植株的抗病性，而在真菌病害中，ABA 表现出积极的作用，很多研究表明 ABA 累积有利于真菌侵染后植物胼胝质的形成。植物抗病力的形成不是由单一的植物激素决定的，在多数情况下，多种植物激素协同作用，共同参与植物抵抗病原微生物的防御过程。本节内容对 lmd、G21、WT 植株功能叶片中水杨酸、茉莉酸以及脱落酸的水平进行了测定，具体方法如下。

(1) 激素提取

以 lmd、G21 和 WT 植株功能叶片为材料,准确称量 1 g 新鲜叶片,在液氮中充分研磨至粉碎,向粉末中加入 10 mL 异丙醇/盐酸提取缓冲液,4 ℃ 振荡 30 min,加入 20 mL 二氯甲烷,4 ℃ 振荡 30 min,然后 4 ℃、13000 r/min 离心 5 min,取下层有机相,避光条件下以氮气吹干有机相,200 μL 甲醇(0.1%甲酸)溶液,0.22 μm 滤膜过滤,进行 HPLC/MS 检测[99]。

(2) 液相条件

色谱柱:安捷伦 ZORBAX SB-C18 反相色谱柱(2.1×150,3.5 μm)。

柱温:30 ℃。

流动相:A 相:B 相=(甲醇/0.1%甲酸):(水/0.1%甲酸)。

洗脱梯度:0~2 min,A 含量 20%;2~14 min,A 含量递增至 80%;14~15 min,A 含量 80%;15.1 min,A 含量递减至 20%;15.1~20 min,A 含量 20%。

进样体积:2 μL。

(3) 质谱条件

气帘气:15 psi;喷雾电压:4500 V;雾化气压力:65 psi;辅助气压力:70 psi;雾化温度:400 ℃。

利用气象色谱仪测量 lmd、G21、WT 植株功能叶片的乙烯释放量,结果表明,3 个株系成熟叶片均无乙烯的释放;以液-质联用的方法测量水杨酸(SA)、茉莉酸(JA)和脱落酸(ABA)的含量(图 3-18),结果表明,lmd 株系功能叶片游离水杨酸和脱落酸的含量均显著高于两个对照株系,而茉莉酸含量则在两个对照株系之间,显著高于 G21 株系而低于 WT 株系。

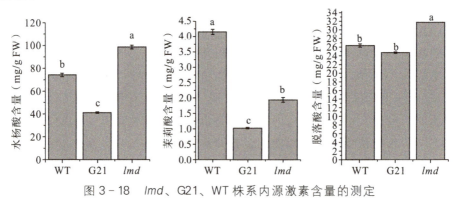

图 3-18　lmd、G21、WT 株系内源激素含量的测定

第 3 章 白桦类病斑和早衰突变体的特征

3.11 本章小结

笔者连续 5 年对 *lmd* 突变株及其对照株系的生长情况进行观察，一年生植株最初在大棚中生长，与 G21 株系和 WT 株系生长量差别不大，植株落叶不明显。二年生、三年生、四年生和五年生株系在株高和地径上与两个对照株系相比均处于较低水平，有明显的落叶现象。我们调查并分析了三年生植株的数据，结果表明，*lmd* 突变株株高显著低于两个对照株系，相对 G21 株系降低 11.08%，相对 WT 株系降低 8.34%；*lmd* 突变株的地径显著低于两个对照，对比 G21 株系，减少了 35.45%，对比 WT 株系减少了 24.82%，即 *lmd* 突变株又矮又细，生长量明显减少。尽管 *lmd* 突变株的一级侧枝和二级侧枝在数量上处于 3 个株系的中间水平（WT 株系＞ *lmd* 株系＞G21 株系），但从枝的长度上看，*lmd* 株系明显较两个对照株系短，WT 株系的枝最长，着生 11 片叶片，G21 株系次之，着生 10 片叶片，*lmd* 突变株的枝最短，着生 8 片叶片，且第 7、8 片叶片上长满褐色坏死斑点，叶片周缘呈黄色，呈现明显的衰老状态，而其他两个株系叶片则处于旺盛的生长状态。对 3 个株系的叶片细胞进行亚显微结构观察，发现 *lmd* 突变株功能叶片中叶绿体的数量和形态与对照株系相比均没有显著差别，但叶片中含有一定区域的细胞死亡，这可能是导致其叶片净光合速率较低的原因。综上所述，*lmd* 突变株生长量低并非由于叶绿体发生变化引起的，而是由于叶片数目较少及叶片中生活细胞的数量减少所致。

活性氧是一种重要的信号分子，当病原菌感染植物时，首先被相应的细胞受体识别，然后激活一系列信号分子，形成植物免疫反应。活性氧在这个过程中具有重要作用，不但能引起细胞死亡，还能激活下游的信号网络。DAB 染色结果可见，*lmd* 突变株第 2、3、4、5 叶均有明显的过氧化氢积累，而这些叶片中存在一定量的细胞死亡，DCFH - DA 染色结果可见，*lmd* 突变株功能叶片细胞的荧光较强，说明有活性氧的积累，这与很多其他类病斑突变体的表现相同。植物在受到病原菌侵染时，也会形成一些物理屏障来提高植物本身的抗性，如胼胝质。应用苯胺蓝染色，可见 *lmd* 突变株有明显的胼胝质积累，与此同时，*lmd* 突变株叶片的相关保护酶类，如 SOD、POD 以及 MDA 含量均有显著提高，SOD、POD 有关基因的表达量也提高了，实时荧光 PCR 结果显示，*lmd* 突变株叶片中病程相关基因 *PR1*、*PR1b*、*PR1a*、*PR5* 的表达量均有显著提高，这些变化使

lmd 突变株的抗病性显著增强。

本研究选取转基因株系 G21、野生型株系 WT 作为对照株系，进行了植株生长、光合生理、细胞结构、组织化学染色、相关酶类活性变化、抗病性等多方面的研究。实验结果表明，*lmd* 株系的株高和地径显著低于两个对照株系，即生长量较小，这和 *lmd* 株系净光合速率较低有一定关系。而在测定的光合作用其他指标和叶绿素荧光指标上，*lmd* 株系和两个对照株系相比并无显著差异，说明 *lmd* 株系的光合系统均为正常，这与细胞超微结构的观察结果相符。在对 3 个株系叶片细胞超微结构的观察中，未发现 *lmd* 株系细胞叶绿体数目和结构的异常。实体显微镜观察发现 *lmd* 株系第 4 叶开始，叶片表面出现褐色斑点，并且斑点的数目随着叶龄的增加而逐渐增加，而斑点的大小并未发生改变。类病斑突变体分为两种类型，即初始型和扩散型，由观察结果可见，白桦类病斑突变 *lmd* 株系为初始型类病斑突变体。石蜡切片结果显示其褐色斑点处的细胞已经死亡，这种死亡被局限在一定范围内，死亡位置周围的细胞仍保持正常状态，这与 Evans blue 染色的结果具有一致性，尽管在染色前叶片未出现肉眼可见的褐色斑点，但染色后整个叶片均匀散布着大小一致的深蓝色着色点，预示着该位置的细胞将会进入细胞程序化死亡，进而在该位置出现肉眼可见的褐色坏死斑点。细胞超微结构观察发现 *lmd* 株系某些区域细胞出现自噬体，细胞器逐渐消失，死亡细胞仅残留的细胞壁。这说明 *lmd* 株系的细胞程序化死亡过程的起始出现了错误，从而使 *lmd* 株系细胞出现错误的细胞程序化死亡过程，这个过程可能与活性氧的积累有关。很多研究表明，H_2O_2 是细胞死亡起始的重要信号，在 *lmd* 株系叶片中，除了第 1 叶因过小而难以观察外，从第 2 叶至第 5 叶均积累了大量的 H_2O_2。*lmd* 株系叶片表面的叶腺结构退化较两个对照株系早，而其 POD、SOD 活性高于两个对照株系，MDA 含量高于两个对照株系，叶片维管束出现明显的胼胝质积累，这些都证明 *lmd* 株系叶片具有早衰的表现。抗病试验证明 *lmd* 株系对链格孢菌的抗性显著增强，与抗病相关的基因 *PR1*、*PR1b*、*PR1a*、*PR5* 的表达量显著升高。

第4章

白桦类病斑及早衰形成相关基因表达的分析

转录组测序技术是对被测样品的 RNA 进行测序分析,将测序片段进行组装拼接得到基因转录产物序列,再利用多种数据库进行注释分析,得到某一发育时期、特定组织或特定处理条件下样品基因表达情况,从而研究特定组织或特定条件下基因表达变化的方法。借助转录组学可以对所有转录的 RNA,包括 mRNA、非编码 RNA 以及小 RNA 进行分析,还可以确定一个基因 5′端和 3′端的位置、转录后修饰以及基因的可变剪接等。目前,转录组测序技术已经非常成熟,新兴的转录组测序技术 RNA‐seq 因具有测序时间短、通量高、成本低、信息量大的特点而被广泛应用,同时,越来越多物种的基因组被测序完成,使 RNA‐seq 结果更为准确和可信。RNA‐seq 技术已经成为基因功能、基因表达模式以及分子遗传标记开发等研究的重要手段,在动物、植物、微生物的相关研究中均有广泛应用。

白桦类病斑及早衰突变体 lmd 表现出来的生理生化特征与基因的差异表达是分不开的。为观察白桦类病斑及早衰突变体 lmd 株系转录水平的变化情况,笔者进一步进行了 lmd、G21、WT 3 个株系叶片间差异表达基因的分析。

4.1 RNA 的提取与反转录

取三年生白桦类病斑及早衰突变体 lmd、转基因对照株系 G21 上部一级侧枝第 1、2、3、4 叶(从枝条顶端开始计数),野生型对照株系 WT 第 4 叶为实验材料进行转录组测序,每个样品分别取 3 株树的叶片混合后使用,取好的材料立即置于液氮中冷冻备用。

提取白桦 *lmd*、G21 株系的第 1、2、3、4 叶和 WT 株系的第 4 叶，利用试剂盒（植物 RNA 提取试剂盒，Bioteke）提取总 RNA，应用琼脂糖凝胶电泳检测提取质量，应用核酸蛋白检测仪测定 RNA 浓度，将其中一部分送出做表达谱测序，另一部分用反转录试剂盒将其反转录为 cDNA，以备后续实验所用。具体步骤如下。

①取新鲜的白桦叶片，迅速置于液氮中，在研钵中充分研磨至粉末状。

②研磨好的样品加入 1 mL 65 ℃ 预热的裂解液 PL，漩涡振荡 1~2 min，使样品与裂解液充分混匀后，65 ℃ 水浴 5 min。

③室温条件下，12000 r/min 离心 10 min，取上清液置于蓝色过滤柱。

④4 ℃，12000 r/min 离心 45 s，收集下滤液于收集管中，加入等体积 70% 的乙醇，混匀后，转移到吸附柱 RA 中。

⑤4 ℃，12000 r/min 离心 2 min，弃掉收集管内的液体，将吸附柱重新套回收集管。

⑥加入 500 μL 去蛋白液 RE，12000 r/min 离心 45 s，弃掉废液。

⑦加入 700 μL 漂洗液 RW，12000 r/min 离心 60 s，弃掉废液，重复一次，将吸附柱放回收集管，12000 r/min 离心 2 min，尽量去除漂洗液。

⑧取出吸附柱 RA，放入一个 RNase free 离心管中，在吸附膜中间加 50 μL RNase free water，于室温下放置 2 min，12000 r/min 离心 1 min，离心管内即为 RNA。

⑨将产物在 100 V 电压下的 1.0% 琼脂糖凝胶中进行电泳，20 min 后在凝胶成像仪中观察电泳结果，并用凝胶成像分析软件进行电泳图的分析。

⑩用核酸蛋白检测仪对 RNA 的质量进行检测。

⑪使用 ReverTra Ace qPCR RT Master Mix with gDNA Remover (Code No. FSQ-301，TOROBO 东洋纺) 对 RNA 进行反转录，步骤如下。

取 RNA 1 μg，用 RNase free water 补体积至 12 μL，65 ℃ 变性 5 min，立即置于冰上，冷却后加入 4×DN Master Mix 4 μL，37 ℃ 5 min，取出后立即置于冰上，之后再加入 5×RT Master Mix Ⅱ 4 μL，37 ℃ 15 min，50 ℃ 5 min，98 ℃ 5 min；得到的 cDNA 用去离子水稀释 10 倍，于 −20 ℃ 的条件下保存备用。

采用试剂盒提取 3 个株系叶片的总 RNA，结果见图 4-1。由图可见，提取的 28S 和 18S 两条条带清晰，亮度比为 2∶1，符合进行转录组测序和反转录的要求。

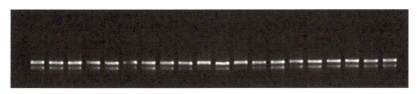

图 4-1　RNA 提取结果

4.2　RNA 文库的构建及测序

分别采用 Nanodrop、Qubit 2.0、Aglient 2100 方法检测 RNA 样品的纯度、浓度和完整性等，样品检测合格后，进行文库构建，主要流程如下。

①用带有 Oligo(dT)的磁珠富集 mRNA。

②加入 Fragmentation Buffer 将 mRNA 进行随机切割。

③以 mRNA 为模板，用六碱基随机引物(random hexamers)合成第一条 cDNA 链，然后加入缓冲液、dNTPs、RNase H 和 DNA polymerase Ⅰ 合成第二条 cDNA 链，利用 AMPure XP beads 纯化 cDNA。

④将纯化的双链 cDNA 进行末端修复、加 A 尾并连接测序接头后，用 AMPureXP beads 进行片段大小的选择。

⑤通过 PCR 富集得到 cDNA 文库。

碱基质量值(quality score，Q-score 或 Q)是碱基识别(base calling)出错概率的整数映射。通常使用的 Phred 碱基质量值公式[100]如下。

$Q = -10 \times \lg P$

公式中，P 为碱基识别出错的概率，碱基质量值与碱基识别出错概率的对应关系见表 4-1。碱基质量值为 20，常写作 Q20，依次类推。

表 4-1　碱基质量值与碱基识别出错概率的对应关系

碱基质量值	碱基识别出错的概率	碱基识别精度
Q10	1/10	90%
Q20	1/100	99%
Q30	1/1000	99.9%
Q40	1/10000	99.99%

碱基质量值越高表明碱基识别越可靠，碱基测错的可能性越小，本研究中 9 个样品的碱基质量值见图 4-2。图上方的蓝色条带越多，颜色越深，测序的质量越好。由图可见 9 个样品的测序质量整体较好。

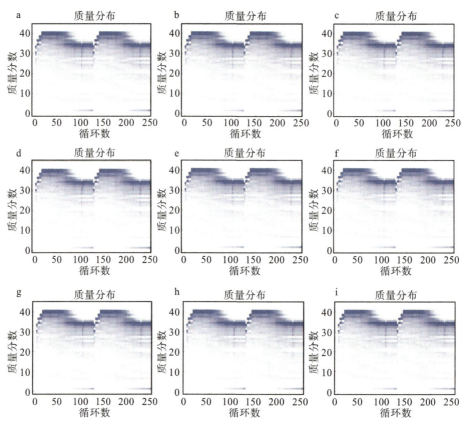

a~i 分别表示样品 *lmd*-1、*lmd*-2、*lmd*-3、*lmd*-4、G21-1、G21-2、G21-3、G21-4、WT-4 的碱基质量值。

图 4-2 碱基质量分布图

经过测序质量控制，共得到高质量碱基数（Clean Data）为 34.64 Gb。各样品 Q30 碱基百分比均不小于 90.96%。各样品数据产出统计见表 4-2。

表 4-2 样品测序数据评估统计

样品名称	Reads 数	碱基数	GC 含量	%≥Q30
lmd-1	15 909 395	4 007 841 037	45.98%	91.21%
lmd-2	15 909 395	4 076 230 492	46.06%	91.12%
lmd-3	14 229 699	3 585 125 664	45.48%	91.56%

续表

样品名称	Reads 数	碱基数	GC 含量	%≥Q30
lmd-4	14 354 790	3 616 728 935	45.56%	91.33%
G21-1	14 922 559	3 759 872 951	45.64%	90.96%
G21-2	15 256 556	3 844 002 750	45.41%	91.54%
G21-3	16 289 945	4 104 283 718	45.70%	91.51%
G21-4	16 644 324	4 193 614 425	46.32%	91.20%
WT-4	13 721 750	3 457 294 280	46.35%	91.26%

注：%≥Q30：Clean Data 质量值大于或等于 30 的碱基所占的百分比。

4.3 转录组测序文库的质量评估

文库构建完成后，分别使用 Qubit 2.0 和 Agilent 2100 对文库的浓度和插入片段大小（insert size）进行检测，使用 Q-PCR 方法对文库的有效浓度进行准确定量，以保证文库质量。库检合格后，用 HiSeq 2500 进行高通量测序，测序读长为 PE 125[101]。

将原始图像数据转化为序列数据，称为原始数据（raw data），结果用 FASTQ 文件格式存储。去除 FASTQ 文件中的 Reads 测序接头，并过滤掉低质量值数据后，得到高质量的 Clean Data。将 Clean Data 与指定的参考基因组进行序列比对，获得 Mapped Data。为确保文库的质量，基于 Mapped Data，从以下 3 个不同角度对转录组测序文库进行质量评估[102]：通过检验插入片段在基因上的分布，评估 mRNA 片段化的随机性和 mRNA 的降解情况；通过插入片段的长度分布，评估插入片段长度的离散程度；通过绘制饱和度图，评估文库容量和 Mapped Data 是否充足。

（1）mRNA 片段化随机性检验

mRNA 片段化后的插入片段大小选择，可以理解为从 mRNA 序列中独立随机地抽取子序列，如果样本量（mRNA 数目）越大、打断方式和时间控制得越合适，那么目的 RNA 每个部分被抽取到的可能性就越接近，即 mRNA 片段化随机性越高，mRNA 上覆盖的 Reads 就越均匀[103]。

通过 Mapped Reads 在各 mRNA 转录本上的位置分布，模拟 mRNA 片段化结果，检验 mRNA 片段化的随机程度。另外，如果 mRNA 存在严重降解，被降解的碱基序列不能被测序，即无 Reads 比对上。因此，通过查看 Mapped Reads 在 mRNA 转录本上的位置分布也能了解 mRNA 的降解情况[104]。各样品 Mapped Reads 在 mRNA 转录本上的位置分布如图 4-3 所示。如图所示，各样品的曲线较平滑，说明 mRNA 片段化随机性较高；曲线中间部分斜率极小，说明各样品不存在严重的降解现象[105]。

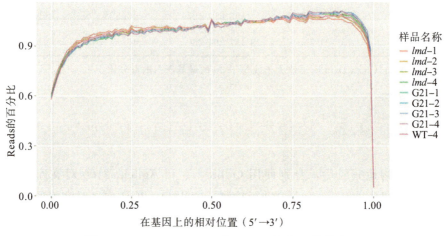

图 4-3　Mapped Reads 在 mRNA 上位置的分布图

(2)插入片段长度的检验

插入片段长度的离散程度能直接反映出文库制备过程中磁珠纯化的效果。通过插入片段两端的 Reads 在参考基因组上的比对起止点之间的距离计算插入片段长度。大部分的真核生物基因为断裂基因，外显子被内含子隔断，而转录组测序得到的是无内含子的成熟 mRNA。当将 mRNA 中跨内含子的片段两端的 Reads 比对到基因组上时，比对起止点之间的距离要大于插入片段的长度。因此，在插入片段长度模拟分布图中，主峰右侧形成 1 个或多个次峰[106]。9 个样品的插入片段长度模拟分布图如图 4-4 所示。由图可见，各样品曲线的主峰落在 200 bp 附近，没有偏离目标区域，且峰型较窄，说明插入片段长度的离散程度较小，插入片段大小选择正常[107]。

第 4 章　白桦类病斑及早衰形成相关基因表达的分析

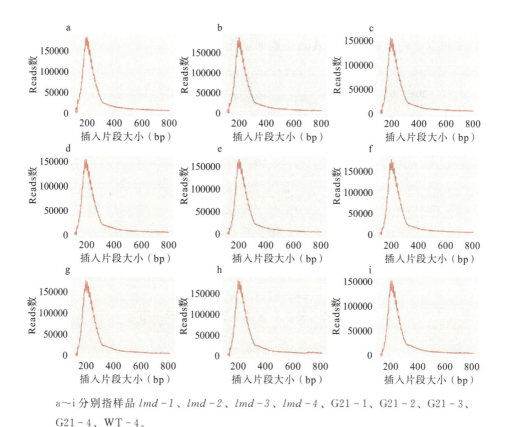

a~i 分别指样品 $lmd-1$、$lmd-2$、$lmd-3$、$lmd-4$、G21-1、G21-2、G21-3、G21-4、WT-4。

图 4-4　插入片段长度模拟分布图

(3) 转录组测序数据的饱和度检验

充足的有效数据量是信息分析准确的必要条件。与传统的基因表达检测方法相比，转录组测序拥有较高的灵敏度，不仅能检测到高表达的基因，还能检测到低表达的基因。转录组测序检测到的基因数目与测序数据量呈正相关性，即测序数据量越大，检测到的基因数目越多[104]，但一个物种的基因数目是有限的，而且基因转录具有时间特异性和空间特异性，所以随着测序量的增加，检测到的基因数目会趋于饱和。为了评估数据是否充足，应对测序得到的基因数进行饱和度检测，查看随着测序数据量的增加，新检测到的基因是否越来越少或无，即检测到的基因数目是否趋于饱和[108]。

使用各样品的 Mapped Data 对检测到的基因数目的饱和情况进行模拟，绘制曲线图如图 4-5 所示。由图可知，各曲线越向右延伸，斜率越小，逐渐趋于平坦，说明各样品随着测序数据量的增加，新检测到的基因越来越少，趋于饱和，有效测序数据量充足。

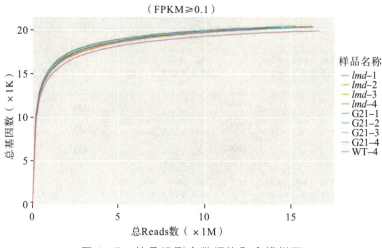

图 4-5　转录组测序数据饱和度模拟图

4.4　基因表达量分析及差异基因统计

转录组测序可以模拟成一个随机抽样的过程，即从一个样品转录组的任意一段核酸序列上独立、随机地抽取序列片段。抽取自某一基因组（或转录本）的片段数目服从负二项分布（beta negative binomial distribution）[109]。基于该数学模型，使用 Cufflinks 软件的 Cuffdiff 组件，通过 Mapped Reads 在基因组上的位置信息，对转录本和基因的表达水平进行定量[110]。

抽取自一个转录本的片段数目与测序数据（或 Mapped Data）量、转录本长度、转录本表达水平都有关，为了让片段数目能真实地反映转录本表达水平，需要对样品中的 Mapped Reads 的数目和转录本长度进行归一化。Cuffdiff 采用 FPKM（fragments per kilobase of transcript per million fragments mapped）作为衡量转录本或基因表达水平的指标[106]，FPKM 的计算公式如下。

$$FPKM = cDNA\ Fragments / Mapped\ Fragments(Millions) \times Transcript\ Lenghth(kb)$$

公式中，cDNA Fragments 表示比对到某一转录本上的片段数目，即双端 Reads 数目；Mapped Fragments（Millions）表示比对到转录本上的片

第4章 白桦类病斑及早衰形成相关基因表达的分析

段总数,以 10^6 为单位;Transcript Length(kb):转录本长度,以 10^3 个碱基为单位[111]。

以白桦 G21 株系一年生枝条的第 1、2、3、4 叶为对照组,lmd 株系一年生枝条的第 1、2、3、4 叶为实验组进行差异基因分析,另外在同一株系内,分别以 1 叶为对照组,2 叶为实验组、2 叶为对照组,3 叶为实验组、3 叶为对照组,4 叶为实验组进行差异基因分析,并将 lmd 株系第 4 叶和 G21 株系第 4 叶分别与野生型对照 WT 第 4 叶比较,进行差异基因分析。将差异基因进行基因本体(gene ontology,GO)分类、显著性富集分析以及聚类分析,以研究差异基因的功能。

在差异表达基因检测过程中,将 Fold Change≥2 且 FDR<0.01 作为筛选标准。差异倍数(fold change)表示两样品(组)间表达量的比值。错误发现率(false discovery rate,FDR)是通过对差异显著性 P 值(P-value)进行校正得到的。由于转录组测序的差异表达分析是对大量的基因表达值进行独立的统计假设检验,会存在假阳性问题,故在进行差异表达分析过程中,采用了公认的 Benjamini-Hochberg 校正方法对原有假设检验得到的显著性 P 值进行校正,并最终采用 FDR 作为差异表达基因筛选的关键指标[112]。

取 lmd、G21 株系第 1、2、3、4 叶,WT 株系第 4 叶为实验材料进行转录组测序,各个样品之间差异表达基因数目的统计见表 4-3。

表 4-3 差异表达基因数目的统计

分 组	差异基因总数	上调差异基因数	下调差异基因数
G21-1 _ vs _ lmd-1	503	239	264
G21-2 _ vs _ lmd-2	1 013	542	471
G21-3 _ vs _ lmd-3	524	354	170
G21-4 _ vs _ lmd-4	1 749	938	811
WT-4 _ vs _ lmd-4	2 604	1 252	1 352
WT-4 _ vs _ G21-4	1 245	559	686
lmd-1 _ vs _ lmd-2	1 276	825	451
lmd-2 _ vs _ lmd-3	1 994	942	1 052
lmd-3 _ vs _ lmd-4	2 626	1 084	1 542
G21-1 _ vs _ G21-2	391	216	175
G21-2 _ vs _ G21-3	2 559	1 286	1 273
G21-3 _ vs _ G21-4	1 593	775	818

4.5 不同叶片差异表达基因的分析

分别取 *lmd* 株系和转基因对照 G21 株系枝条的第 1、2、3、4 叶进行转录组测序分析，其中第 1 叶为刚伸展的幼叶，第 2、3 叶依次长大、成熟，第 4 叶为成熟功能叶片。以转基因株系 G21 为对照，分别以 *lmd* 株系相同叶龄的叶片与之比较，对两个株系同一叶片基因表达的差异进行分析，结果如下。

4.5.1 第 1 叶基因表达差异的分析

对筛选出的差异表达基因做层次聚类分析，将具有相同或相似表达行为的基因进行聚类，突变株系 *lmd* 与对照株系 G21 第 1 叶间差异表达基因聚类结果见图 4-6a。GO(Gene Ontology)数据库是 GO 组织(Gene Ontology Consortium)于 2000 年构建的一个结构化的标准生物学注释系统，旨在建立基因及其产物知识的标准词汇体系，适用于各个物种。GO 注释系统是一个有向无环图，包含三个主要分支，即生物学过程(biological process，BP)，分子功能(molecular function，MF)和细胞组分(cellular component，CC)。GO 分析表明(图 4-6b)，与对照相比，*lmd* 株系第 1 叶基因表达在细胞杀伤(cell killing)、免疫系统过程(immune system process)、代谢过程(metabolic process)、细胞内过程(cellular process)、对刺激的反应(response to stimulus)等生物过程(biological process)富集。在催化剂活性(catalytic activity)、电子载体活性(electron carrier activity)、抗氧化剂活性(antioxidant activity)、翻译调控活性(translation regulator activity)等分子功能(molecular function)富集。

对样品间差异表达基因进行富集分析，topGO 分析每一分支中富集最显著的 10 个节点列表如下(表 4-4)。在生物进程中，*lmd* 株系第 1 叶与转基因对照株系 G21 第 1 叶差异基因主要富集在类单萜物质合成、对维生素 B 的反应、磷酸盐离子转运、木酚素合成、吲哚丁酸代谢等条目；在细胞组分中，主要富集在细胞外基质、质膜等；在分子功能上，主要富集在水杨酸葡糖基转移酶活性、苯甲酸葡糖基转移酶活性、视黄醛脱氢酶活性、草酸氧化酶活性、月桂烯合成酶活性等。

第 4 章　白桦类病斑及早衰形成相关基因表达的分析

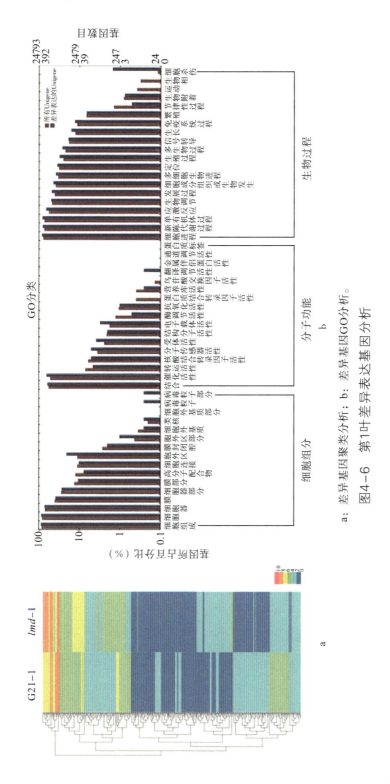

a: 差异基因聚类分析；b: 差异表达基因GO分析。

图4-6　第1叶差异基因分析

表 4-4　第 1 叶 topGO 分析结果

GO. ID	Term	Annotated	Significant	Expected	KS	所属分支
GO：0016099	单萜类化合物生物合成过程	63	2	1.05	2.30E-07	BP
GO：0010266	对维生素 B_1 的响应	24	0	0.4	5.00E-07	BP
GO：0033383	香叶基二磷酸代谢过程	38	5	0.64	8.70E-06	BP
GO：0006817	磷酸根离子传输	43	1	0.72	1.60E-05	BP
GO：0009807	木酚素生物合成过程	59	1	0.99	2.00E-05	BP
GO：0043693	单萜生物合成过程	22	3	0.37	2.20E-05	BP
GO：0042350	二磷酸鸟苷-L-岩藻糖生物合成过程	40	1	0.67	2.30E-05	BP
GO：0006414	翻译延伸	85	3	1.42	4.60E-05	BP
GO：0080167	对 karrikin 的响应	538	14	8.99	0.0001	BP
GO：0080024	吲哚丁酸代谢过程	45	3	0.75	0.00024	BP
GO：0031012	细胞外基质	87	1	1.44	0.0035	CC
GO：0090575	RNA 聚合酶Ⅱ转录因子复合物	26	0	0.43	0.0044	CC
GO：0008287	蛋白丝氨酸/苏氨酸磷酸酶复合物	69	0	1.14	0.0064	CC
GO：0016328	外侧质膜	28	1	0.46	0.0069	CC
GO：0080008	Cul4-RING E3 泛素连接酶复合物	118	0	1.95	0.0087	CC
GO：0043680	丝状器	38	0	0.63	0.0093	CC
GO：0016591	DNA 定向 RNA 聚合酶Ⅱ全酶	45	0	0.75	0.0098	CC
GO：0005801	顺面高尔基网络	62	1	1.03	0.0101	CC
GO：0042644	叶绿体类核	17	0	0.28	0.0121	CC
GO：0034399	核周缘	63	1	1.04	0.0137	CC
GO：0043394	蛋白聚糖结合	9	0	0.15	6.90E-06	MF
GO：0010334	倍半萜合酶活性	35	4	0.59	1.50E-05	MF
GO：0033773	异黄酮 2′-羟化酶活性	8	0	0.13	2.20E-05	MF
GO：0080002	UDP-葡萄糖：4-氨基苯甲酸酰基葡萄糖转移酶	35	3	0.59	8.20E-05	MF
GO：0050551	月桂烯合酶活性	18	0	0.3	8.90E-05	MF

续表

GO. ID	Term	Annotated	Significant	Expected	KS	所属分支
GO：0050162	草酸氧化酶活性	45	1	0.76	0.00012	MF
GO：0070402	NADPH 结合	47	0	0.79	0.00013	MF
GO：0052640	水杨酸葡糖基转移酶活性	30	3	0.5	0.00017	MF
GO：0052641	苯甲酸葡糖基能转移酶活性	30	3	0.5	0.00017	MF
GO：0001758	视黄醛脱氢酶活性	12	0	0.2	0.00017	MF

注：GO ID：GO term 的 ID；Term：GO 功能；Annotated：所有基因注释到该功能的基因数；Significant：DEG 注释到该功能的基因数；Expected：注释到该功能 DEG 数目的期望值；KS：富集 Term 的显著性统计，KS 值越小，表明富集越显著；BP：生物学过程；CC：细胞组分；MF：分子功能。

COG(cluster of orthologous groups of proteins)数据库是基于细菌、藻类、真核生物的系统进化关系构建得到的，利用 COG 数据库可以对基因产物进行直系同源分类。突变株系 *lmd* 与对照株系 G21 第 1 叶间差异表达基因 COG 分类统计结果见图 4－7。如图所示，横坐标为 COG 各分类内容，纵坐标为基因数目在不同的功能类中，基因所占多少反映对应时期和环境下代谢或者生理偏向等内容，可见，通用功能、次生物质合成转运和代谢、信号转导机制、转录等类别基因较多。

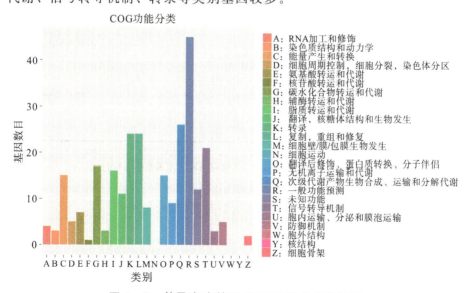

图 4－7 差异表达基因 COG 注释分类统计图

在生物体内，不同的基因产物相互协调来行使生物学功能，对差异表达基因的通路（Pathway）进行注释分析有助于进一步解读基因的功能。KEGG(kyoto encyclopedia of genes and genomes)数据库是关于代谢通路的主要公共数据库，笔者采用此数据库对差异表达基因进行分析。对差异表达基因 KEGG 的注释结果按照 KEGG 中通路类型进行分类，结果见图 4-8。由图可见，与饱和脂肪酸和不饱和脂肪酸的生物合成及植物激素信号转导途径相关基因表达的差异较大。

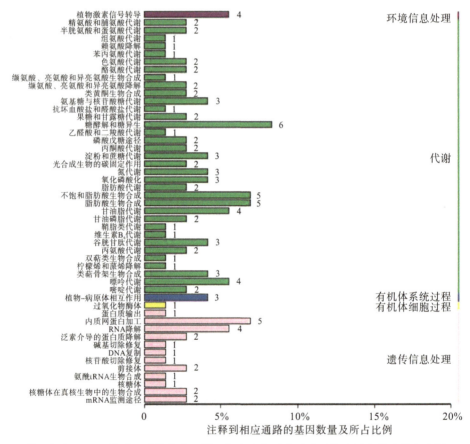

纵坐标为 KEGG 代谢通路的名称，横坐标为注释到该通路下的基因个数及所占比例。

图 4-8 差异表达基因 KEGG 分类图

分析差异表达基因在某一通路上是否过出现（over-presentation）即为差异表达基因的通路富集分析，突变株系 *lmd* 与对照株系 G21 第 1 叶间差异表达基因 KEGG 通路富集分析结果见图 4-9。横坐标为富集因子（enrichment factor），表示所有基因中注释到某通路的基因比例与差异基因中注释到该通路的基因比例的比值。富集因子越小，表示差异表达基因在该通路中的富集水平越显著。纵坐标为 $-\lg(Q\text{值})$，其中 Q 值为多重假设检验校正之后的 P 值。因此，纵坐标越大，表示差异表达基因在该通路中的富集显著性越可靠。由图可见，两样品间差异基因主要富集在不饱和脂肪酸生物合成（biosynthesis of unsaturated fatty acids）和饱和脂肪酸生物合成（fatty acid biosynthesis）代谢途径上。

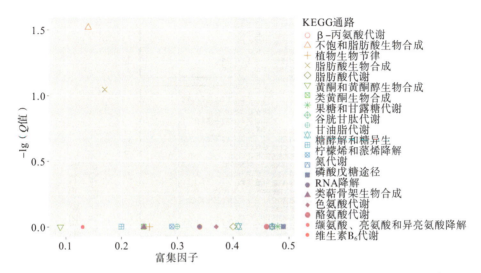

图中每一个点表示一个 KEGG 通路；横坐标为富集因子（enrichment factor）；纵坐标为 $-\lg(Q\text{值})$。

图 4-9　差异表达基因 KEGG 通路富集散点图

4.5.2　第 2 叶基因表达差异的分析

对突变株系 *lmd* 与对照植株 G21 第 2 叶间差异表达基因做层次聚类分析，结果见图 4-10a。GO 分析表明（图 4-10b），与对照相比，*lmd* 株系基因表达在细胞杀伤（cell killing）、细胞内过程（cellular process）、对刺激的反应（response to stimulus）等生物过程（biological process）显著富集。在催化活性（catalytic activity）、核酸结合转录因子活性（nucleic acid binding transcription factor activity）、电子载体活性（electron carrier activity）、抗氧化活性（antioxidant activity）等分子功能（molecular function）显著富集。

对 *lmd* 株系第 2 叶与转基因对照株系 G21 第 2 叶两个样品间差异基因进行富集分析，将 topGO 分析中每一分支中富集最显著的 10 个节点列表如下（表 4-5）。在生物进程中，*lmd* 株系第 2 叶与转基因对照株系 G21 第

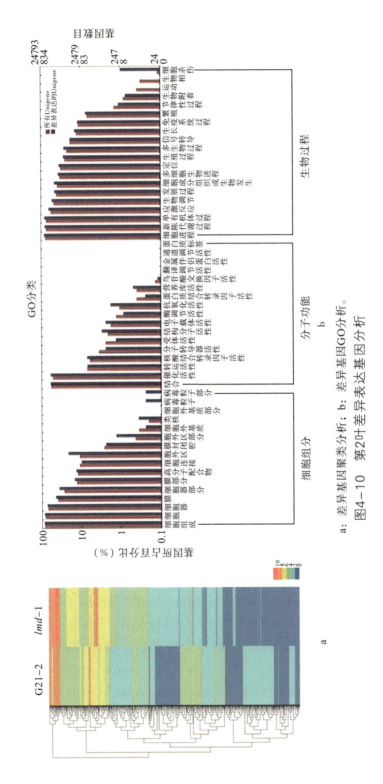

a: 差异基因聚类分析;b: 差异基因GO分析。

图4-10 第2叶差异表达基因分析

第 4 章 白桦类病斑及早衰形成相关基因表达的分析

2叶差异基因主要富集在对维生素 B 的反应、类单萜物质合成、磷酸代谢、对铜离子的反应、磷酸离子转运、光合电子传递等条目；在细胞组分中，主要富集在类囊体膜、叶绿体被膜、叶绿体基质、光系统Ⅰ、光系统Ⅱ等条目；在分子功能上，主要富集在倍半萜烯的生物合成活性、抗坏血酸氧化酶活性、氧化还原酶活性、月桂烯合成酶活性等条目。

表 4-5 第 2 叶 topGO 分析结果

GO. ID	Term	Annotated	Significant	Expected	KS	所属分支
GO：0010266	对维生素 B_1 的响应	24	2	0.85	3.20E-07	BP
GO：0016099	单萜类化合物生物合成过程	63	3	2.23	6.40E-07	BP
GO：0006414	翻译延伸	85	6	3.01	6.00E-06	BP
GO：0033383	香叶基二磷酸代谢过程	38	6	1.35	8.00E-06	BP
GO：0080167	对 karrikin 的响应	538	37	19.07	2.10E-05	BP
GO：0019288	二磷酸异戊烯生物合成过程，4-磷酸甲基赤藓醇途径	441	58	15.63	2.50E-05	BP
GO：0046688	对铜离子的响应	88	15	3.12	3.40E-05	BP
GO：0006817	磷酸根离子传输	43	1	1.52	3.70E-05	BP
GO：0009773	光合系统中的光合电子传递	67	20	2.37	4.10E-05	BP
GO：0045893	转录正调控，DNA 模板	1 251	77	44.34	4.80E-05	BP
GO：0009535	叶绿体类囊体膜	590	79	20.57	5.90E-06	CC
GO：0048046	质外体	1 185	115	41.32	1.30E-05	CC
GO：0009570	叶绿体基质	1 281	137	44.66	2.10E-05	CC
GO：0009941	叶绿体被膜	1 288	113	44.91	7.60E-05	CC
GO：0010319	质体微管结构	111	26	3.87	8.60E-05	CC
GO：0009522	光系统Ⅰ	36	14	1.26	8.80E-05	CC
GO：0010287	质体小球	113	23	3.94	0.00016	CC
GO：0009514	乙醛酸循环体	28	3	0.98	0.00072	CC
GO：0009534	叶绿体类囊体	819	112	28.56	0.00086	CC
GO：0009523	光系统Ⅱ	60	15	2.09	0.00281	CC
GO：0043394	蛋白聚糖结合	9	0	0.32	1.10E-05	MF
GO：0010234	倍半萜合酶活性	35	5	1.25	1.50E-05	MF
GO：0008447	L-抗坏血酸盐氧化酶活性	42	8	1.49	3.00E-05	MF
GO：0033773	异黄酮 2'-羟化酶	8	0	0.28	3.40E-05	MF

续表

GO. ID	Term	Annotated	Significant	Expected	KS	所属分支
GO：0052716	对苯二酚氧与氧化还原酶活性	36	8	1.28	5.80E-05	MF
GO：0050284	芥子酸1-葡萄糖转移酶活性	23	6	0.82	6.10E-05	MF
GO：0080002	4-氨基苯甲酸酰基葡萄糖转移酶活性	35	5	1.25	8.20E-05	MF
GO：0050551	月桂烯合酶活性	18	1	0.64	0.00015	MF
GO：0004016	腺苷酸环化酶活性	51	3	1.82	0.00017	MF
GO：0043565	特异性DNA结合序列	497	15	17.69	0.00021	MF

注：GO ID：GO term 的 ID；Term：GO 功能；Annotated：所有基因注释到该功能的基因数；Significant：DEG 注释到该功能的基因数；Expected：注释到该功能 DEG 数目的期望值；KS：富集 Term 的显著性统计，KS 值越小，表明富集越显著；BP：生物学过程；CC：细胞组分；MF：分子功能。

突变株系 *lmd* 与对照株系 G21 第 2 叶间差异表达基因 COG 分类统计结果见图 4-11。由图可见，两者差异表达基因多集中在通用功能、次生物质合成转运和代谢、转录、糖类转运和代谢等类别。

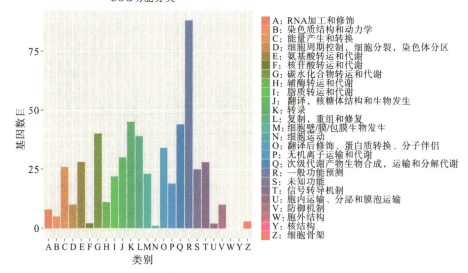

图 4-11 差异表达基因 COG 注释分类统计图

第4章 白桦类病斑及早衰形成相关基因表达的分析

对突变株系 lmd 与对照株系 G21 第 2 叶间差异表达基因 KEGG 的注释结果按照 KEGG 中通路类型进行分类，结果见图 4-12。由图可见，与光合作用和碳固定有关的代谢途径的基因数目较多。

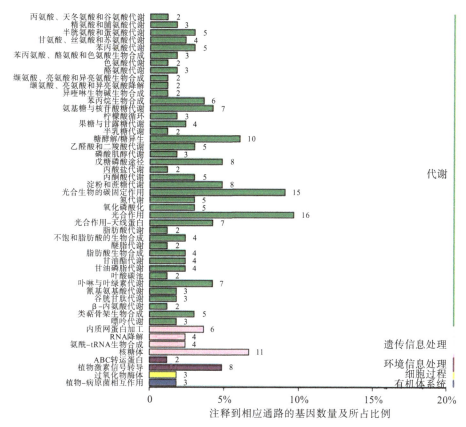

纵坐标为 KEGG 代谢通路的名称，横坐标为注释到该通路下的基因个数及所占比例。

图 4-12 差异表达基因 KEGG 分类图

突变株系 lmd 与对照株系 G21 第 2 叶间差异表达基因 KEGG 通路富集分析结果见图 4-13。由图可见，两样品间差异基因主要富集在光合作用 (photosynthesis)、固氮作用 (carbon fixation in photosynthetic organisms) 和光合作用-天线蛋白 (photosynthesis-antenna proteins) 代谢途径上。

以上分析结果说明 lmd 株系与 G21 株系基因表达的差异主要在光合作用方面，可能是由于 lmd 株系叶片发育较 G21 株系早的原因。

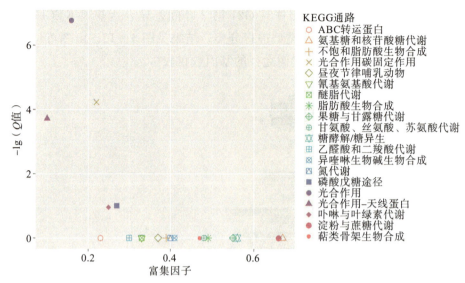

图中每一个点表示一个 KEGG 通路；横坐标为富集因子（enrichment factor）；纵坐标为 $-\lg(Q$ 值$)$。

图 4-13 差异表达基因 KEGG 通路富集散点图

4.5.3 第3叶基因表达差异的分析

对突变株系 *lmd* 与对照株系 G21 第 3 叶间差异表达基因做层次聚类分析，结果见图 4-14a。GO 分析表明（图 4-14b），与对照相比，*lmd* 株系基因表达在细胞杀伤（cell killing）、生物节律（rhythmic process）、免疫系统过程（immune system process）、对刺激的反应（response to stimulus）、信号（signal）等生物过程（biological process）显著富集。在代谢活性（catalytic activity）、核酸结合转录因子活性（nucleic acid binding transcription factor activity）、电子载体活性（electron carrier activity）、抗氧化活性（antioxidant activity）、酶调控活性（enzyme regulator activity）等分子功能（molecular function）显著富集，而在结构分子活性（structural molecule activity）等项目则显著减少。

对 *lmd* 株系第 3 叶与转基因对照株系 G21 第 3 叶两个样品间差异基因进行富集分析，topGO 分析每一分支中富集最显著的 10 个节点列表如下（表 4-6）。在生物进程中，*lmd* 株系第 3 叶与转基因对照株系 G21 第 3 叶差异基因主要富集在对维生素 B 的反应、类单萜物质合成、磷酸代谢、木酚素合成、花青素的合成、吲哚丁酸代谢等条目；在细胞组分中，主要富集在细胞外基质、叶绿体核酸、泛素连接酶等条目；在分子功能上，主要

第 4 章 白桦类病斑及早衰形成相关基因表达的分析

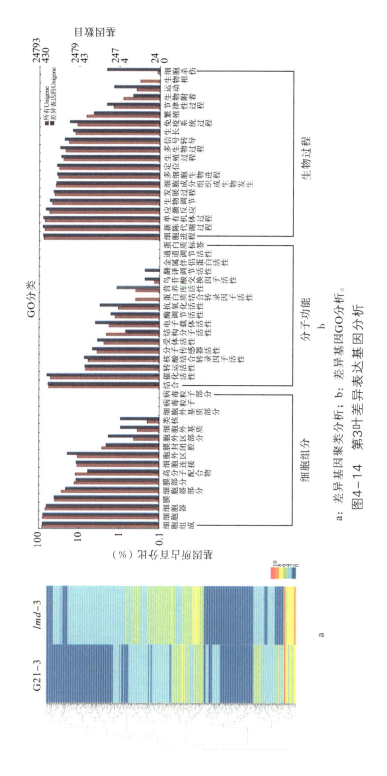

图4-14 第3叶差异表达基因分析
a: 差异基因聚类分析; b: 差异基因GO分析。

富集在蛋白多糖结合、腺苷酸环化酶活性、月桂烯合成酶活性、草酸氧化酶活性、水杨酸葡糖基转移酶等条目。

表4-6 第3叶topGO分析结果

GO. ID	Term	Annotated	Significant	Expected	KS	所属分支
GO：0016099	单萜生物合成过程	63	2	1.17	2.50E-07	BP
GO：0010266	对维生素B_1的响应	24	0	0.44	5.20E-07	BP
GO：0006817	磷酸离子转运	43	2	0.8	5.80E-06	BP
GO：0009807	木脂系生物合成过程	59	1	1.09	2.10E-05	BP
GO：0042350	鸟苷酸-L-岩藻糖生物合成过程	40	2	0.74	2.40E-05	BP
GO：0033383	香叶基二磷酸过程	38	2	0.7	4.10E-05	BP
GO：0031540	花青素生物合成过程的调控	88	9	1.63	6.00E-05	BP
GO：0080167	对karrikin的响应	538	20	9.95	6.20E-05	BP
GO：0043693	单萜生物合成过程	22	0	0.41	0.00015	BP
GO：0080024	吲哚丁酸代谢过程	45	1	0.83	0.00024	BP
GO：0031012	细胞外基质	87	4	1.51	0.0035	CC
GO：0090575	RNA聚合酶Ⅱ转录控制复合物	26	0	0.45	0.0044	CC
GO：0008287	蛋白丝氨酸/苏氨酸磷酸酮复合物	69	0	1.2	0.0065	CC
GO：0080008	Cul4-RING E3泛素酶连接酶复合物	118	1	2.05	0.0087	CC
GO：0043680	丝状器	38	1	0.66	0.0093	CC
GO：0016591	DNA导向的RNA聚合酶Ⅱ、全酶	45	0	0.78	0.0095	CC
GO：0042644	叶绿体类核	17	2	0.3	0.0121	CC
GO：0016602	CCAAT结合转录因子复合体	11	0	0.19	0.0186	CC
GO：0005801	顺式高尔基网络	62	0	1.08	0.0206	CC
GO：0009514	乙醛酸体	28	1	0.49	0.0207	CC
GO：0043394	蛋白与糖结合	9	0	0.17	7.10E-06	MF
GO：0010334	倍半萜合酶活性	35	2	0.66	1.50E-05	MF
GO：0033773	异黄酮2'-羟化酶活性	8	0	0.15	2.30E-05	MF

第 4 章　白桦类病斑及早衰形成相关基因表达的分析

续表

GO. ID	Term	Annotated	Significant	Expected	KS	所属分支
GO：0080002	UDP-葡萄糖：4-氨基苯甲酸酰基葡萄糖转移酶活性	35	1	0.66	8.40E-05	MF
GO：0004016	腺苷酸环化酶活性	51	2	0.96	8.60E-05	MF
GO：0050551	月桂烯合酶活性	18	0	0.34	9.00E-05	MF
GO：0050162	草酸氧化酶活性	45	2	0.85	0.00012	MF
GO：0070402	NADPH 结合	47	1	0.88	0.00014	MF
GO：0001758	视黄醛脱氢酶活性	12	0	0.23	0.00017	MF
GO：0052640	水杨酸葡萄糖基转移酶活性	30	1	0.56	0.00017	MF

注：GO ID：GO term 的 ID；Term：GO 功能；Annotated：所有基因注释到该功能的基因数；Significant：DEG 注释到该功能的基因数；Expected：注释到该功能 DEG 数目的期望值；KS：富集 Term 的显著性统计，KS 值越小，表明富集越显著；BP：生物学过程；CC：细胞组分；MF：分子功能。

突变株系 *lmd* 与对照株系 G21 第 3 叶间差异表达基因 COG 分类统计结果见图 4-15。由图可见，两者差异表达基因主要集中在通用功能、信号转导、转录、复制等类别。

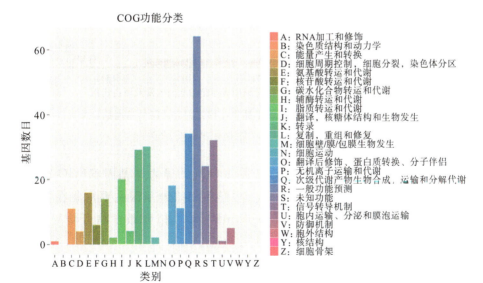

图 4-15　差异表达基因 COG 注释分类统计图

对突变株系 lmd 与对照株系 G21 第 3 叶间差异表达基因 KEGG 的注释结果按照 KEGG 中通路类型进行分类,结果见图 4-16,可见植物激素信号转导途径的基因显著增多。

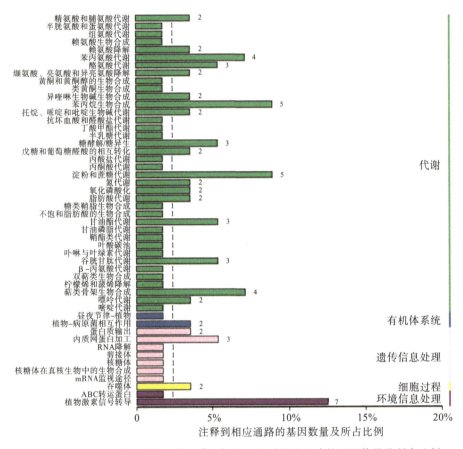

纵坐标为 KEGG 代谢通路的名称,横坐标为注释到相应通路的基因数量及所占比例。

图 4-16 差异表达基因 KEGG 分类图

突变株系 lmd 与对照株系 G21 第 3 叶间差异表达基因 KEGG 通路富集分析结果见图 4-17。由图可见,两样品间差异基因主要富集在类萜骨架生物合成(terpenoid backbone biosynthesis)、植物激素信号转导(plant hormone signal transduction)等代谢途径上。

第4章 白桦类病斑及早衰形成相关基因表达的分析

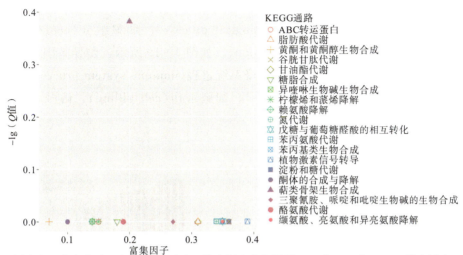

图中每一个点表示一个 KEGG 通路；横坐标为富集因子(enrichment factor)；纵坐标为 $-\lg(Q$ 值)。

图 4-17 差异表达基因 KEGG 通路富集散点图

4.5.4 第4叶基因表达差异的分析

将 G21-4 _ vs _ lmd-4、WT-4 _ vs _ lmd-4、WT-4 _ vs _ G21-4 所获得的差异基因做维恩图(图 4-18)。由图可见，引起 lmd 株系与其他两个株系不同的基因为 995 个，其中 560 个基因表达上调，435 个基因表达下调。

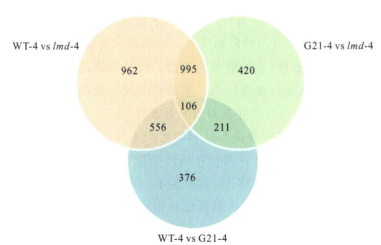

图 4-18 lmd、G21、WT 功能叶片差异基因维恩图

· 89 ·

将差异基因进行基因功能(gene ontology)分类,主要分为3大类(图4-19),分别是生物学过程(biological process)、细胞组分(cell component)和分子功能(molecular function)。如图4-19所示,差异基因在抗氧化活性(antioxidant activity)、免疫系统过程(immune system process)、对刺激的反应(response to stimulus)、细胞杀伤(cell killing)、信号(signaling)等类别富集。

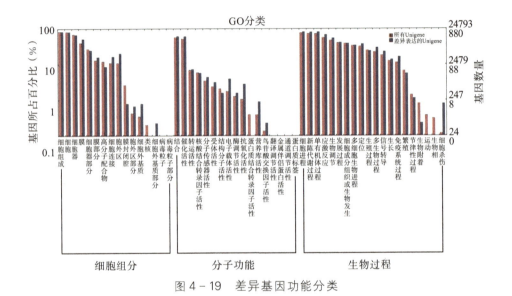

图4-19 差异基因功能分类

进一步分析富集的GO条目,发现在生物进程这一类别中,与植物防御反应相关的条目(对真菌的防御反应、对细菌的防御反应)、与激素代谢和信号转导相关的条目(水杨酸响应途径、生长素激活信号途径、茉莉酸和乙烯信号途径)以及与细胞伤杀、细胞对过氧化氢的反应、氧化还原反应过程等相关的条目都有差异基因的显著富集(图4-20)。

突变株系 lmd 与对照株系 G21 第3叶间差异表达基因 COG 分类统计结果见图4-21。由图可见,两者在通用功能、信号转导、转录、复制等类别差异表达基因较多。KEGG 分析表明,两者的差异表达基因在 RNA 降解(RNA degradation)、植物激素信号传导(plant hormone signal transduction)、吞噬体(phagosome)、过氧化物酶体(peroxisome)、植物-病原菌相互作用(plant-pathogen interaction)、自然杀伤细胞介导的细胞毒性(natural killer cell mediated cytotoxicity)、ABC 转运蛋白(ABC transporters)、氮代谢(nitrogen metabolism)、玉米素生物合成(zeatin biosynthesis)、油菜类固醇生物合成(brassinosteroid biosynthesis)等代谢途径富集。

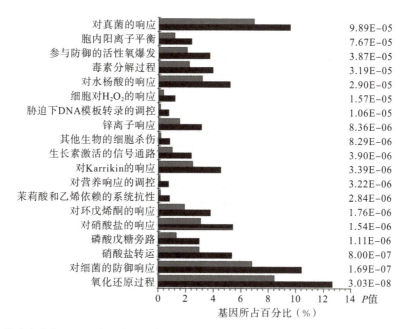

灰色代表在富集的基因中所占的比例,黑色表示聚集在这个条目下的基因占基因总数的比例。图中所示各个条目的基因都显著富集了(P值表示富集的显著性)。

图4-20 差异基因富集的GO条目

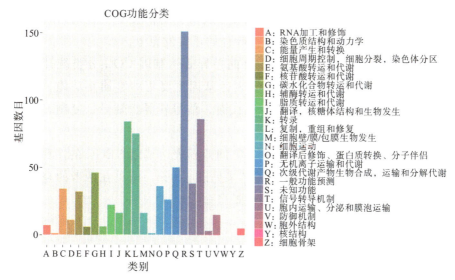

图4-21 差异表达基因COG注释分类统计图

4.6　不同叶龄叶片基因表达差异的分析

将 *lmd* 株系第 1 叶与第 2 叶、第 2 叶与第 3 叶以及第 3 叶与第 4 叶之间差异表达基因进行分析，结果如下。

4.6.1　第 1 叶与第 2 叶差异表达基因的分析

以突变株系 *lmd* 第 1 叶为对照，观察第 2 叶与第 1 叶间基因差异表达情况。差异表达基因层次聚类分析结果见图 4-22a。GO 分析表明（图 4-22b），与第 1 叶相比，*lmd* 株系第 2 叶基因表达在细胞外区域（extracellular region）、膜（membrane）、细胞器（organelle part）等细胞组分条目富集；在生长（growth）、免疫系统过程（immune system process）、多生物进程（multi-organism process）、细胞杀伤（cell killing）等生物过程（biological process）条目显著富集；在核酸结合转录因子活性（nucleic acid binding transcription factor activity）、电子载体活性（electron carrier activity）等分子功能（molecular function）条目富集。

对样品间差异基因进行富集分析，topGO 分析每一分支中富集最显著的 10 个节点列表如下（表 4-7）。两者的差异表达基因，在生物进程上主要集中在与光合作用有关的一些条目，以及单萜类物质、木酚素、脂类、糖类的合成；在细胞组分上主要集中在叶绿体、光系统Ⅰ和光系统Ⅱ的发育上；在分子功能上主要集中在代谢相关酶类的活性上。说明第 2 叶与第 1 叶相比，二者的差别主要表现在叶片的正常发育上。

突变株系 *lmd* 第 2 叶与第 1 叶间差异表达基因 COG 分类统计结果见图 4-23。由图可见，两者的差异表达基因主要集中在通用功能、氨基酸转运和代谢、碳水化合物的转运和代谢、信号转导、转录、复制、次生代谢等类别。

对突变株系 *lmd* 第 2 叶与第 1 叶间差异表达基因 KEGG 的注释结果按照 KEGG 中通路类型进行分类，结果见图 4-24，可见在两者的差异表达基因中，与光合作用有关的基因数量最多。

第4章 白桦类病斑及早衰形成相关基因表达的分析

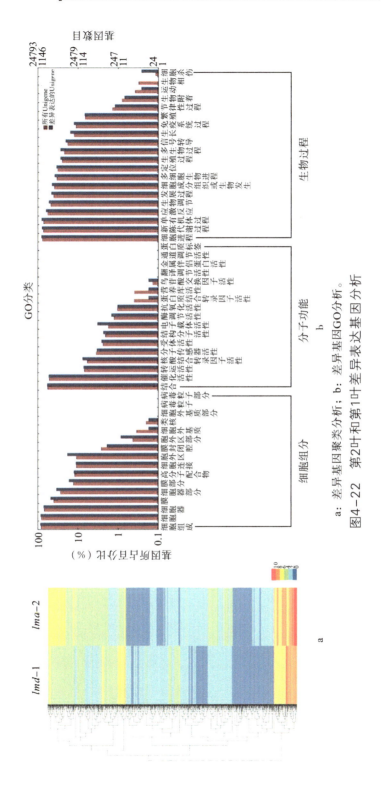

a: 差异基因聚类分析; b: 差异基因GO分析。

图4-22 第2叶和第10叶差异表达基因分析

表4-7　第2叶与第1叶差异基因topGO分析结果

GO. ID	Term	Annotated	Significant	Expected	KS	所属分支
GO：0009773	光系统Ⅰ的光合电子传递	67	28	3.22	3.30E-09	BP
GO：0006098	磷酸戊糖旁路	321	65	15.42	1.10E-07	BP
GO：0010266	对维生素B_1的响应	24	1	1.15	1.60E-07	BP
GO：0010207	光系统Ⅱ组装	287	60	13.79	2.20E-07	BP
GO：0016099	单萜类生物合成过程	63	5	3.03	1.10E-06	BP
GO：0034389	脂质颗粒组织	14	3	0.67	9.80E-06	BP
GO：0080167	对karrikin的响应	538	44	25.85	1.70E-05	BP
GO：0009807	木酚素生物合成过程	59	2	2.83	2.80E-05	BP
GO：0005986	蔗糖生物合成过程	43	11	2.07	3.20E-05	BP
GO：0010114	对红光的响应	311	53	14.94	3.70E-05	BP
GO：0009535	叶绿体类囊体膜	590	115	28.2	5.50E-11	CC
GO：0009522	光系统Ⅰ	36	22	1.72	2.60E-08	CC
GO：0010287	质体小球	113	34	5.4	8.70E-08	CC
GO：0009654	光系统Ⅱ产氧复合物	21	13	1	7.20E-07	CC
GO：0009523	光系统Ⅱ	60	29	2.87	4.10E-05	CC
GO：0030095	叶绿体光系统Ⅱ	12	8	0.57	7.80E-05	CC
GO：0009543	叶绿体类囊体腔	103	24	4.92	0.00032	CC
GO：0009534	叶绿体类囊体	819	152	39.14	0.00072	CC
GO：0009941	叶绿体被膜	1288	120	61.56	0.001	CC
GO：0009538	光系统Ⅰ反应中心	7	5	0.33	0.00135	CC
GO：0043394	蛋白多糖结合	9	0	0.43	1.40E-05	MF
GO：0033773	异黄酮2'-羟化酶活性	8	0	0.38	4.20E-05	MF
GO：0010334	半萜合酶活性	35	5	1.67	9.80E-05	MF

第4章 白桦类病斑及早衰形成相关基因表达的分析

续表

GO. ID	Term	Annotated	Significant	Expected	KS	所属分支
GO：0080002	UDP-葡萄糖：4-氨基苯甲酸酯酰基葡萄糖基转移酶活性	35	3	1.67	0.00017	MF
GO：0016168	叶绿素结合	43	15	2.05	0.00017	MF
GO：0050551	月桂烯合酶活性	18	0	0.86	0.00018	MF
GO：0004568	几丁质酶活性	97	14	4.63	0.00021	MF
GO：0008447	L-抗坏血酸氧化酶活性	42	8	2	0.00021	MF
GO：0070402	NADPH 结合	47	2	2.24	0.00028	MF
GO：0001758	视黄醛脱氢酶活性	12	2	0.57	0.00029	MF

注：GO ID：GO term 的 ID；Term：GO 功能；Annotated：所有基因注释到该功能的基因数；Significant：DEG 注释到该功能的基因数；Expected：注释到该功能 DEG 数目的期望值；KS：富集 Term 的显著性统计，KS 值越小，表明富集越显著；BP：生物学过程；CC：细胞组分；MF：分子功能。

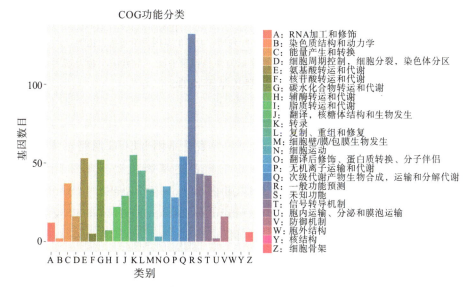

图 4-23 差异表达基因 COG 注释分类统计图

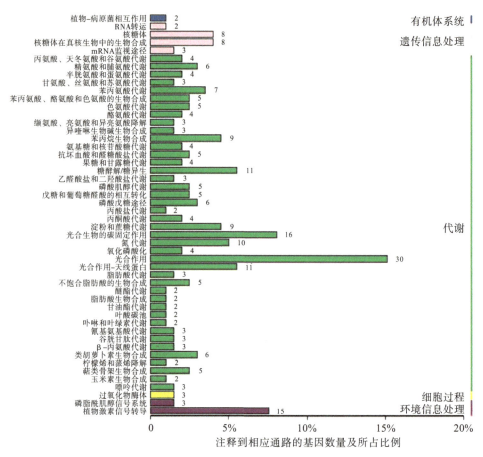

纵坐标为KEGG代谢通路的名称，横坐标为注释到该通路下的基因个数及所占比例。

图4-24 差异表达基因KEGG分类图

突变株系 lmd 第2叶与第1叶间差异表达基因KEGG通路富集分析结果见图4-25。由图可见，两样品的差异表达基因主要富集在光合作用（photosynthesis）、光合作用-天线蛋白（photosynthesis-antenna proteins）、碳固定（carbon fixation in photosynthetic organisms）以及氮代谢（nitrogen metabolism）等代谢途径类目上。

以上结果说明，lmd 株系第1叶与第2叶的主要差异表现在与叶片生长发育相关的途径，其他途径并没有发生显著的变化。

第 4 章　白桦类病斑及早衰形成相关基因表达的分析

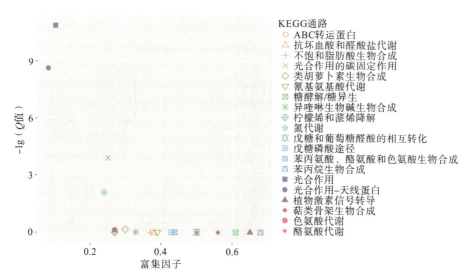

图中每一个点表示一个 KEGG 通路；横坐标为富集因子（enrichment factor）；纵坐标为 $-\lg(Q$ 值$)$。

图 4-25　差异表达基因 KEGG 通路富集散点图

4.6.2　第 2 叶与第 3 叶差异表达基因的分析

以突变株系 *lmd* 第 2 叶为对照，观察第 3 叶与第 2 叶间基因差异表达情况。差异表达基因层次聚类分析结果见图 4-26a。GO 分析表明（图 4-26b），*lmd* 株系第 3 叶与第 2 叶的差异表达基因，在细胞组分方面，集中在胞外区（extracellular region part）、核酸（nucleoid）、高分子配合物（macromolecular complex）等类目；在生物过程方面，集中在除了节律（rhythmic process）以外的几乎所有其他生物进程，包括生长（growth）、免疫系统过程（immune system process）、多生物进程（multi-organism process）、生物调节（biological regulation）、细胞杀伤（cell killing）等类目；在分子功能方面，集中在除了蛋白质结合的转录因子活性（protein binding transcription factor activity）类目以外的其他分子功能类目，如酶调控活性（enzyme regulator activity）、核酸结合转录因子活性（nucleic acid binding transcription factor activity）、抗氧化活性（antioxidant activity）、电子载体活性（electron carrier activity）等。

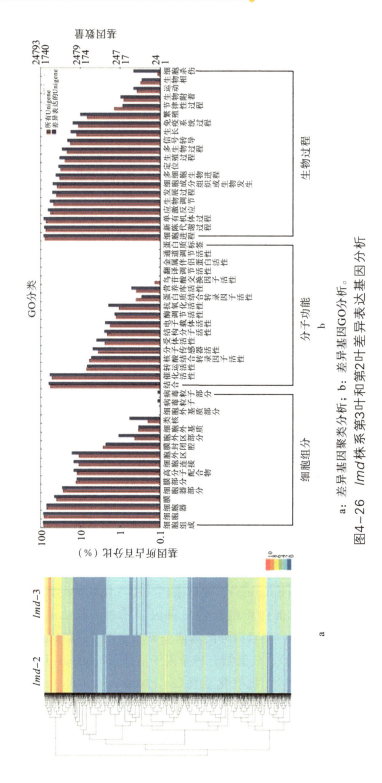

图4-26 lmd株系第3叶和第2叶差异表达基因分析

a：差异基因聚类分析；b：差异基因GO分析。

第4章 白桦类病斑及早衰形成相关基因表达的分析

对 lmd 株系第 2 叶与第 3 叶的差异表达基因进行富集分析,将 topGO 分析每一分支中富集最显著的 10 个节点列表如下(表 4-8)。两者的差异表达基因在生物进程上主要集中在与 DNA 合成及修饰有关的一些条目,以及与细胞分化、染色体转配、有丝分裂等有关的条目;在细胞组分上主要集中在与细胞核、核小体、微管、驱动蛋白等有关的条目;在分子功能上主要集中在与蛋白激酶、泛素蛋白、微管蛋白等的活性有关的条目。说明相比第 2 叶,第 3 叶细胞的增殖过程较为活跃。

表 4-8 lmd 株系第 3 叶与第 2 叶差异基因 topGO 分析结果

GO. ID	Term	Annotated	Significant	Expected	KS	所属分支
GO: 0006270	DNA 复制起点	97	49	7.23	1.20E-16	BP
GO: 0008283	细胞增殖	595	133	44.38	3.30E-15	BP
GO: 0010389	有丝分裂 G2/M 转变的调控	93	45	6.94	1.50E-14	BP
GO: 0051567	组蛋白 H3-K9 甲基化	339	91	25.28	1.30E-12	BP
GO: 0006275	DNA 复制调控	216	68	16.11	5.70E-12	BP
GO: 0006306	DNA 甲基化	314	80	23.42	4.70E-11	BP
GO: 0051225	纺锤体组装	91	34	6.79	5.50E-08	BP
GO: 0000911	细胞板形成的胞质分裂	446	102	33.26	1.60E-07	BP
GO: 0000914	成膜体组装	21	14	1.57	3.40E-07	BP
GO: 0006334	核小体装配	73	27	5.44	1.20E-06	BP
GO: 0000786	核小体	66	26	4.81	4.40E-07	CC
GO: 0005874	微管	201	51	14.65	1.00E-06	CC
GO: 0005871	驱动蛋白复合体	61	22	4.44	1.20E-05	CC
GO: 0005576	胞外区	2750	296	200.37	0.00013	CC
GO: 0044815	DNA 包装复合物	70	30	5.1	0.00038	CC
GO: 0042555	微型染色质维持蛋白复合体	9	5	0.66	0.00155	CC
GO: 0097014	毛状细胞质	15	8	1.09	0.00156	CC
GO: 0043601	核孔复合体	14	5	1.02	0.00157	CC
GO: 0042644	叶绿体拟核	17	5	1.24	0.00167	CC
GO: 0044427	染色体部分	262	69	19.09	0.00175	CC
GO: 0008574	正端微管运动活性	17	12	1.24	1.00E-06	MF
GO: 0004672	蛋白激酶活性	2316	249	169.3	4.60E-06	MF

续表

GO. ID	Term	Annotated	Significant	Expected	KS	所属分支
GO：0008017	微管结合	113	33	8.26	1.30E-05	MF
GO：0043394	蛋白多糖结合	9	2	0.66	2.60E-05	MF
GO：0004619	磷酸甘油酸变位酶活性	13	6	0.95	3.70E-05	MF
GO：0031625	泛素蛋白连接酶结合	302	43	22.08	6.40E-05	MF
GO：0033773	异黄酮2'-羟化酶活性	8	0	0.58	7.40E-05	MF
GO：0004568	几丁质酶活性	97	17	7.09	0.00015	MF
GO：0008569	负端走向的微管运动活性	18	10	1.32	0.0002	MF
GO：0010334	倍半萜烯合酶活性	35	5	2.56	0.00025	MF

注：GO ID：GO term 的 ID；Term：GO 功能；Annotated：所有基因注释到该功能的基因数；Significant：DEG 注释到该功能的基因数；Expected：注释到该功能 DEG 数目的期望值；KS：富集 Term 的显著性统计，KS 值越小，表明富集越显著；BP：生物学过程；CC：细胞组分；MF：分子功能。

突变株系 *lmd* 第 3 叶与第 2 叶间差异表达基因 COG 分类统计结果见图 4-27。由图可见，两者差异表达基因主要集中在通用功能、信号转导、转录、复制等类别。

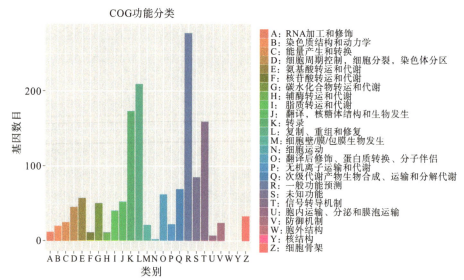

图 4-27 *lmd* 株系第 2 叶与第 3 叶差异表达基因 COG 注释分类统计图

第 4 章 白桦类病斑及早衰形成相关基因表达的分析

对突变株系 lmd 第 3 叶与第 2 叶间差异表达基因 KEGG 的注释结果按照 KEGG 中通路类型进行分类，结果见图 4-28，两者的差异表达基因主要集中在与 DNA 复制、核糖体、植物激素信号转导、植物与病原菌的相互作用有关的类目。

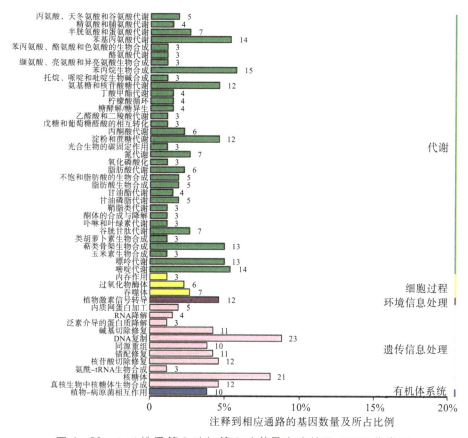

图 4-28　lmd 株系第 2 叶与第 3 叶差异表达基因 KEGG 分类图

突变株系 lmd 第 3 叶与第 2 叶间差异表达基因 KEGG 通路富集分析结果见图 4-29。由图可见，两者差异表达基因主要富集在与 DNA 复制 (DNA replication) 相关的类目，同时，在错配修复 (Mismatch repair) 相关类目也有显著富集。

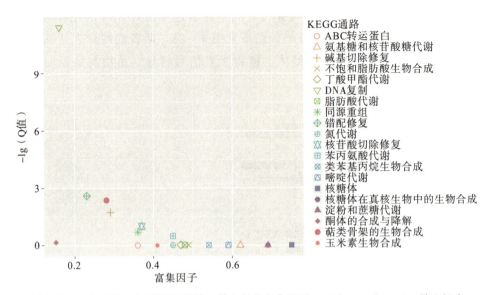

图中每一个点表示一个 KEGG 通路；横坐标为富集因子（enrichment factor）；纵坐标为 $-\lg(Q$ 值$)$。

图 4-29　*lmd* 株系第 2 叶与第 3 叶差异表达基因 KEGG 通路富集散点图

4.6.3　第 3 叶与第 4 叶差异表达基因的分析

以突变株系 *lmd* 第 3 叶为对照，观察第 4 叶与第 3 叶间基因差异表达情况。差异表达基因层次聚类分析结果见图 4-30a。GO 分析表明（图 4-30b），两者的差异表达基因，在"细胞"组分方面，主要集中在细胞外区域（extracellular region）、细胞外基质（extracellular matrix）等类目；在生物过程方面，主要集中在生长（growth）、免疫系统过程（immune system process）、信号（signaling）、细胞杀伤（cell killing）等类目；在分子功能（molecular function）方面，主要集中在抗氧化活性（antioxidant activity）、电子载体活性（electron carrier activity）、营养库活性（nutrient reservoir activity）等类目。

对 *lmd* 株系第 3 叶和第 4 叶间差异表达基因进行富集分析，将 topGO 分析每一分支中富集最显著的 10 个节点列表如下（表 4-9）。两者的差异表达基因，在生物进程方面主要集中单萜类物质生物合成、防御反应、甾类物质生物合成、花青素生物合成、根毛延长、木质素的生物合成、细胞生长、表皮发育等条目；在细胞组分方面主要集中在胞外区、质膜、细胞壁、细胞外基质及胞间连丝等条目；在分子功能上主要集中在抗坏血酸氧

第 4 章　白桦类病斑及早衰形成相关基因表达的分析

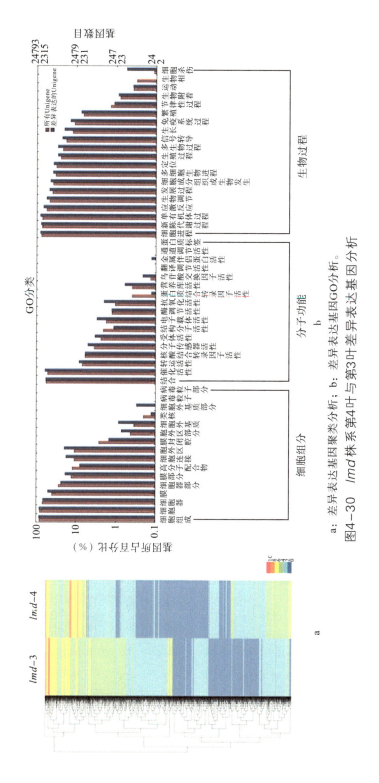

a：差异表达基因聚类分析；b：差异表达基因GO分析。

图4-30　lmd株系第4叶与第3叶差异表达基因分析

化酶活性、倍半萜烯合酶活性、几丁质酶活性、氧化还原酶活性等条目。说明与第 4 叶与第 3 叶相比,叶片发育得更为成熟,且与植物自身抗性相关的基因表达量增加。

表 4-9　*lmd* 株系第 4 叶与第 3 叶差异基因 topGO 分析结果

GO. ID	Term	Annotated	Significant	Expected	KS	所属分支
GO：0016099	单萜类化合物生物合成过程	63	15	6.16	7.10E-07	BP
GO：0006952	防御反应	5773	714	564.75	1.20E-06	BP
GO：0016126	甾醇生物合成过程	381	83	37.27	1.60E-06	BP
GO：0031540	花青素生物合成调控	88	20	8.61	1.90E-06	BP
GO：0060560	与形态发生有关的发育生长	2361	375	230.97	2.50E-06	BP
GO：0048767	根毛伸长	658	126	64.37	4.60E-06	BP
GO：0009809	木质素生物合成活性	272	63	26.61	7.10E-06	BP
GO：0010266	对维生素 B_1 响应	24	7	2.35	8.30E-06	BP
GO：0016049	细胞生长	2939	461	287.51	8.40E-06	BP
GO：0008544	表皮发育	2573	405	251.71	1.00E-05	BP
GO：0009505	植物型细胞壁	861	193	82.93	1.60E-13	CC
GO：0005576	胞外区域	2750	462	264.88	4.70E-12	CC
GO：0046658	质膜固定成分	210	65	20.23	1.50E-09	CC
GO：0009506	胞间连丝	2754	411	265.27	7.60E-09	CC
GO：0005886	质膜	6048	792	582.54	2.50E-08	CC
GO：0016023	细胞质膜结合囊泡	1149	183	110.67	2.10E-05	CC
GO：0031514	运动纤毛	28	14	2.7	4.20E-05	CC
GO：0048046	质外体	1185	183	114.14	5.20E-05	CC
GO：0005618	细胞壁	2003	363	192.93	5.70E-05	CC
GO：0031012	细胞外基质	87	20	8.38	7.10E-05	CC
GO：0008447	L-抗坏血酸氧化酶活性	42	13	4.1	2.50E-06	MF
GO：0010334	倍半萜合成酶活性	35	10	3.42	1.10E-05	MF
GO：0005457	GDP-岩藻糖跨膜转运过程	10	6	0.98	1.20E-05	MF
GO：0004568	几丁质酶活性	97	23	9.47	1.20E-05	MF

续表

GO. ID	Term	Annotated	Significant	Expected	KS	所属分支
GO：0031625	泛素蛋白连接酶	302	49	29.48	3.90E−05	MF
GO：0043394	蛋白多糖结合	9	4	0.88	4.60E−05	MF
GO：0003950	NAD^+ ADP-核糖基转移酶活性	11	4	1.07	5.40E−05	MF
GO：0052716	对苯二酚氧化还原酶活性	36	11	3.51	5.90E−05	MF
GO：0050284	琥珀酸1-糖基转移酶活性	23	9	2.25	0.00011	MF
GO：0016711	类黄酮3′-单加氧酶活性	66	22	6.44	0.00011	MF

注：GO ID：GO term 的 ID；Term：GO 功能；Annotated：所有基因注释到该功能的基因数；Significant：DEG 注释到该功能的基因数；Expected：注释到该功能 DEG 数目的期望值；KS：富集 Term 的显著性统计，KS 值越小，表明富集越显著；BP：生物学过程；CC：细胞组分；MF：分子功能。

突变株系 lmd 第 4 叶与第 3 叶间差异表达基因的 COG 分类统计结果见图 4-31。由图可见，两者的差异表达基因主要集中在通用功能、信号转导、转录、复制等类别。

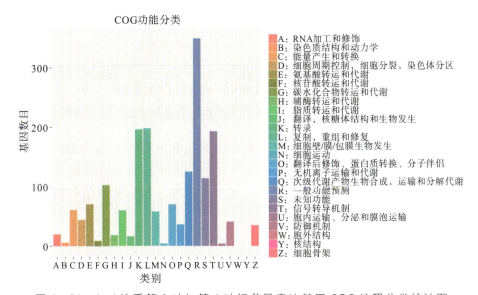

图 4-31 lmd 株系第 3 叶与第 4 叶间差异表达基因 COG 注释分类统计图

对突变株系 *lmd* 第 4 叶与第 3 叶间差异表达基因 KEGG 的注释结果按照 KEGG 中的通路类型进行分类，结果见图 4-32，在两者的表达差异基因中，与植物激素信号转导有关的基因数量最多，且第 4 叶与第 3 叶相比，与植物和病原菌的相互作用相关的基因数量明显增加。

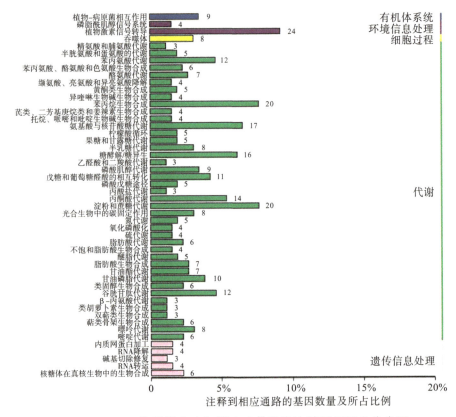

图 4-32　*lmd* 株系第 3 叶和第 4 叶差异表达基因 KEGG 分类图

突变株系 *lmd* 第 4 叶与第 3 叶间差异表达基因 KEGG 通路富集分析结果见图 4-33。由图可见，两者的差异表达基因主要富集在戊糖和葡萄糖醛酸酯转化、类苯基丙烷生物合成、谷胱甘肽代谢、植物激素信号转导等代谢途径上。

第 4 章 白桦类病斑及早衰形成相关基因表达的分析

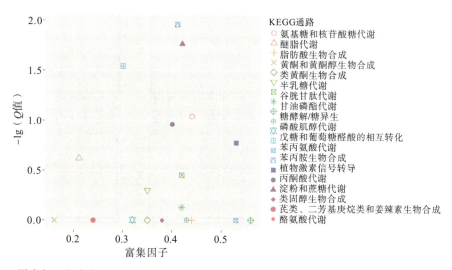

图中每一个点表示一个 KEGG 通路；横坐标为富集因子(enrichment factor)；纵坐标为 $-\lg(Q$ 值$)$。

图 4-33 *lmd* 株系第 3 叶与第 4 叶差异表达基因 KEGG 通路富集散点图

4.7 基因共表达分析

将所有差异基因进行共表达趋势分析，结果见图 4-34。由图可见，图 b、c、d、e、f 中 *lmd* 株系第 1、2、3、4 叶的基因表达情况与 G21 株系第 1、2、3、4 叶基因表达的情况较为一致，而 a 图表现不一致。b 和 e 组基因的表达趋势为第 1 叶高表达，表达量依次降低，至第 4 叶表达量降为最低；c 组和 d 组基因表达量由第 1 叶至第 4 叶依次增高；f 组基因从第 1 叶至第 4 叶表达量基本保持不变，第 4 叶表达量略低；a 组基因在 *lmd* 株系中第 1~4 叶表达量逐渐升高，而在 G21 株系中则变化趋缓。因此，将属于共表达趋势 a 组的 1331 个基因进行 GO 分类和 KEGG 分析。

共表达趋势 a 组差异基因的 GO 分类结果见图 4-35。结果表明，GO 分类富集在抗氧化活性(antioxidant activity)、免疫系统过程(immune system process)、对刺激的反应(response to stimulus)、细胞杀伤(cell killing)、信号(signaling)等类别富集、电子载体活性(electron carrier activity)、新陈代谢过程(metabolic process)等类别中。

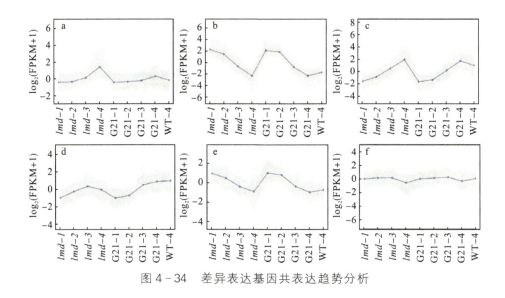

图 4-34 差异表达基因共表达趋势分析

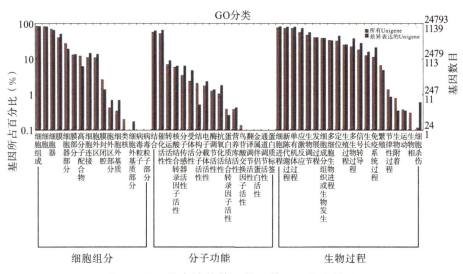

图 4-35 共表达趋势 a 基因簇 GO 分类结果

KEGG 分析表明，在 RNA 聚合酶（RNA polymerase）、植物激素信号传导（plant hormone signal transduction）、吞噬体（phagosome）、过氧化物酶体（peroxisome）、植物-病原菌相互作用（plant - pathogen interaction）、自然杀伤细胞介导的细胞毒性（natural killer cell mediated cytotoxicity）、ABC 转运蛋白（ABC transporters）、氮代谢（nitrogen metabolism）、油菜类固醇生物合成（brassinosteroid biosynthesis）、黄酮类化合物的生物合成

(flavonoid biosynthesis)、黄酮和黄酮醇生物合成(flavone and flavonol biosynthesis)等途径富集。

4.8　qRT-PCR 验证测序结果

在表达谱测序结果的差异表达基因列表中随机挑选 16 个基因,其中包括与细胞程序化死亡、植物过敏反应、激素信号转导、钙离子传递等相关的基因,针对每个基因设计引物(表 4-10)进行 qRT-PCR。

表 4-10　qRT-PCR 的引物序列

基因 ID	正向引物(5'→3')	反向引物(5'→3')
BP002731	GTTTTGACAGCTGGACAGCTTTTTATC	CGAAAGCAATCCCTGGTAATTGACT
BP005490	TTTACGCTAGCACATGCCCG	GAAGGCGGATGAGTTTGGCA
BP007620	TGGCCAGGAACTCTAACATCGG	CGTTCGTGGTGCATCGTGTT
BP007889	ATTGCCGTCAGGCTCTTGGA	GGTGGAAGGGAATCTCGGGT
BP010675	AAGAGATGGTGAGGCCAAGTGAG	TTCTGCACACCAGAGCACAGTT
BP011346	TGCCCAAGACACCCAACAAGA	CGTTCACCCACAAGTTCACCG
BP011347	ACTCATGTGTTGGCGGGGAA	GTTGCCTGGAGGGTCGTAGT
BP011380	CCCCGTGTGTCGCTATGCTT	CTGCAAGAACATCAGTGGCTGC
BP016876	CAACCCAATGCCTTGCTCAC	AGAAGCTTTCCCCATACGGC
BP018234	CGAACAGCCCTTACGGTGAA	CCAGCAGCGCAAGAGTTAGA
BP018850	AAGCTCGAAGCTCAGCCAGA	CAGACCTCGCAATTGTGCCC
BP021524	GCTCACCGCCAGAGCTTAGA	CCGGCACACCGGAAATGAAA
BP027081	TCGAACTTGGCAACGAACGC	TTCCCAACAAGGATGCCGGT
Bp027507	GGACGTTTCATCGACCCAGA	TCTTGGGTCTCCTTGGCAAC
BP032005	CATTTCCGGGGCTCAACACT	CTGAAGCGACCAGAACAGCC
BP035677	CGTTCTATCAGGAGCGCACA	TAGGAGGGACGAATCCAGCG

16 个基因的注释信息见表 4-11。选择白桦常用的内参基因 18S 作为本次实验的内参基因[113],对 16 个基因的表达水平进行定量,实验结果见图 4-36。由图可见,选择的基因中大部分 qRT-PCR 的基因定量结果与转录组测序结果趋势一致,说明本研究项目中测序结果的可靠性。

表 4-11 qRT-PCR 验证基因注释信息

基因 ID	蛋白序列数据库注释	nr_注释
BP002731	萌发素蛋白亚家族 T 成员 2(前体)	黏着素受体前体,假定[蓖麻]
BP005490	过氧化物酶 15(前体)	假定蛋白 PRUPE_ppa027053mg[桃]
BP007620	类甜蛋白 1(前体)	记录名称:Full=类甜蛋白 1;标志:前体
BP007889	L-抗坏血酸过氧化物酶胞浆	抗坏血酸过氧化物酶[玉米]
BP010675	预测类防御素类蛋白 6[葡萄]	—
BP011346	病程相关蛋白 1B(前体)	病程相关蛋白 1a,部分的[桃]
BP011347	病程相关蛋白 1(前体)	病程相关蛋白 1[可可]
BP011380	E3 泛素蛋白连接酶 RING1	RING/U-box 超家族蛋白,假定[可可]
BP016876	预测 GDSL 酯酶/脂肪酶 1[葡萄]	
BP018234	类甜蛋白 1(前体)	
BP018850	热休克蛋白 83	热休克蛋白,假定[蓖麻]
BP021524	茉莉酸邻甲基转移酶	茉莉酸羧甲基转移酶[可可]
BP027081	葡聚糖内切 1,3-β-葡萄糖苷酶 11(前体)	1,3-β-D-葡萄糖苷酶 GH17_65[胡杨×山杨]
BP027507	异分支酸合酶,假定[蓖麻]	
BP032005	萌发素蛋白亚家族 T 成员 2(前体)	黏着素受体前体,假定[蓖麻]
BP035677	过氧化物酶 21(前体)	过氧化物酶[毛果杨]

第 4 章　白桦类病斑及早衰形成相关基因表达的分析

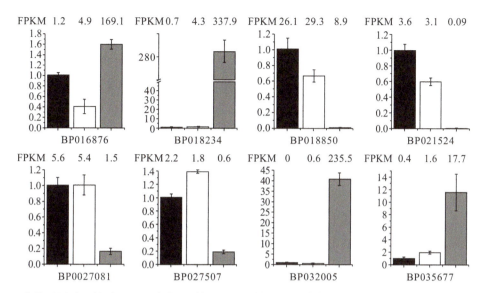

非转基因对照株系 WT（黑色柱）、转基因对照株系 G21（白色柱）和 lmd 突变株（灰色柱）之间的表达差异。RNA-seq 结果在每个基因的最上部表示出来；相对表达水平由 qRT-PCR 以 18S 为内参计算而来，每个 unigene 有三次重复。

图 4-36　qRT-PCR 验证结果

4.9　本章小结

转录组（transcriptome），在广义上指在某一生理条件下，细胞内所有转录产物的集合，包括信使 RNA、核糖体 RNA、转运 RNA 及非编码 RNA，狭义上指细胞内的 mRNA。转录组是连接承载遗传信息的基因组与执行生物功能的蛋白质组的纽带，转录水平的调控是基因表达最重要的调控方式之一。转录组测序（RNA-seq）是指利用高通量测序技术进行 cDNA 测序，能够全面快速地获取某一物种特定组织或器官在某一状态下的几乎所有转录本信息。与传统芯片相比，转录组测序无须预先设计探针，即可对任意物种的任意细胞类型的转录组进行检测，能够提供更精确的数字化信息、更高的检测通量以及更广泛的检测范围，是目前深入研究转录组的重要技术。

白桦 lmd 突变株是从第 4 叶（从枝条顶端开始计数）开始出现肉眼可见的坏死斑点的，但依据 Evans blue 染色结果，lmd 突变株从第 2 叶边缘就已经开始出现死亡细胞，至第 3 叶整个叶片表面都可见蓝色斑点，说明这部分细胞已经死亡,继续发展就会形成肉眼可见的褐色坏死斑点,细胞死亡的发生是随着叶片的生长逐渐发生的。因此,为明确在这个过程中叶片细胞基因表达的变化情况,从转录组水平上揭示白桦 lmd 突变株类病斑形成和早衰的原因,我们从 lmd 株系及对照株系 G21 枝条上分别选择第 1、2、3、4 叶为材料,进行转录组测序,并辅以野生型对照 WT 株系的第 4 叶为对照,观察功能叶片的基因表达变化情况,转录组数据经质量评估符合要求,随机选取 16 条基因,设计引物,进行实时荧光定量 PCR 验证,结果与转录组测序结果基本相符,测序数据具有代表性,能反映样品的基因转录情况。

从差异基因数目上看,以 G21 株系第 1、2、3、4 叶为对照,lmd 株系与之对应的叶片相比,差异基因分别为 503、1013、524、1749 个,lmd 突变株第 2 叶、第 4 叶的基因表达情况发生了明显的变化,lmd 株系第 2 叶与 G21 株系相比,topGO 最富集的节点在细胞组分上主要集中在叶绿体和光合系统上,出现这种情况的原因可能是 lmd 突变株叶绿体的发育要早于 G21 株系,而这种差别在第 3、4 叶中就没有了,可能是由于 G21 株系的叶绿体已发育完成,减少了二者的差别。第 4 叶中,lmd 株系与 WT 株系相比差异基因为 2604 株系,而 G21 株系与 WT 株系相比,差异基因为 1245 个,lmd 株系与 WT 株系差异基因的数量比 G21 株系与 WT 株系相比多了一倍,这其中除了形成类病斑和早衰表型发生的基因变化,还包括由于转化 BpGH3.5 基因引起变化表达,因此将 lmd、G21、WT 三个株系联合比较,得到 995 个基因,其中表达上调的基因 560 个,表达下调的基因 435 个。对富集的 GO 条目进行分析,发现差异表达基因在植物的防御反应、激素代谢和信号途径、细胞死亡、细胞对过氧化氢的反应、氧化还原反应等相关条目有显著富集。这些富集条目与 lmd 株系的抗病性提高有关,与之前所测得的 lmd 株系上过氧化氢积累、细胞死亡的出现等表型相符。基因共表达分析将所有差异基因按照表达趋势分类 6 组,其中 b、e 组基因从第 1 叶至第 4 叶表达量逐渐降低,c、d 组基因表达量逐渐升高,f 组基因从第 1 叶到第 4 叶表达量基本保持不变,a 组基因在第 1、2、3 叶中的表达量基本保持不变,在第 4 叶表达量显著升高,且其在 lmd 株系第 4 叶表达量的升高量显著高于 G21 株系,因此对 a 组基因进行进一步分析,KEGG 分析表明,这些基因参与植物激素信号转导、黄酮和类黄酮物质合成、植物-病原菌相互作用等代谢途径。转录组数据分析表明,在 lmd 突变株中,与白桦防御相关的基因、参与类各激素代谢途径的基因表达量提

第 4 章 白桦类病斑及早衰形成相关基因表达的分析

高了,表明 *lmd* 突变株激素信号途径的变化及抗病能力的增强。

植物激素在植物体的整个生长发育过程中及应对外界环境的反应中都具有重要的作用[7,114,115]。在 *lmd*、G21、WT 株系功能叶片的差异基因分析中,*lmd* 株系与 G21 和 WT 株系共有的 995 个差异基因中,119 个基因与脱落酸代谢和信号转导有关,其中 77 个表达上调、42 个表达下调;73 个与乙烯代谢和信号转导有关,其中 56 个表达上调、17 个表达下调;134 个与水杨酸代谢和信号转导有关,其中 106 个表达上调、27 个表达下调。说明各个激素相关的代谢途径均发生了显著的变化。特别是水杨酸代谢途径,该途径中 79.1% 的基因表现为上调表达。由图 4-37 可见,各激素信号途径中很多基因表达量均有变化,说明 *lmd* 株系的激素信号转导相比两个对照株系发生了很多变化。

细胞程序化死亡(PCD)是指植物在生长、发育、衰老以及抵抗外界不良环境(生物和非生物胁迫)的过程中进行的一种由植物体自主控制的细胞死亡。植物过敏反应是指植物在某些病原菌的感染下发生的一种自发的细胞死亡,从而限制病原菌扩散的一种自我防御反应,是一种特殊的细胞程序化死亡。由于 *lmd* 株系叶片上斑点的产生是一种类似于过敏反应的自发的细胞死亡的结果,因而对 *lmd* 株系细胞程序化死亡和植物过敏反应的相关基因进行了分析。结果表明,在 995 个差异表达基因中,细胞程序化死亡相关基因有 77 个,其中 69 个基因表现为上调表达,8 个基因表现为下调表达,大量的细胞程序化死亡相关基因的上调表达表明 *lmd* 株系早衰的发生。植物过敏反应相关基因有 71 个,其中 63 个基因表现为上调表达,8 个基因表现为下调表达。细胞程序化死亡的发生与 *lmd* 株系的早衰有着密切的关系。

lmd 株系的衰老表现与其他对照株系不同,呈现明显的早衰表型,推测 *lmd* 株系与衰老相关的基因在转录水平上一定会有明显的变化,为了研究 *lmd* 株系表达水平的变化,我们选取 *lmd* 株系和其转基因对照 G21 株系的第 1、2、3、4 叶,和野生型对照株系的第 4 叶,进行转录组的测序。选取的叶片中,第 1 叶和第 2 叶为幼嫩叶片,第 3 叶接近成熟,第 4 叶为成熟叶片,*lmd* 株系的第 4 叶上长有褐色斑点。测序的数据及转录组文库经评估和检测均达到要求,qRT-PCR 验证结果与表达谱中基因的表达变化趋势基本相符,证明了转录组测序的可靠性。转录组测序结果表明,*lmd* 株系叶片的基因表达发生了明显的变化。与转基因对照 G21 株系相应叶片相比,两者第 1 叶有 503 个差异表达基因,其中上调表达 239 个,下

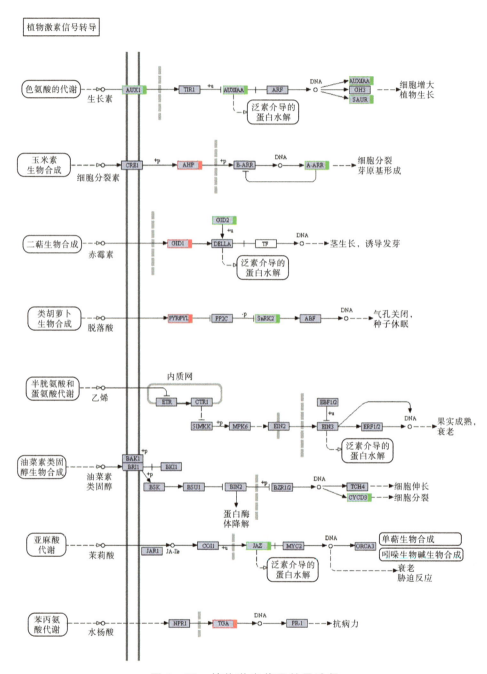

图 4-37 植物激素信号转导途径

第 4 章　白桦类病斑及早衰形成相关基因表达的分析

调表达264个；第2叶有1013个差异表达基因，上调表达524个，下调表达471个；第3叶有524个差异表达基因，上调表达354个，下调表达170个；第4叶有1749个差异表达基因，上调表达938个，下调表达811个，差异基因数量比前3叶显著增多。*lmd*株系的成熟叶片第4叶与野生型对照株系WT第4叶相比，有差异表达基因2604个，上调表达基因1252个，下调表达基因1352个，这其中包括与早衰相关的基因，也包括由于*lmd*株系的BpGH3.5基因超表达引起的表达变化的基因。综合分析*lmd*、G21和WT株系三者之间差异表达基因的情况，找到995个与*lmd*突变株早衰形成有重要关系的差异表达基因，其中560个基因上调表达，435个基因下调表达。对这些差异基因进行分析发现，差异表达基因主要集中在与植物防御反应（对真菌的防御反应、对细菌的防御反应）、激素代谢和信号转导（水杨酸响应途径、生长素激活信号途径、茉莉酸和乙烯信号途径）、细胞死亡、细胞对过氧化氢的反应、氧化还原反应过程等相关的条目，这与*lmd*株系出现抗病性增强、过氧化氢积累、细胞程序化死亡以及水杨酸、茉莉酸、脱落酸等激素含量变化等表现相符。

第 5 章

T-DNA 插入位点侧翼序列分析

植物突变体在植物基因分离及遗传学研究中发挥着重要作用。植物基因的发现和定位以及在机体内生化和代谢途径中功能的阐释等大都离不开突变体。因此，人们采用各种方法如物理诱变(physical mutagenesis)、化学诱变(chemical mutagenesis)、插入诱变(insertional mutagenesis)等获得植物突变体。对于全基因组序列已知的植物，大多采用插入诱变(主要包括 T-DNA 插入、转座子等)的方法获得突变体。该方法利用遗传转化技术和转座子随机转座原理将 T-DNA 或转座子插入到基因组中随机破坏某个功能基因而导致突变，一旦确认了某个突变体是由 T-DNA 或转座子插入而引起的，便可通过 TAIL-PCR 技术扩增其插入片段的侧翼序列，从而确定突变位点的位置并找到引起突变的遗传基础。由于该方法具有遗传稳定性高，拷贝数低，遗传分析相对容易等优点而被人们重视。目前，针对模式植物拟南芥及重要作物水稻已经构建了基本涵盖其全部基因的饱和突变体库，为基因功能的全面解析奠定了重要基础。例如，美国索尔克生物研究所基因组分析实验室采用 T-DNA 插入获得由 22.5 万个拟南芥转化子组成的饱和突变体库，精确测定了 8.8 万余个 T-DNA 插入位点，这些插入位点导致 21700~29400 个基因突变，该实验室面向世界出售用于基因功能研究的拟南芥突变体。国际上许多实验室也创建了水稻突变体库，大约产生了 53 万个独立突变转化子，11.1 万个家系获得侧翼序列信息，9.7 万个家系有表型信息。而对多年生木本植物该方面的研究相对滞后，到目前采用 Ac/Ds 技术创建了由 12083 个独立转化个体组成的杨树突变体库，从中筛选出 29 个性状明显的突变株系，其中 24 个株系侧翼序列被测定。突变体库的建立，加快了对上述植物基因鉴定、克隆及应用的步伐。

第 5 章　T-DNA 插入位点侧翼序列分析

白桦类病斑及早衰突变体 lmd 是转白桦 $BpGH3.5$ 基因的转基因株系，而同时获得的其他 20 个白桦 $BpGH3.5$ 超表达株系则没有此表型。为确定 T-DNA 插入位点，我们进行了 DNA 印迹法（Southern bloting）、热不对称交错 PCR（TAIL-PCR）以及基因组重测序分析，确定了 lmd 株系 T-DNA 插入位点，并对发生突变的基因进行了定量分析，找到了导致 lmd 株系表型产生的关键基因。

5.1　白桦总 DNA 的获得

白桦叶片富含多糖，特别是成熟叶片，而多糖会干扰 DNA 的提取，因此，在 DNA 提取过程中，一方面应注意材料选取，可以取幼嫩的叶片、茎尖，或者暗培养条件下的愈伤组织，这些材料含糖量较小。用于 PCR 的 DNA 样品的提取可以选用幼嫩叶片作为材料，用于 Southern blotting 的 DNA 样品的提取可以选用暗培养条件下生长的愈伤组织，即将愈伤组织置于脱分化培养基上，在 26 ℃黑暗条件下培养 1~2 周，可以获得大量较为分散、白色的愈伤组织，适用于对样品浓度和纯度均要求较高的 DNA 样品提取；另一方面也要注意具体提取方法的使用，NaAc 溶液的使用可以有效去除样品中的多糖。本实验中，取三年生白桦类病斑及早衰突变体 lmd 株系和野生型对照 WT 株系的叶片为实验材料，lmd 株系叶片 DNA 用于染色体步移及基因组重测序分析，WT 株系叶片 DNA 作为鉴定插入位点是否正确的对照样品。白桦总 DNA 的提取方法如下[116]。

①取新鲜白桦叶片或愈伤组织，用液氮速冻，在研钵中充分研磨至粉末状。

②将适量样品加入 700 μL CTAB DNA 提取液中，上下颠倒至混匀。

③将样品置于 65 ℃的恒温水浴锅中水浴 30 min，并不时轻柔地上下颠倒离心管。

④将样品冷却至室温后 12000 r/min 离心 5 min。

⑤取上清，将上清加入 350 μL Tris 饱和酚与 350 μL 氯仿的混合液中，轻柔地上下颠倒数次后 12000 r/min 离心 5 min，重复抽提 1 次。

⑥取上清，将其加入 600 μL 氯仿中，轻柔地上下颠倒数次后 12000 r/min 离心 5 min。

⑦取上清，加入 2~3 倍体积的无水乙醇和 1/10 体积的 pH=5.2，3 mol/L 的 NaAc 溶液，室温静置 20 min 后，12000 r/min 离心 10 min。

⑧沉淀用75%乙醇洗2次,风干后用20 μL去离子水溶解。

⑨将产物在100 V电压下的1.0%琼脂糖凝胶中进行电泳,15 min后在凝胶成像仪中观察电泳结果,并用凝胶成像分析软件进行电泳图的分析。

应用CTAB法提取白桦总DNA,由电泳图谱可见(图5-1),条带清晰、单一、无降解,使用核酸蛋白检测仪检测DNA浓度在500~1000 ng/μL,符合实验要求。

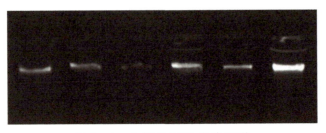

图5-1 白桦总DNA电泳图谱

5.2 T-DNA插入位点数的确定

由于 *lmd* 株系是一个T-DNA插入突变株,要确定T-DNA的插入位置,首先要确定T-DNA插入位点的数量。采用地高辛对探针进行标记,通过Southern blotting确定T-DNA插入位点的数目,具体步骤如下。

(1)探针标记

利用核酸的变性与复性,特定核苷酸序列的单链DNA或RNA链可以与互补的单链DNA或RNA链退火形成双链结构,称为核酸杂交。将已知的用于杂交的特定核苷酸链称为核酸探针。核酸探针上要携带一些便于检测的标记物,常用于核酸杂交的探针标记物有两类,一类为放射性标记物,如^{32}P、^{3}H、^{35}S等,另一类为非放射性标记物,如地高辛、生物素、荧光素等。本研究选用地高辛(digoxin,DIG)作为探针标记物[117],使用PCR技术进行探针标记,PCR反应体系见表5-1。反应条件:94 ℃ 3 min;94 ℃ 30 s,58 ℃ 30 s,72 ℃ 60 s循环40次;72 ℃延伸7 min。

第5章 T-DNA 插入位点侧翼序列分析

表 5-1 探针标记体系(10 μL)

	对照组(μL)	实验组(μL)
dH$_2$O	5.85	4.35
10×Buffer	1	1
MgCl$_2$(25 mmol/L)	0.6	0.6
35S-F(10 pmol/μL)	0.4	0.4
35S-R(10 pmol/μL)	0.4	0.4
dNTP(2.5 mmol/L each)	1	2.5
*Taq*DNA 聚合酶(5 U/μL)	0.25	0.25
模板	0.5	0.5

使用的引物序列为(5′→3′)：35S-F：TACGCAGCAGGTCTCAT-CAAG；35S-R：GCCCTTTGGTCTTCTGAGACTG。

本实验选取 35S 启动子中 428 bp 的 DNA 序列作为探针进行杂交，探针序列如下(5′→3′)。

TACGCAGCAGGTCTCATCAAGACGATCTACCCGAGCAATAAT
CTCCAGGAAATCAAATACCTTCCCAAGAAGGTTAAAGATGCAGTC
AAAAGATTCAGGACTAACTGCATCAAGA ACACAGAGAAAGATATA
TTTCTCAAGATCAGAAGTACTATTCCAGTATGGACGATTCAAGGC
TTGCTTCACAAACCAAGGCAAGTAATAGA GATTGGAGTCTCTAAA
AAGGTAGTTCCCACTGAATCAAAGGCCATGGAGTCAAAGATTCAA
ATAGAGGACCTAACAGAACTCGCCGTAAAGACTGGCGAACAGTTC
ATACAGAGTCTCTTACGACTCAATGACAAGAAGAAAATCTTCGTCA
ACATGGTGGAGCACGACACACTTGTCTACTCCAAAAATATCAAAGA
TACAGTCTCAGAAGACCAAAGGGC

(2)总 DNA 的酶切

采用暗培养条件下的愈伤组织为材料，按照上述方法提取样品和对照叶片的总 DNA。总 DNA 需要经过限制性核酸内切酶的酶切作用使其片段化，然后再进行杂交实验。需要特别注意的是，在选择限制性核酸内切酶时，应选择目标基因中没有其识别位点者。本实验中，选用 *Hind* Ⅲ 对 WT 和 *lmd* 株系总 DNA 进行酶切，酶切体系见表 5-2。

表 5-2 酶切体系(50 μL)

水	10×Buffer R	DNA (4 μg)	Hind Ⅲ
41.26 μL	5 μL	1.74 μL（根据提取 DNA 浓度计算）	2 μL

将以上成分混匀后置于 37 ℃恒温水浴锅中水浴 12 h，完成酶切反应。

(3) 酶切产物的回收

由于酶切结束后，需要将酶切产物回收并浓缩，故最后加入的 TE 溶液量不宜过大。因为在 DNA 回收过程中会损失部分 DNA，要保证回收后 DNA 的纯度和浓度才能保证杂交后的信号检出。在酶切产物中加入 1/10 倍体积的 3 mol/L NaAc 溶液，2.5 倍体积的无水乙醇，12000 r/min 离心 5 min，回收 DNA，加入 10 μL TE 溶液溶解备用。

(4) 电泳

酶切产物回收后应采用较低的电压、较长的时间进行电泳，以使 DNA 片段均匀分散于琼脂糖凝胶中。本实验中，将回收的酶切 DNA 片段于 0.8% 琼脂糖、20 V 条件下电泳 6 h，以分散 DNA 片段，注意电泳时间不要过长，避免丢失小片段 DNA，其间可以停止电泳，观察电泳进程。

(5) 变性和中和

电泳后的 DNA 片段是双链 DNA 结构，而核酸杂交要求 DNA 片段处于单链状态。因此，电泳结束后，首先应将凝胶中的 DNA 片段变性，使之单链化，以便于之后杂交实验的进行，适用于 DNA 的变性方法为碱变性。将凝胶浸泡于适量的变性液中，室温下放置 1 h 使之变性，用去离子水漂洗 1 次，然后浸泡于适量的中和液中 30 min，更换中和液，继续浸泡 15 min，以中和多余的碱溶液。

(6) 转膜

DNA 在琼脂糖凝胶中完成变性以后，需要转移到固相膜上进行下一步的实验。适用于核酸分子杂交的固相支持物主要有硝酸纤维素膜、PVDF 膜、尼龙膜等。三者在成分、韧性、结合能力等方面均有所不同。尼龙膜结合核酸的能力最强，可达 $480 \sim 600 \mu g/cm^2$，对较短的核苷酸序列结合能力较好，可结合短至 10 bp 的核酸片段，将核酸转移到膜上以后，经过烘烤或紫外线照射，核酸中的部分嘧啶碱基可与膜上的正电荷结合，结合较牢固。另外，杂交后，尼龙膜上结合的探针分子能够被洗脱下来，膜的韧性较强，可以反复用于分子杂交实验。硝酸纤维素膜主要依靠疏水性相互作用结合核酸分子，结合不牢固，结合能力为 $80 \sim 100 \mu g/cm^2$，对较短的核酸序列结合能力较差,特别是对于 200 bp 以下的核酸片段结合能力更弱,质地较脆弱,不适用于重复操作。PVDF 膜结合核酸的能力为 125～300 $\mu g/cm^2$,结合能力较强,耐高温,常用于蛋白质印迹实验,使用前需要用甲醇处理以活化膜上的正电基团,使其更容易与带负电的蛋白质结合。目前在核酸分子杂交实验中,尼龙膜是最常用的固相支持物。

使核酸转移的方法有 3 种,即虹吸法、电转移法和真空转移法。电转移法是一种通过电泳将凝胶中的 DNA 转移到固相支持物上的方法。该法是将固相膜与凝胶贴在一起,一并置于滤纸之间,固定于凝胶支持夹,将支持夹置于盛有转移电泳缓冲液的转移电泳槽中,凝胶平面与电场方向垂直,固相膜朝向正极,凝胶朝向负极。在电场的作用下凝胶中的 DNA 片段会向与凝胶平面垂直的方向泳动,从凝胶中移出,转移到固相膜上。该法简单、快速、高效,适用于用虹吸转移不理想的大片段 DNA,用时较短,一般只需 2～3 h,最多 6～8 h 即可完成转移过程。在 Southern blotting 中应用这种方法不能选用硝酸纤维素膜作为固相支持物,转移过程应使用循环冷却水装置以保证转移缓冲液的温度不会太高。转移缓冲液不能用高盐缓冲液,以免产生强电流破坏 DNA。真空转移法是以固相膜在下,凝胶在上的方式将其放置在一个真空室上,利用真空作用将转膜缓冲液从上层容器中通过凝胶和滤膜抽到下层真空室中,同时带动核酸片段转移到固相膜上。

本实验使用的为虹吸转移法,选择尼龙膜作为固相支持物,将尼龙膜剪下,使其稍大于凝胶大小(四周均超出凝胶约 1 mm),使用 Whatman 3 mm 滤纸搭桥,将凝胶胶孔向下置于滤纸桥上,再放上尼龙膜,然后在其上放 3～5 张与尼龙膜大小一致的 Whatman 3 mm 滤纸,然后再放 20 cm 左右高度的吸水纸,上压以玻璃板,玻璃板上放置 1 kg 左右的重物,转膜过夜,其间更换吸水纸 2～3 次。

(7)固定

转膜过夜后,将凝胶取出,置于凝胶成像系统观察是否有核酸未完全转移,如完全转移则在凝胶上观察不到条带。转膜结束后,将膜取出,放于紫外光下交联 5 min,使 DNA 固定在尼龙膜上。

(8)预杂交和杂交

将经紫外线照射的尼龙膜置于杂交瓶中,加入 3～5 mL 预杂交液在 42 ℃条件下预杂交 3 h。预杂交的目的是封闭膜上的非特异位点。预杂交结束后,在杂交瓶中放入杂交液(探针 1 μL/mL),42 ℃杂交过夜。

(9)洗膜

杂交结束后,使用 2×SSC、0.1% SDS 溶液于室温条件下漂洗膜

5 min，共进行 2 次，然后再用 0.1×SSC、0.1% SDS 于 65 ℃条件下漂洗 15 min，共进行 2 次，最后使用 Washing buffer 溶液在室温条件下漂洗 2 min，共进行 2 次。

(10) 封闭

漂洗结束后，使用封闭液封闭膜 30 min，再用抗体溶液孵育 30 min。

(11) 洗膜和显影

使用 Washing buffer 溶液于室温条件下漂洗 2 min，共进行 2 次，再用平衡液平衡 2 min，然后使用 CDP-star Ready to use 显影。暗室中将尼龙膜转入暗匣中，上面覆盖 X 线片，曝光 5~10 min。之后将 X 线片取出，置于显影液中显影 5 min，再置于定影液中 2 min。X 线片用清水冲洗后可长期保存。

实验结果见图 5-2。由图 5-2a 可见，进行探针标记后，PCR 条带的电泳速度低于正常 PCR 条带，说明探针标记成功，探针标记效率检测结果(图 5-2d)表明，探针标记效率较高。由图 5-2b 可见，酶切后，两个样品均呈均匀的弥散状态，说明酶切效果较好。Southern blotting 结果表明(图 5-2c)，*lmd* 突变株基因组内有 2 个 T-DNA 插入位点。

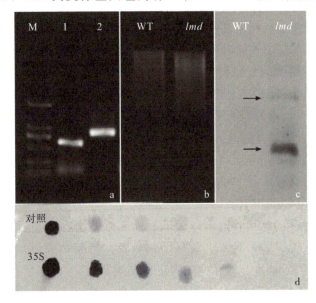

a. 探针标记结果。M 为 DNA 分子量 Marker DL2000，1 为未用地高辛标记的质粒 PCR 结果，2 为地高辛标记的 PCR 结果；b. Hind Ⅲ 酶切结果检测；c. Southern blotting 结果。箭头所指表示在 *lmd* 突变株中共有 2 个 T-DNA 插入位点。d. 探针标记效率检测结果。

图 5-2 Southern blotting 结果

5.3 *lmd* 突变株基因组重测序分析

基因组重测序是对基因组序列已知的物种进行不同个体基因组测序的方法，通过与已知基因组的序列比对，获知个体或群体水平上的差异性，进而探索导致变异的原因。除此之外，使用基因组重测序也可以获知转基因片段的插入情况。使用载体序列信息，与重测序数据库进行比对，找到匹配的序列信息，再与已知基因组进行比对，就能获得 T-DNA 插入位点的序列信息。

样品基因组 DNA 检测合格后，用机械打断的方法（超声波）将 DNA 片段化，然后对片段化的 DNA 进行片段纯化、末端修复、3′端加 A、连接测序接头，再用琼脂糖凝胶电泳进行片段大小选择，继而进行 PCR 扩增形成测序文库，建好的文库先进行文库质检，质检合格的文库用 Illumina HiSeqTM 2500 进行测序。对测序得到的原始 Reads（双端序列）进行质量评估并过滤得到 Clean Reads，用于生物信息学的分析。将 Clean Reads 与参考基因组序列进行比对，基于比对结果进行 SNP、Small InDel、SV 的检测和注释[118]。将 T-DNA 左、右边界序列与基因组重测序序列进行比对，获得的 Reads 再与参考基因组进行比对从而获得 T-DNA 插入位点的信息。

5.3.1 基因组重测序数据质量分析

基因组重测序的质量直接影响后续的分析结果，白桦类病斑及早衰突变株 *lmd* 基因组重测序结果见图 5-3 和图 5-4。在图 5-3 中，横坐标为 Reads 的碱基位置，纵坐标为单碱基的质量值。前 126 bp 为双端测序序列的第一端测序 Reads 的质量值分布，后 126 bp 为另一端测序 Reads 的质量值分布。每个循环代表测序的每个碱基，同一循环的各个质量颜色越深表示在数据中这个质量值的比例越高[119]。测序序列 5′端前几个碱基的错误率相对较高，另外，测序错误率会随着测序序列长度的增加而升高，因此在进行碱基测序质量分布分析时，样品的碱基质量分布在前四个碱基和后十几个碱基的质量值会低于中间测序碱基，但其质量值都高于 Q30，说明测序质量较好。

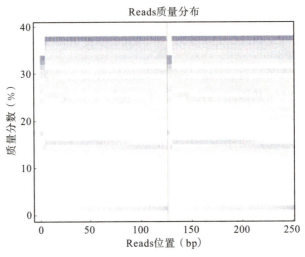

图 5-3 样品碱基质量分布

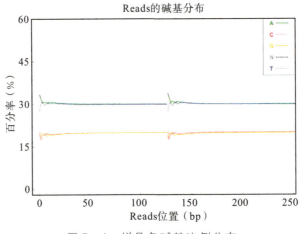

图 5-4 样品各碱基比例分布

碱基类型分布检查用于检测有无 AT、GC 分离现象，应用高通量测序检测的序列为基因组被随机打断后产生的 DNA 片段，由于位点在基因组上的分布是近似均匀的，而 A/T、G/C 含量也是近似均匀的。因此，在每个测序循环中，AT、GC 的含量应当分别相等，且等于基因组的 GC、AT 含量。由图 5-4 可见，除了前几个碱基 AT、GC 不等波动较大外，其他区段的曲线较平缓，说明 GC、AT 的含量相等，且分布均匀无分离现象，说明 AT、CG 碱基基本未发生分离，测序结果正常。

基因组重测序共获 17 Gb 数据量，过滤后得到 14 Gb 的 Clean Reads，

第 5 章　T-DNA 插入位点侧翼序列分析

Q30 达到 85% 以上，测序深度为 32X（表 5-3）。样品与参考基因组平均比对效率为 84.63%，平均覆盖深度为 21.5，基因组覆盖度为 91.26%（至少一个碱基被覆盖）。

表 5-3　数据评估统计

原始测序 Reads 数目	过滤后的 Reads 数	过滤后的 碱基数	Q20(%)	Q30(%)	GC(%)
56 941 411	56 361 128	14 202 304 881	90.83	85.05	39.80

注：Q20(%)：质量值大于等于 20 的碱基占总碱基数的百分比；Q30(%)：质量值大于等于 30 的碱基占总碱基数的百分比；GC(%)：样品 G 和 C 类型的碱基占总碱基的百分比。

由以上结果可见，白桦类病斑和早衰突变株 lmd 基因组重测序数据可靠，可用于下一步的数据比对和分析。

5.3.2　lmd 株系插入位点的确定

利用已知的 T-DNA 左右边界序列与 Clean Reads 数据库进行比对，将比对结果再与白桦基因组数据进行比对，获得可能的插入位点 2 个，通过比对结果可知，一个插入位点位于 scaffold864_cov0 的 1197731—1198827 区域，其下游 598 bp 处有白桦 *BpEIL1* 基因；另一个插入位点位于 scaffold864_cov0 的 1224752—1225831 区域，该区域为基因间隔区（表 5-4）。

表 5-4　lmd 基因组重测序数据比对结果

参考基因组 ID	位置	Reads 数	比对结果
scaffold1651_cov0	116149—120471	96	*BpGH3.5*
scaffold864_cov0	119773—1198827	26	*BpEIL1* 基因上游 598 bp 处
scaffold864_cov0	122475—1225831	4	基因间隔区

5.4　T-DNA 插入位点侧翼序列的获得

应用 TAIL-PCR 克隆 lmd 株系 T-DNA 插入位点的旁侧序列，将 PCR 产物克隆到 pGEM-T Easy 载体后测序，去除载体污染和假阳性结果后，获得 T-DNA 右边界旁侧序列信息，与白桦基因组序列（http：//

birch. genomics. cn/page/species/index. jsp)进行比对分析。TAIL-PCR 采用 Genome Walking Kit(TaKaRa)试剂盒进行，具体步骤如下。

1)根据 T-DNA 序列，在靠近 T-DNA 右臂侧设计三个特异性引物 R1、R2、R3，左臂侧设计三个特异性引物 L1、L2、L3($5'\rightarrow 3'$)，引物序列见表 5-5。

表 5-5 TAIL-PCR 引物序列

引物名称	序列
R1	TCGCCAGTCTTTACGGCGAGTTCTG
R2	GCAAGCCTTGAATCGTCCATACTGG
R3	ACCTGCTGCGTAAGCCTCTCTAAC
L1	CCATCTTTGGGACCACTGTCGGCAG
L2	CTGGGCAATGGAATCCGAGGAGGTT
L3	GTAGACGAGAGTGTCGTGCTCCACC

2)以 lmd 株系基因组 DNA 为模板，以特异性引物 R1/L1、随机引物 AP2 为引物，进行第 1 轮 PCR 扩增，反应体系见表 5-6(试剂盒中试剂为英文，故表中采用英文以对应，下同)。

表 5-6 TAIL-PCR 第 1 轮扩增反应体系

组成成分	体积(μL)
模板	1
dNTP Mixture(2.5 mmol/L each)	8
10×LA PCR Buffer Ⅱ(Mg^{2+} plus)	5
TaKaRa LATaq(5 U/μL)	0.5
AP2 primer(10 pmol/μL)	1
R1 primer(10 pmol/μL)	1
dH$_2$O	33.5

TAIL-PCR 第一轮扩增的反应条件如下。

94 ℃ 1 min

98 ℃ 1 min

94 ℃ 30 s

65 ℃ 1 min } 5 个循环

72 ℃ 4 min

94 ℃ 30 s；25 ℃ 3 min；72 ℃ 4 min
94 ℃ 30 s；65 ℃ 1 min；72 ℃ 4 min ⎫
94 ℃ 30 s；65 ℃ 1 min；72 ℃ 4 min ⎬ 15 个循环
94 ℃ 30 s；44 ℃ 1 min；72 ℃ 4 min ⎭
72 ℃ 10 min

3）以第 1 轮 PCR 产物为模板，进行第 2 轮 PCR 扩增，反应体系见表 5-7。

表 5-7　TAIL-PCR 第 2 轮扩增反应体系

组成成分	体积(μL)
模板	0.5
dNTP Mixture(2.5 mmol/L each)	8
10×LA PCR Buffer Ⅱ(Mg^{2+} plus)	5
TaKaRa LA Taq(5 U/μL)	0.5
AP2 primer(10 pmol/μL)	1
R2 primer(10 pmol/μL)	1
dH_2O	34

TAIL-PCR 第 2 轮扩增的反应条件如下。

94 ℃ 30 s；65 ℃ 1 min；72 ℃ 4 min ⎫
94 ℃ 30 s；65 ℃ 1 min；72 ℃ 4 min ⎬ 15 个循环
94 ℃ 30 s；44 ℃ 1 min；72 ℃ 4 min ⎭
72 ℃ 10 min

4）以第 2 轮 PCR 产物为模板，进行第 3 轮 PCR 扩增，反应体系见表 5-8。

表 5-8　TAIL-PCR 第 3 轮扩增反应体系

组成成分	体积(μL)
模板	0.5
dNTP Mixture(2.5 mmol/L each)	8
10×LA PCR Buffer Ⅱ(Mg^{2+} plus)	5
TaKaRa LA Taq(5 U/μL)	0.5
AP2 primer(10 pmol/μL)	1
R3 primer(10 pmol/μL)	1
dH_2O	34

TAIL-PCR 第 3 轮扩增的反应条件如下。

94 ℃ 30 s；65 ℃ 1 min；72 ℃ 4 min ⎫
94 ℃ 30 s；65 ℃ 1 min；72 ℃ 4 min ⎬ 15 个循环
94 ℃ 30 s；44 ℃ 1 min；72 ℃ 4 min ⎭
72 ℃ 10 min

5）取第 1、2、3 轮 PCR 产物各 5 μL，使用 1%琼脂糖凝胶进行电泳。

6）PCR 产物回收按 Universal DNA Purification Kit（TIANGEN BIO-TECH，离心柱型）说明书进行，具体步骤如下。

①柱平衡步骤：将吸附柱 CB2 放入收集管，加入 500 μL 平衡液 BL，12000 r/min 离心 1 min，倒掉收集管中的废液，将吸附柱重新放回收集管中。

②将 DNA 条带从琼脂糖凝胶中切下，尽量切除多余部分，放入干净的离心管中，称取重量。

③向胶块中加入等倍体积溶液 PC（如果凝胶重为 0.1 g，其体积可视为 100 μL，则加入 100 μL PC 溶液），50 ℃水浴放置 10 min 左右，其间不断温和地上下翻转离心管，以确保胶块充分溶解。

④将上一步所得溶液加入一个吸附柱 CB2 中，12000 r/min 离心 1 min，倒掉收集管中的废液，将吸附柱 CB2 放入收集管中。

⑤向吸附柱 CB2 中加入 600 μL 漂洗液 PW，静置 2~5 min，12000 r/min 离心 1 min，倒掉收集管中的废液，将吸附柱 CB2 放入收集管中。

⑥重复操作步骤⑤。

⑦将吸附柱 CB2 放入收集管中，12000 r/min 离心 2 min，尽量除去漂洗液。将吸附柱置于室温放置数分钟，彻底晾干。

⑧将吸附柱 CB2 放入一个干净离心管中，向吸附膜中间位置悬空滴加适量的洗脱缓冲液 EB，室温放置 2 min。12000 r/min 离心 2 min，收集 DNA 溶液。

7）将收集到的 DNA 溶液用核酸蛋白检测仪检测浓度和纯度。

8）将收集到的 DNA 片段与 pGEM-T Easy 载体连接，具体操作按照 pGEM-T Easy Vector System Ⅰ（Promega Corporation）说明书进行，反应体系（10 μL）见表 5-9。将各组成成分混合均匀后，置于 4 ℃条件下过夜或置于室温条件下 1 h，完成反应。

第5章 T-DNA插入位点侧翼序列分析

表5-9 反应体系

组成成分	体积(μL)
2×Rapid Ligation Buffer，T4 DNA Ligase	5
pGEM-T Easy Vector(50 ng)	1
PCR回收产物(150 ng)	1
T4 DNA Ligase(3 Weiss units/μL)	1
dH$_2$O	2

9) 连接产物转化大肠杆菌Trans 5α感受态细胞，过程如下。

将连接产物加入100 μL Trans 5α大肠杆菌感受态细胞，轻弹混匀，放置于冰上30 min，42 ℃热激90 s后于冰上静置2 min，向管内加900 μL LB液体培养基，37 ℃、150 r/min摇菌1 h，涂平板筛选阳性克隆。

10) 挑取白色菌落，37 ℃ 150 r/min摇菌过夜，取菌液2 mL送测序。

11) 测序结果与已知白桦基因组比对，确定T-DNA插入位点。

三轮PCR结果见图5-5。通过TAIL-PCR获得T-DNA插入位点1个，经过序列比对分析发现，该位点位于白桦 $BpEIL1$ 基因上游598 bp处（图5-6）。

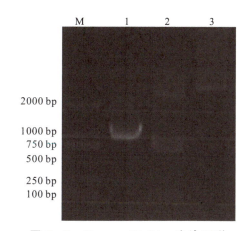

图5-5 Genome Walking 电泳图谱

方框代表 $BpEIL1$ 基因的外显子，细线代表内含子，箭头表示插入位点。

图5-6 T-DNA插入位点位置示意图

5.5 插入位点的验证

对经基因组重测序和 TAIL-PCR 获得的插入位点进行验证,提取 lmd 突变株的基因组 DNA,在插入位点两侧设计引物,与 T-DNA 左、右边界引物进行 PCR,获得的序列进行测序,将测序结果与参考基因组进行对比,进一步验证所获得的插入位点的正确性。使用的引物($5'\rightarrow 3'$)见表 5-10。

表 5-10　插入位点验证引物

引物名称	引物序列
Insert F	GGAGGGACAAGGACGAAACAAA
Insert R	CAACGAATGGTGAGTCTTTGCACTA
TL	CCCTGGCGTTACCCAACTTAATC
TR	ACCTGCTGCGTAAGCCTCTCTAAC
qEIL1-F	GAATGAACCTCACATTAGGCCAGAG
qEIL1-R	CCTCCACAATCTAATGACAGGCTATC

根据通过基因组重测序和 TAIL-PCR 获得的插入位点的两侧序列设计引物,与 T-DNA 左、右边界引物分别进行 PCR(图 5-7),PCR 产物连接到 pGEM-T Easy 载体上进行测序,测序结果证明获得的插入位点准确无误。

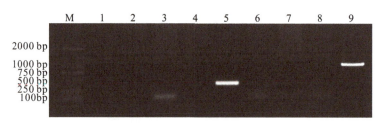

M:DL2000;1:水;2、4、6、8 为野生型株系 WT;3、5、7、9 为 lmd 株系。2、3 以 Insert F 和 TL 为引物;4、5 以 Insert F 和 TR 为引物;6、7 以 Insert R 和 TL 为引物;7、8 以 Insert R 和 TR 为引物。

图 5-7　PCR 扩增插入位点两侧序列的电泳图谱

由此可知,T-DNA 插入了白桦 $BpEIL1$ 基因的启动子区域,为确定该 T-DNA 的插入是否影响了 *BpEIL1* 基因的表达，利用实时荧光定量 PCR 技术对该基因的表达量进行了分析，结果表明，*BpEIL1* 基因的表达量显著下降（图 5-8）。

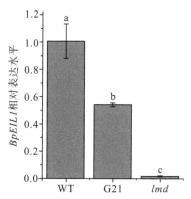

图 5-8　*BpEIL1* 基因在不同株系中的相对表达量

在遗传分析中，突变体由于具有与野生型不同的表型，故可以为发生改变的组分的功能提供有益信息，而成为常用的材料。突变体在基因分离及遗传学研究中发挥着重要作用，是进行基因功能鉴定的理想材料，通过物理诱变、化学诱变或插入法等都可以获得突变体。对于全基因组序列已知的植物，大多采用插入诱变的方法获得突变体。插入突变主要包括 T-DNA 插入和转座子序列标签等。通过遗传转化技术和转座子随机转座原理将 T-DNA 或转座子插入到基因组中，如果 T-DNA 或转座子破坏了某个功能基因，则会导致相应的突变发生，这时可以通过反向 PCR（inverse PCR，IPCR）、热不对称交错 PCR（thermal asymmetric interlaced PCR，TAIL-PCR）、融合引物与巢式 PCR（fusion primer and nested integrated PCR，FPNI-PCR）[120]等技术获得插入片段的侧翼序列。其中 TAIL-PCR 由于操作简单、效率高、对模板质量的要求较低、灵敏度高、特异性高而被广泛使用。

本研究中的类病斑及早衰突变体是一株 T-DNA 插入突变体，我们采用 Southern 杂交技术获得了 T-DNA 插入位点 2 个，进而采用热不对称交错 PCR 技术对插入位点的侧翼序列进行扩增。我们从 T-DNA 序列的 LB 和 RB 两侧分别设计了 3 个特异引物，与试剂盒中的随机引物配对进行 PCR 扩增。经过 3 轮 PCR 扩增获得了 *lmd* 突变株的右边界侧翼序列，将扩增片段进行测序，与已知的白桦基因组信息进行比对，得到了 1 个插入位点的信息。有趣的是,我们同时使用依据 T-DNA 的左臂和右臂信息设计的引物与随机引物进行配对扩增侧翼序列,只获得了 RB 与侧翼序列的扩增结果,而 LB 与随机引物并未扩增出任何条带。将扩增结果进行测序和比对后发现,同时扩增得到了同一插入位点的两侧序列,这说明有可能是至少两条 T-DNA 序列反向插入了同一位点。本研究还协同使用了基因组重测序技术,获得了 3 个插入位点序列信息,第一个为白桦 *BpGH3.5* 基因,Reads 数最多,为 96 个,由于该 T-DNA 插入突变株是一个转白桦 *BpGH3.5* 基因株系,因此该结果证明了比对结果的正确性;第二个在白桦 *BpEIL1* 基因上游 598 bp 处,Reads 数为 26 个,该比对结果与 TAIL-PCR 结果相同,两者互相印证了实验的准确性;第三个位点为一个基因间隔区,Reads 数较少,为 4 个。由以上结果可见,基因组重测序的结果与 Southern 杂交获得的位点数目相符,与 TAIL-PCR 获得的位点信息一致。因此,尽管该技术常用来检测已知基因组数据信息的物种中个体的差异性,但其对于获得 T-DNA 插入位点侧翼序列信息也不失为一种很好的方法。

白桦类病斑及早衰突变体 *lmd* 是转白桦 *BpGH3.5* 基因的转基因株系,叶片上长有非扩散型的褐色斑点,随着叶龄增加,斑点数随之增加,表现为有叶片提前脱落的早衰表型,而其他 20 个白桦 *BpGH3.5* 超表达株系则没有此表型。*BpGH3.5* 是生长素早期应答因子,在白桦中具有调控根伸长的作用[121]。可见,该突变株表型的形成不是由于 *BpGH3.5* 基因过表达的原因,而是与 T-DNA 的插入位点相关。通过 Southern blotting 实验可知,在 *lmd* 突变株基因组中有两个 T-DNA 插入位点。为了更准确地确定两个插入位点的插入位置,我们同时采用了基因组重测序和 TAIL-PCR[122] 的方法对 T-DNA 的插入位点进行确定。基因组重测序通常用来鉴定种内个体间的差别,研究动、植物的进化[123,124]。在此,我们利用基因组重测序技术,通过序列的比对获得了两个插入位点,与 Southern blot 的结果相符。而同时使用的 TAIL-PCR 获得了一个插入位点,可能与使用的试剂盒内的随机引物有关。两种方法同时获得了位于 *BpEIL1* 基因上游相近位置的插入位点信息,而由基因组重测序获得的另一插入位点为基因间隔区。以插入位点两侧序列为依据设计引物,与 T-DNA 左、右边界引物配对进行 PCR,将获得的序列进行测序,结果证明插入位点的预测正确无误。利用实时荧光定量 PCR 检测 *BpEIL1* 基因的相对表达量,结果表明白桦类病斑及早衰突变株 *lmd* 和 G21 株系中 *BpEIL1* 基因的相对表达量均显著低于野生型对照株系 WT，这可能是由于两个转基因株系内超表达了 $BpGH3.5$ 基因，$BpGH3.5$ 基因与 $BpEIL1$ 基因之间的关系还有待进一步研究。而两个转基因株系相比，lmd 突变株中 $BpEIL1$ 基因的相对表达量又显著低于 G21 株系，说明 T-DNA 的插入影响了 lmd 突变株中 $BpEIL1$ 基因的表达。

第 6 章

白桦 *BpEIL1* 基因功能研究

乙烯是植物的一种内源激素，参与调控植物种子萌发、果实成熟、器官衰老等生命过程，在植物中，乙烯和水杨酸协同作用调控植物的抗病性。EIN3 是乙烯信号途径的正调控因子，EIN3 蛋白的合成和降解意味着乙烯信号的调控。拟南芥中 EIN3 家族有 6 个成员，其中 *EIN3* 和 *EIL1* 基因存在功能冗余，研究表明，*EIN3/EIL1* 基因在水杨酸合成、盐胁迫、病原菌侵染、铁代谢等途径中均具有重要作用，说明 *EIN3/EIL1* 基因可能是多信号转导的一个关键节点。本研究中，由以上实验可以确定，T-DNA 插入了白桦 *BpEIL1* 基因的启动子区，使该基因的表达量下降，而导致了相应表型的产生。为了进一步证明白桦 *BpEIL1* 基因在白桦类病斑及早衰表型产生中的作用，我们继续对该基因的功能进行了研究。研究中用于基因及启动子克隆的野生型白桦（*Betula platyphylla*）叶片，取自于东北林业大学林木遗传育种基地。用于转基因的白桦种子（1~5 号）于 2014 年采自东北林业大学白桦强化育种种植园，保存于 $-20\ ℃$ 条件下。白桦组培苗置于组织培养室培养，组织培养室培养条件为 25 ℃，12 h 光照/12 h 黑暗。移栽后的白桦幼苗培养于人工气候室，培养条件：22 ℃±2 ℃，16 h 光照/8 h 黑暗，相对湿度为 65%~75%，待白桦幼苗壮苗后移到育种基地进行常规管理。大肠杆菌 DH5α 感受态、大肠杆菌 Trans5α 感受态、农杆菌 EHA105 感受态由本实验室制备。pGWB2、pGWB3、pGWB11 载体由本实验室保存。

6.1 *BpEIL1* 启动子序列顺式作用元件分析

从白桦基因组中获得 *BpEIL1* 基因起始密码子 ATG 上游 2800 bp 的启动

子序列，在 Plantcare（http：//bioinformatics. psb. ugent. be/webtools/plantcare/html/）网站和 PLACE 网站上（http：//www. dna. affrc. go. jp/PLACE/）对该启动子功能元件进行分析，发现该序列中有启动子的基本转录元件 TATA-box 和 CAAT-box，还有一些与胁迫反应、光信号、激素调控、乙烯响应等相关的元件，见表 6-1、图 6-1。

表 6-1 BpEIL1 启动子中顺式作用元件的功能注释

元件名称	核心序列	功能注释
GT1CORE	GGTTAA	GT-1 蛋白结合于 rbcS box Ⅱ 的关键元件
L1BOXATPDF1	TAAATGYA	MYB 结合元件
WRKY71OS	TGAC	介导病原物和逆境胁迫等激发子诱导的转录反应
HDZIP2ATATHB2	TAATMATTA	光信号调控元件
GT1CONSENSUS	GRWAAW	GT-1 结合位点结合于 PR-1a 启动子上影响 SA 诱导的基因的表达
WBOXATNPR1	TTGAC	"W-box"被水杨酸诱导的 WRKY 蛋白结合位点
GT1GMSCAM4	GAAAAA	由病原菌和 NaCl 诱导的 SCaM-4 启动子表达
ARFAT	TGTCTC	生长素早期响应元件
ARR1AT	NGATT	参与细胞分裂途径及由多种环境刺激引起的反应
ASF1MOTIFCAMV	TGACG	与生物与非生物胁迫有关，与水杨酸(SA)及其诱导的系统获得抗性(SAR)有关
BIHD1OS	TGTCA	疾病抗性相关元件
CATATGGMSAUR	CATATG	生长素响应元件
GATABOXC	GATA	高水平表达、光调控、组织特异表达
CURECORECR	GTAC	铜、氧气响应
MYB1LEPR	GTTAGTT	与防御相关的基因元件
MYCCONSENSUSAT	CANNTG	MYC 结合位点，R 反应元件
SEBFCONSSTPR10A	YTGTCWC	与病原菌感染后的防御相关
EBOXBNNAPA	CANNTG	R2R3-MYB、BZIP、BHLH 等识别元件
ERELEE4	AWTTCAAA	介导 U3 启动子区乙烯诱导的活化作用
TATCCACHVAL21	TATCCAC	GA 反应的必需元件

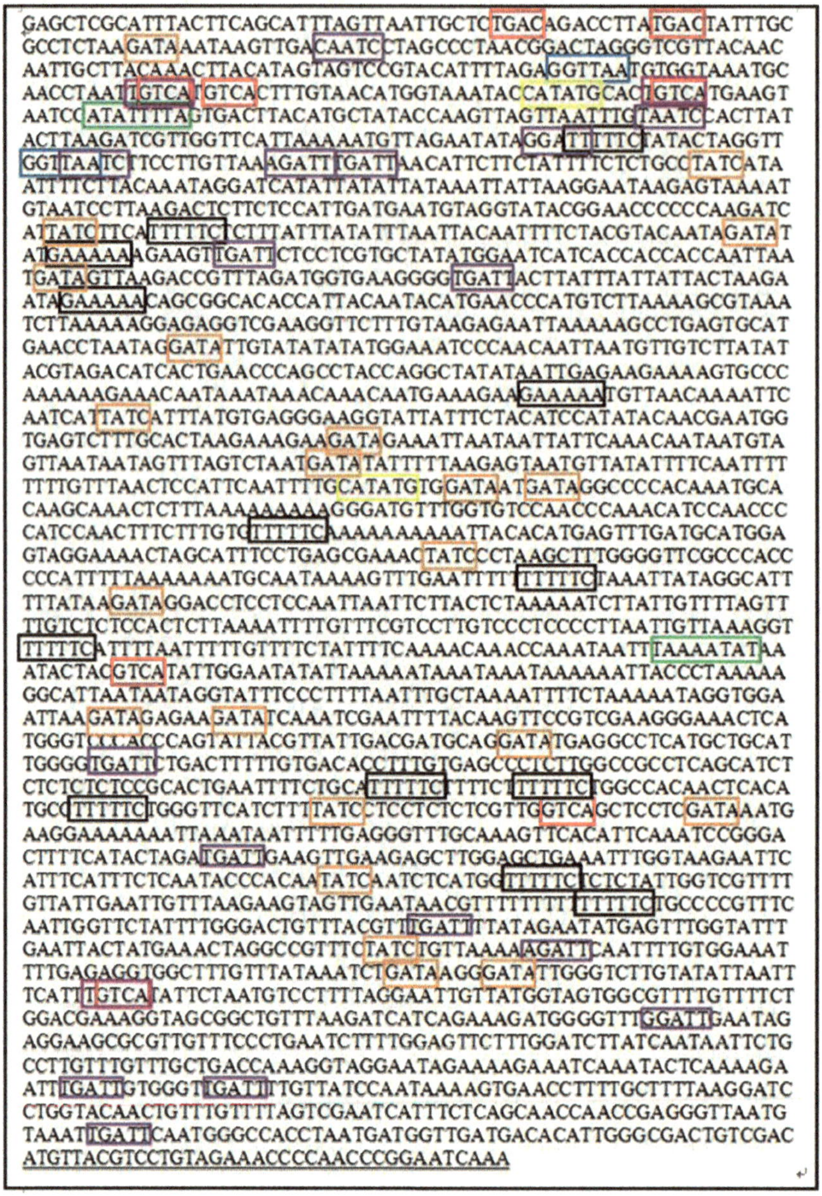
GAGCTCGCATTTACTTCAGCATTTAGTTAATTGCTCTGACAGACCTTATGACTATTTGC
GCCTCTAAGATAAATAAGTTGACAATCCTAGCCCTAACGGACTAGGGTCGTTACAAC
AATTGCTTACAAACTTACATAGTAGTCCGTACATTTTAGAGGTTAATGTGGTAAATGC
AACCTAATTGTCATGTCACTTTGTAACATGGTAAATACCATATGCACTGTCATGAAGT
AATCCATATTTTAGTGACTTACATGCTATACCAAGTTAGTTAATTTGTAATCCACTTAT
ACTTAAGATCGTTGGTTCATTAAAAATGTTAGAATATAGGATTTTTCTATACTAGGTT
GGTTAATCTTCCTTGTTAAAGATTTGATTAACATTCTTCTATTTTCTCTGCCTATCATA
ATTTTCTTACAAATAGGATCATATTATATTATAAATTATTAAGGAATAAGAGTAAAAT
GTAATCCTTAAGACTCTTCTCCATTGATGAATGTAGGTATACGGAACCCCCCAAGATC
ATTATCTTCATTTTTCTCTTTATTTATATTTAATTACAATTTTCTACGTACAATAGATAT
ATGAAAAAAGAAGTTGATTCTCCTCGTGCTATATGGAATCATCACCACCACCAATTAA
TGATAGTTAAGACCGTTTAGATGGTGAAGGGGTGATTACTTATTTATTATTACTAAGA
ATAGAAAAACAGCGGCACACCATTACAATACATGAACCCATGTCTTAAAAGCGTAAA
TCTTAAAAAGGAGAGGTCGAAGGTTCTTTGTAAGAGAATTAAAAAGCCTGAGTGCAT
GAACCTAATAGGATATTGTATATATATGGAAATCCCAACAATTAATGTTGTCTTATAT
ACGTAGACATCACTGAACCCAGCCTACCAGGCTATATAATTGAGAAGAAAAGTGCCC
AAAAAAGAAACAATAAATAAACAAACAATGAAAGAAGAAAAATGTTAACAAAATTC
AATCATTATCATTTATGTGAGGGAAGGTATTATTTCTACATCCATATACAACGAATGG
TGAGTCTTTGCACTAAGAAAGAAGATAGAAATTAATAATTATTCAAACAATAATGTA
GTTAATAATAGTTTAGTCTAATGATATATTTTTAAGAGTAATGTTATATTTTCAATTTT
TTTTGTTTAACTCCATTCAATTTTGCATATGTGGATAATGATAGGCCCCACAAATGCA
CAAGCAAACTCTTTAAAAAAAAAAGGGATGTTTGGTGTCCAACCCAAACATCCAACCC
CATCCAACTTTCTTTGTGTTTTTCAAAAAAAAAATTACACATGAGTTTGATGCATGGA
GTAGGAAAACTAGCATTTCCTGAGCGAAACTATCCCTAAGCTTTGGGGTTCGCCCACC
CCCATTTTTAAAAAAATGCAATAAAAGTTTGAATTTTTTTTTCTAAATTATAGGCATT
TTTATAAGATAGGACCTCCTCCAATTAATTCTTACTCTAAAAATCTTATTGTTTTAGTT
TTGTCTCTCCACTCTTAAAATTTTGTTTCGTCCTTGTCCCTCCCCTTAATTGTTAAAGGT
TTTTTCATTTTAATTTTTGTTTTCTATTTTCAAAACAAACCAAATAATTTAAAATATAA
ATACTACGTCATATTGGAATATATTAAAAATAAATAAATAAAAAATTACCCTAAAAA
GGCATTAATAATAGGTATTTCCCTTTTAATTTGCTAAAATTTTCTAAAAATAGGTGGA
ATTAAGATAGAGAAGATATCAAATCGAATTTTACAAGTTCCGTCGAAGGGAAACTCA
TGGGTCCCACCCAGTATTACGTTATTGACGATGCAGGATATGAGGCCTCATGCTGCAT
TGGGGTGATTCTGACTTTTTGTGACACCTTTGTGAGCCCTCTTGGCCGCCTCAGCATCT
CTCTCTCTCCGCACTGAATTTTCTGCATTTTTCTTTTCTTTTTTCTGGCCACAACTCACA
TGCCTTTTTCTGGGTTCATCTTTTATCCTCCTCTCTCGTTGGTCAGCTCCTCGATAAATG
AAGGAAAAAAATTAAATAATTTTTGAGGGTTTGCAAAGTTCACATTCAAATCCGGGA
CTTTTCATACTAGATGATTGAAGTTGAAGAGCTTGGAGCTGAAATTTGGTAAGAATTC
ATTTCATTTCTCAATACCCACAATATCAATCTCATGGTTTTTCTCTCTATTGGTCGTTTT
GTTATTGAATTGTTTAAGAAGTAGTTGAATAACGTTTTTTTTTTTTTCTGCCCCGTTTC
AATTGGTTCTATTTTGGGACTGTTTACGTTTGATTTTATAGAATATGAGTTTGGTATTT
GAATTACTATGAAACTAGGCCGTTTCTATCTGTTAAAAAGATTCAATTTTGTGGAAAT
TTTGAGAGGTGGCTTTGTTTATAAATCTGATAAGGGATATTGGGTCTTGTATATTAATT
TCATTTGTCATATTCTAATGTCCTTTTAGGAATTGTTATGGTAGTGGCGTTTTGTTTTCT
GGACGAAAGGTAGCGGCTGTTTAAGATCATCAGAAAGATGGGGTTTGGATTGAATAG
AGGAAGCGCGTTGTTTCCCTGAATCTTTTGGAGTTCTTTGGATCTTATCAATAATTCTG
CCTTGTTTGTTTGCTGACCAAAGGTAGGAATAGAAAAGAAATCAAATACTCAAAAGA
ATTTGATTGTGGGTTGATTTTGTTATCCAATAAAAGTGAACCTTTTGCTTTTAAGGATC
CTGGTACAACTGTTTGTTTTAGTCGAATCATTTCTCAGCAACCAACCGAGGGTTAATG
TAAATTGATTCAATGGGCCACCTAATGATGGTTGATGACACATTGGGCGACTGTCGAC
ATGTTACGTCCTGTAGAAACCCCAACCCGGAATCAAA

蓝框代表 GT1CORE 元件；绿框代表 LECPLEACS2 元件；红框代表 WRKY71OS 元件；黑框代表 GT1GMSCAM4 元件；紫框代表 ARR1AT 元件；粉框代表 BIHD1OS 元件；黄框代表 CATATGGMSAUR 元件；褐框代表 GATA 元件。下划线处为基因起始密码子的位置。

图 6－1 *BpEIL1* 启动子部分元件示意图

第6章 白桦 BpEIL1 基因功能研究

6.2 白桦 BpEIL1 生物信息学分析

生物信息学是生物学和计算机科学相交叉的一门新学科。随着科学技术的不断发展，人们将大量的研究信息储存于计算机中，通过网络连接使得这些信息可以实现共享。利用相应的数据库中已知的核酸或氨基酸序列信息，可以预测未知氨基酸序列的生理生化功能、分子结构、可能所属的蛋白家族等信息，为未知序列的进一步研究奠定基础。由之前的研究可以确定，T-DNA 插入到了白桦 BpEIL1 基因的启动子区，使该基因的表达量下降，而引起相应表型的产生。本节对该基因进行了生物信息学分析，为进一步研究白桦 BpEIL1 基因功能提供参考。

白桦 BpEIL1 基因序列信息通过基因克隆、测序，并与原基因组序列信息比对后获得。利用 TAIR 数据库（http：//www.arabidopsis.org/）和 Phytozome 数据库（http：//www.phytozome.net/）分别获得拟南芥和毛果杨的 EIN3 超家族基因序列信息。用 BlastP 进行同源性搜索，用 ProtParam（https：//web.expasy.org/cgi-bin/protparam/protparam）进行理化性质的分析，用 Pfam 进行蛋白家族预测，用 NetNGlyc（http：//www.cbs.dtu.dk/services/NetNGlyc/）对 N-糖基化位点进行预测，用 NetOGlyc（http：//www.cbs.dtu.dk/services/NetOGlyc/）对 O-糖基化位点进行预测，用 PredictProtein 数据库（https：//www.predictprotein.org/）对 BpEIL1 蛋白进行二级结构预测，用 SWISS-MODEL（http：//swissmodel.Expasy.org/）在线软件对蛋白质三级结构进行预测，利用 MEGA5.0 构建系统进化树[120]。

6.2.1 BpEIL1 理化性质预测

利用 ProtParam 软件对白桦 BpEIL1 的氨基酸序列进行分析，结果表明，白桦 BpEIL1 基因全长为 2968bp，只有一个外显子，CDS 为 1776bp，编码的蛋白由 591 个氨基酸构成，分子量为 66251.37，等电点为 5.44，负电荷残基总数（Asp+Glu）为 93，正电荷残基总数（Arg+Lys）为 75，分子式为 $C_{2874}H_{4555}N_{841}O_{910}S_{25}$，总原子数 9205，亲水性（GRAVY）的平均水平为 -0.783。不稳定指数（instability index，II）61.78，说明该蛋白不稳定。该蛋白中含量最多的氨基酸为天冬氨酸，占 9.6%，其次为亮氨酸，占 8.5%，含量最少的为半胱氨酸和酪氨酸，各占 1.5%（图 6-2）。

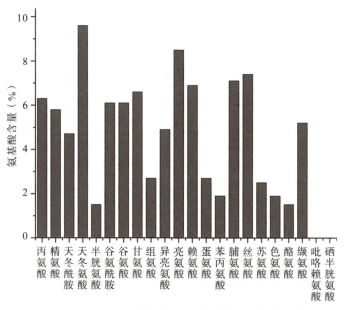

图 6-2　*BpEIL1* 基因编码蛋白质的氨基酸组成

通过 ProtScale 软件分析预测，结果表明：该蛋白的整个肽链中均含有亲水性和疏水性氨基酸，得分的最大值为 0.838，在第 102、103 个氨基酸处，最小值为 -2.490，在第 79、80 个氨基酸处。蛋白质存在 3 个高分值（>0.5），分别分布在第 101 到 105 个、第 247 个、第 558 到 561 个氨基酸处，6 个低分值（<-1.5）分别分布在第 64 到 85 个、第 195 到 205 个、第 301 到 307 个、第 360 到 380 个、第 500 到 513 个氨基酸处，根据蛋白质亲水和疏水的得分判定该蛋白为亲水蛋白（图 6-3）。

6.2.2　BpEIL1 信号肽和跨膜结构

信号肽是一类引导新合成的蛋白质向分泌通路转移的肽链，长度一般为 10～30 个氨基酸残基。信号肽一般位于分泌蛋白的 N 端，包含信号肽的 C 端、N 端和疏水核心区。利用 SignalP-4.1 预测 BpEIL1 蛋白无信号肽结构（图 6-4），该基因产物定位于细胞核中，不存在跨膜结构。

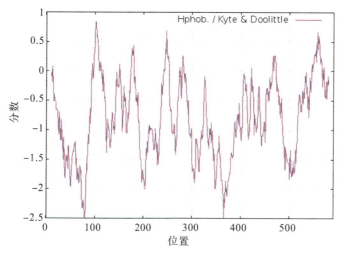

图 6-3　BpEIL1 蛋白亲水/疏水性分析

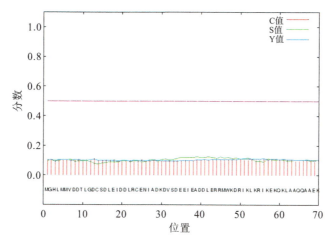

C 值：原始剪切位点的分值；S 值：信号肽的分值；Y 值：综合剪切位点的分值。

图 6-4　BpEIL1 蛋白信号肽的预测和分析

6.2.3　BpEIL1 保守蛋白预测

对 BpEIL1 的氨基酸序列进行分析，并利用 Pfam 对 BpEIL1 所属的蛋白家族进行预测，结果表明，BpEIL1 具有 EIN3 超家族的保守序列，是 EIN3 超家族的一员，由图 6-5 可知，BpEIL1 蛋白的第 31 到 230 个氨基酸处为高度保守序列。

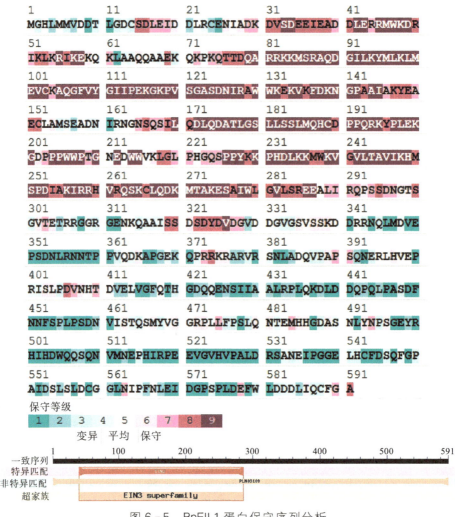

图6-5 BpEIL1蛋白保守序列分析

6.2.4 BpEIL1二级、三级结构预测

用Predictprotein对BpEIL1的二级结构进行预测,结果如图6-6所示,在组成BpEIL1的591个氨基酸中,26.06%的氨基酸可能会形成α螺旋,1.69%的氨基酸可能形成β转角,72.25%的氨基酸可能形成无规则卷曲。无二硫键的形成。

用SWISS-MODEL对BpEIL1蛋白进行三级结构的预测,结果如图6-7所示。

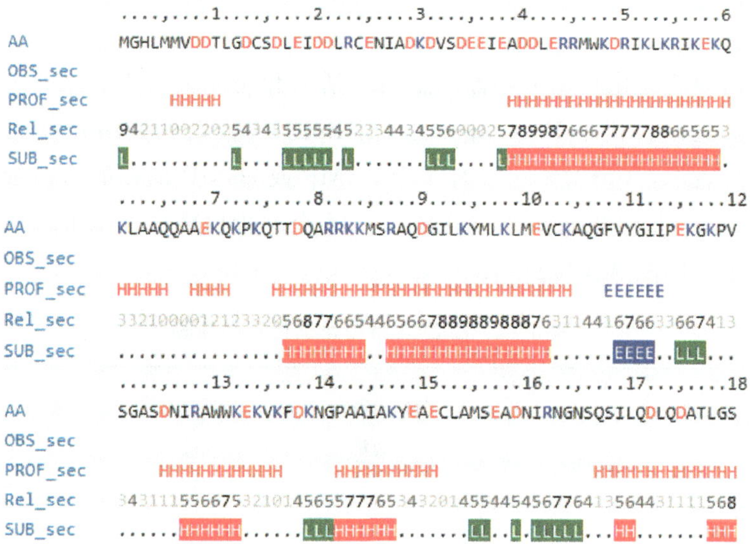

第6章 白桦BpEIL1基因功能研究

```
              ....,....1....,....2....,....3....,....4....,....5....,....6
AA            MGHLMMVDDTLGDCSDLEIDDLRCENIADKDVSDEEIEADDLERRMWKDRIKLKRIKEKQ
OBS_sec
PROF_sec           HHHH                         HHHHHHHHHHHHHHHHHHHHHHH
Rel_sec       942110022025434355555452334434556000257899876667777788665653
SUB_sec       L.......L........LLLL.L......LLL....LHHHHHHHHHHHHHHHHHHHHH

              ....,....7....,....8....,....9....,...10....,...11....,...12
AA            KLAAQQAAEKQKPKQTTDQARRKKMSRAQDGILKYMLKLMEVCKAQGFVYGIIPEKGKPV
OBS_sec
PROF_sec      HHHH  HHHH   HHHHHHHHHHHHHHHHHHHHHHHHH      EEEEEE
Rel_sec       332100001212332056877665446566788988988876311441676633667413
SUB_sec       .............HHHHHHH.HHHHHHHHHHHHHHHHH......EEEE...LLL..

              ....,...13....,...14....,...15....,...16....,...17....,...18
AA            SGASDNIRAWWKEKVKFDKNGPAAIAKYEAECLAMSEADNIRNGNSQSILQDLQDATLGS
OBS_sec
PROF_sec         HHHHHHHHHHH      HHHHHHHHH                HHHHHHHHHHHHHH
Rel_sec       431115566753210145655777653432014554454567764135644311111568
SUB_sec       ......HHHHHH.....LLLHHHHHH.......LL..L.LLLLL...HH......HHH
```

H：α螺旋；E：β折叠；L：无规则卷曲。

图6-6　BpEIL1蛋白二级结构的预测

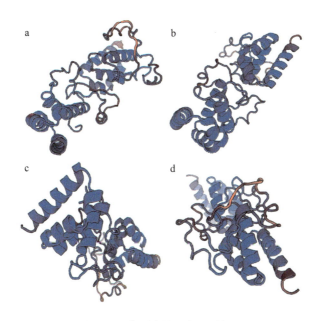

a、b、c、d分别为该蛋白不同侧面图。

图6-7　BpEIL1蛋白三级结构的预测

6.2.5 蛋白质修饰位点的预测

蛋白质磷酸化是调节和控制蛋白质活力和功能最基本、最普遍,也是最重要的机制。利用 Predictprotein 对 BpEIL1 蛋白的磷酸化位点进行预测,结果表明,BpEIL1 上含有 1 个 cAMP 或 cGMP 依赖的蛋白激酶磷酸化位点、3 个蛋白激酶 C 磷酸化位点、15 个酪蛋白磷酸激酶 II 磷酸化位点以及 8 个十四烷酰化位点(表 6-2)。

表 6-2 BpEIL1 蛋白修饰位点的预测

磷酸化模式	cAMP 和 cGMP 相关蛋白质激酶磷酸化	蛋白激酶 C 磷酸化	酪蛋白激酶磷酸化	N-肉豆蔻化
位置	83 KKMS	272 TAK 305 TRR 337 SSK	10 TLGD 15 SDLE 33 SDEE 156 SEAD 209 TGNE 272 TAKE 284 SREE 320 SDSD 337 SSKD 391 SQNE 403 SLPD 410 TDVE 419 THGD 532 SANE 574 SPLD	122 GASDNI 164 GNSQSI 179 GSLLSS 219 GLPHGQ 241 GVLTAV 301 GVTETR 328 GVDDGV 334 GSVSSK

蛋白质的 N-糖基化修饰是生物体调控蛋白质在组织和细胞中的定位、功能、活性、寿命和多样性的一种普遍的翻译后修饰。应用 NetNGlyc1.0 server 对 N-糖基化位点进行预测,结果表明,该蛋白内有 4 个潜在的 N-糖基化位点(图 6-8)。

O-糖基化是另一种重要的蛋白质翻译后修饰,O-糖链能维持所连接蛋白质部分的空间构象,应用 NetOGlyc4.0 server 对 O-糖基化位点进行预测,预测分数均大于 0.5 的认为是阳性,结果表明,该蛋白内可能含有

23 个 O-糖基化位点。

```
..............................N..................................... 80
.............................................................N....... 160
......N............................................................. 240
...................................N................................ 320
..... 400
```

（阈值=0.5）

序列名称	位置	可能性	鉴定一致性		预测结果
BpEIL1	31 MNSN	0.7166	(9/9)	++	预测为 N-糖基化位点
BpEIL1	96 NLTE	0.6356	(8/9)	+	预测为 N-糖基化位点
BpEIL1	176 NKTQ	0.3941	(7/9)	−	阴性位点
BpEIL1	260 NGTV	0.7400	(9/9)	++	预测为 N-糖基化位点
BpEIL1	330 NFSR	0.4223	(7/9)	−	阴性位点
BpEIL1	369 NLTS	0.6684	(9/9)	++	预测为 N-糖基化位点

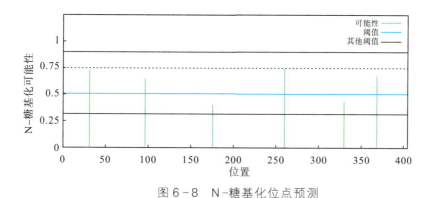

图 6-8 N-糖基化位点预测

6.2.6 氨基酸序列同源性对比

在已知白桦基因组中可以找到 2 个 EIN3 超家族基因，基因 ID 分别为 CCG004566.1 和 CCG007838.1（本研究的目标基因）。将白桦 EIN3 超家族基因与模式植物拟南芥和毛果杨 EIN3 超家族基因进行比较分析，共找到拟南芥 EIN3 超家族基因 7 个，分别为 AT3G20770.1（AtEIN3）、AT2G27050.1（AtEIL1）、AT5G21120.1（AtEIL2）、AT1G73730.1（AtEIL3）、AT5G10120.1 和 AT5G65100.1；毛果杨 EIN3 超家族基因 6 个，分别为 Potri.008G011300.1（PtCMEIL2.2）、Potri.004G197400.1（PtEIN3.1）、Potri.003G210500.1（SF9-ETHYLENE INSENSISIVE 3-LIKE 3）、Potri.001G015900.1（PtEIL3）、Potri.009G159200.1（PtEIN3.2）、Potri.001G016000.1（SF9-ETHYLENE INSENSISIVE 3-LIKE 3）、Potri.

010G247500.1(PtCMEIL2.1)。对以上序列进行同源性分析,结果如下。同时,将选取的序列进行进化树分析,结果表明,白桦 *BpEIL1* 基因与拟南芥 *AtEIL*3 和毛果杨 *PtEIL*3 基因亲缘关系较近(图 6-9)。

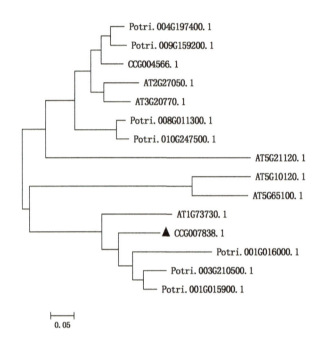

▲—白桦 BpEIL1 氨基酸序列。

图 6-9 白桦与毛果杨和拟南芥 EIN3 超家族基因比对结果

白桦 EIN3 超家族基因:CCG004566.1、CCG007838.1;毛果杨 EIN3 超家族基因:Potri.008G011300.1(PtCMEIL2.2)、Potri.004G197400.1(PtEIN3.1)、Potri.003G210500.1(SF9 - ETHYLENE INSENSISIVE 3 - LIKE 3)、Potri.001G015900.1(PtEIL3)、Potri.009G159200.1(PtEIN3.2)、Potri.001G016000.1(SF9 - ETHYLENE INSENSISIVE 3 - LIKE 3)、Potri.010G247500.1(PtCMEIL2.1);拟南芥 EIN3 超家族基因:AT3G20770.1(AtEIN3)、AT2G27050.1(AtEIL1)、AT5G21120.1(AtEIL2)、AT1G73730.1(AtEIL3)、AT5G10120.1 和 AT5G65100.1。

6.2.7 小结

生物科学与信息科学是目前发展最快的两大领域,生物信息学作为两大领域交叉的产物之一,发展也同样迅速,在生物学的各个研究领域中起着极其重要的作用。利用生物信息学技术对某个基因的生物学特性、结构域、同源性及进化关系进行分析,可以进一步研究该基因在某些生物合成途径中的作用,并为分子机制的研究奠定基础。生物信息学能帮助人们认识人类自身及动、植物的基因信息,为模拟生物大分子的结构和药物设计等提供巨大帮助,它不仅在研究生物体的起源、遗传、进化及发展等方面有重要的意义,同时也为诊治人们的疾患开辟了全新的途径,还可以为动、植物物种的改良提供理论基础。本章利用相关网站和软件对白桦 *BpEIL1* 基因产物进行了生物信息学分析。对白桦 BpEIL1 蛋白的理化性质、高级结构、蛋白质修饰位点等的预测结果表明,白桦 *BpEIL1* 基因全长为 2968 bp,只含有一个外显子,CDS 为 1776 bp,编码 591 个氨基酸,N 端有由约 270 个氨基酸组成的保守序列,其中第 79 到 103 个氨基酸区域为高度保守区域。EIN3 超家族基因成员是一类重要的转录因子,在高等植物的乙烯信号转导[51]、抗生物和非生物胁迫[125]、多激素协同作用过程[126]中均具有重要作用,N 端的保守序列为该家族成员与其所调控基因启动子的结合区域,是 EIN3 超家族的结构域,而 C 端则与相关蛋白发生相互作用。利用 ProtParam 对白桦 BpEIL1 的理化性质进行预测,结果表明,其不稳定指数为 61.78,说明该蛋白不稳定。在拟南芥中,无外源乙烯的情况下,EIN3 是一个不稳定的蛋白,EBF1 和 EBF2 蛋白酶介导 EIN3 的降解,使其半衰期较短,而外源乙烯可以通过促进 EBF1 和 EBF2 的降解而维持 EIN3 的稳定性[53]。在白桦基因组中共找到 2 个 EIN3 超家族基因,模式植物拟南芥和毛果杨中分别有 6 和 7 个 EIN3 超家族基因,棉花的基因组中有 16 个该家族成员[127],中华猕猴桃基因组中鉴定得到 8 个 EIN3/EIL 转录因子[128],甜瓜全基因组的蛋白质数据库搜索到 4 个 EIN3/EILs 蛋白序列[129],可见白桦 EIN3 超家族基因数目较少,而两个基因之间的碱基相似度只有 63.84%,说明两者可能均具有较为重要且独立的功能。将白桦的 EIN3 超家族基因与模式植物拟南芥和毛果杨的进行比较分析,结果表明,白桦 *BpEIL1* 基因与拟南芥 *AtEIL3* 和毛果杨 *PtEIL3* 基因亲缘关系较近,而另一个基因则与毛果杨 *PtEIN3* 基因亲缘关系较近。

6.3　*BpEIL1* 启动子的克隆与表达载体的构建

从白桦基因组上获得 *BpEIL1* 基因 ATG 前 3000 bp 的序列信息,根据该序列信息设计引物,对白桦 *BpEIL1* 基因启动子进行克隆。使用载体为 pCAMBIA1300，克隆后的载体保存在大肠杆菌 DH5α 中。在收取到新鲜菌液后，进行扩大培养，提取质粒，用电击法将质粒转化到农杆菌中，制备好基因工程菌，具体步骤如下。

6.3.1 大肠杆菌的扩大培养

将收取到的新鲜菌液倒入 10 mL LB 液体培养基中（含卡那霉素 50 mg/L），37 ℃、180 r/min 振荡培养 3~4 h 至 A_{600}＝0.6 左右备用。

6.3.2 质粒提取

将扩大培养好的大肠杆菌取出，用质粒 DNA 小量提取试剂盒（BioFlux）进行质粒的提取，具体步骤如下。

①将培养好的菌液加入 1.5 mL 离心管中，10000 r/min 离心 30 s，弃上清。

②加入 250 μL 重悬缓冲液（Resuspension Buffer）重悬菌体后，再加入 250 μL 细胞 Lysis Buffer，轻柔颠倒 4~6 次混匀。

③加入 350 μL 中和缓冲液（Neutralization Buffer），立即轻柔颠倒 4~6 次，然后 13000 r/min 离心 15 min。

④取上清液转移到离心柱（Spin column）内，6000 r/min 离心 1 min，弃去液体。

⑤向离心柱内加入 650 μL（洗涤缓冲液），12000 r/min 离心 1 min，弃去管内液体。

⑥重复步骤⑤。

⑦再次于 12000 r/min 离心 2 min，将离心柱转移到无菌的 1.5 mL 离心管中。

⑧向离心柱内加入 30 μL 洗脱缓冲液（Elution Buffer），静置 1 min 后，12000 r/min 离心 1 min，离心管内的液体即含有质粒 DNA。

将提取的质粒用超微量分光光度计测量浓度和质量，检测合格后备用。

6.3.3 农杆菌 EHA105 感受态的制备

①将 EHA105 菌种于 LB 固体培养基上划线，28 ℃ 培养 48 h。

②挑取单菌落至 LB 液体培养基中，28 ℃、200 r/min 培养过夜。

③取 2 mL 菌液接种于 50 mL LB 液体培养基中，28 ℃、200 r/min 培

养至 $A_{600}=0.5$。

④将菌液在冰上放置 30 min，4 ℃ 5000 r/min 离心 5 min 以收集菌体。

⑤将菌体悬浮于 10 mL 0.15 mol/L NaCl 溶液中，4 ℃、5000 r/min 离心 5 min 收集菌体，再悬浮于 1 mL 20 mmol/L $CaCl_2$ 溶液中。

⑥将菌液分装后(200 μL/管)液氮速冻 1 min，−80 ℃ 保存备用。

6.3.4　电击转化

①打开电转仪的电源，设定电压为 1800 V。

②用无水乙醇清洗电转杯 3 次，待乙醇完全挥发干净后，将电转杯放入碎冰中预冷。

③向电转杯中加入 100 μL 农杆菌 EHA105 感受态细胞，加入提取好的质粒 1~2 μL 混匀，将电转杯放入电转仪中，开始进行电击转化。

④电击结束后，将 1 mL LB 液体培养基加入电转杯中混匀，然后转移到 2 mL 离心管中，28 ℃、180 r/min 恢复培养 1~2 h。

⑤将摇好的菌液于 4000 r/min 离心 10 min，弃掉上清液，再加入 100 μL LB 液体培养基重悬菌体后，涂布于 LB 固体培养基(含卡那霉素 50 mg/L、利福平 50 mg/L)表面，28 ℃ 条件下培养约 48 h。

6.3.5　农杆菌的检测

(1)将在选择平板上生长的农杆菌菌落挑出，放入 10 mL LB 液体培养基(含卡那霉素 50 mg/L、利福平 50 mg/L)中，28 ℃ 200 r/min 摇菌至 $A_{600}=0.6$ 左右。

(2)按 6.3.2 中的步骤进行质粒提取。

(3)对质粒进行 PCR，以确定质粒中含有目的片段，PCR 体系见表 6-3。PCR 反应程序为：95 ℃ 5 min→(95 ℃ 30 s→60 ℃ 30 s→72 ℃ 40 s) 35 个循环→72 ℃ 7 min，得到的 PCR 产物经 1% 琼脂糖凝胶电泳分析。使用引物如下(5′→3′)：

GUS-F：TGGATCGCGAAAACTGTGGA

GUS-R：TCCAGTTGCAACCACCTGTT

BpEIL1P-F：GAACCCAGCCTACCAGGCTATATAAT

BpEIL1P-R：CCCAAAGCTTAGGGATAGTTTCGCTTA

其中，GUS 引物为扩增 GUS 基因的一段序列的引物，BpEIL1P 引物为扩增 BpEIL1 基因启动子部分序列的引物。

表6-3　PCR反应体系

组成成分	使用量/μL
10× Buffer	1
$MgCl_2$(25 mmol/L)	0.6
dNTP(2.5 μmol/L each)	0.8
上游引物(10 μmol/L)	0.4
下游引物(10 μmol/L)	0.4
Taq DNA 聚合酶(5 U/μL)	0.25
模板	1
灭菌 ddH_2O	5.55
总体积	10

将 $BpEIL1$ 基因启动子与 pCAMBIA1300 载体连接后，保存于大肠杆菌中，从大肠杆菌中提取质粒，用 $BpEIL1$ 基因启动子引物对质粒进行 PCR，经琼脂糖凝胶电泳可见单一明亮的条带，条带大小符合目的扩增片段的大小(614 bp)，说明启动子克隆准确无误(图6-10)。

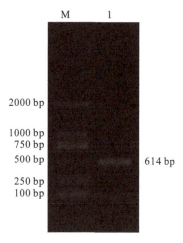

M：DL2000 DNA Marker；1：扩增条带。
图6-10　$BpEIL1$ 启动子的 PCR 检测

将经检测的质粒通过电击法转化到农杆菌感受态细胞中，在筛选平板上得到菌落，将菌落扩大培养成菌液，提取质粒，进行 PCR 鉴定,结果见图 6-11。采用 $BpEIL1$ 启动子引物和 GUS 引物分别对质粒进行扩增,实验结果表明,转化到农杆菌中的质粒包含 $BpEIL1$ 启动子序列和 GUS 序列。经过 PCR 鉴定证明 $BpEIL1$ 启动子的基因工程菌制备成功。

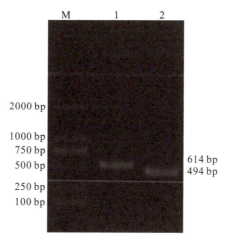

M:DL2000 DNA Marker;1:$BpEIL1$ 启动子引物扩增条带;2:GUS 基因引物扩增条带。

图 6-11　$BpEIL1$ 启动子农杆菌质粒的 PCR 检测

6.4　$BpEIL1$ 基因的克隆及表达载体构建

为进一步研究白桦 $BpEIL1$ 的功能,以白桦 cDNA 为模板,对该基因进行克隆,分别构建克隆载体和植物表达载体,具体方法如下。

6.4.1　$BpEIL1$ 基因的 PCR 扩增

根据白桦 $BpEIL1$ 基因的序列设计引物(表 6-4)进行 PCR 扩增,PCR 体系(50 μL)见表 6-5。

表 6-4　$BpEIL1$ 基因 PCR 反应引物

引物名称	引物序列(5'→3')
BpEIL1-F	CACCATGGGCCACCTAATGATGGTTG
BpEIL1-R	GCACCGAAGCATTGGATCAAA

表 6-5 *BpEIL1* 基因 PCR 反应体系

组成成分	使用量/μL
2×MightyAmp Buffer Ver. 3(Mg^{2+}，dNTP plus)	25
10×Additive for High Specificity	5
上游引物(10 μmol/L)	1.5
下游引物(10 μmol/L)	1.5
MightyAmp DNA Polymerase(1.25 U/μL)	1
模板(cDNA)	3.5
灭菌 ddH_2O	12.5
总体积	50

反应条件如下。

98 ℃ 2 min
98 ℃ 10 s ⎫
58 ℃ 15 s ⎬ 35 个循环
68 ℃ 2 min ⎭
68 ℃ 5 min

得到的 PCR 产物经 1% 琼脂糖凝胶电泳后进行分析。

根据白桦基因组数据库获得白桦 *BpEIL1* 基因序列信息，设计引物，以野生型白桦 cDNA 为模板进行 *BpEIL1* 基因的扩增以获得目的基因序列，实验结果见图 6-12。由图可见，分别以不同野生型白桦植株中提取的 RNA 反转录的 cDNA 为模板，均获得了条带单一、位置正确的扩增条带。

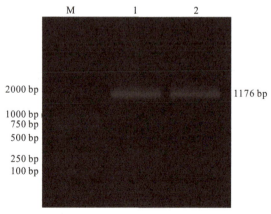

M：DL2000 DNA Marker；1 和 2 均为正确的扩增条带。
图 6-12 *BpEIL1* 基因 PCR 结果

6.4.2 PCR 产物回收

将 6.4.1 获得的 PCR 产物进行琼脂糖凝胶电泳后,采用 BioSpin Gel Extraction Kit(Bio FLUX)试剂盒对 PCR 产物进行回收,具体操作过程如下。

① 通过琼脂糖凝胶电泳将目的 DNA 片段与其他 DNA 尽可能分开。

② 用干净、锋利的手术刀切下含目的片段的琼脂糖凝胶,称重后放入 1.5 mL 离心管中。

③ 按 1∶3(质量∶体积)的比例加入提取缓冲液(Extraction Buffer),置于 50 ℃ 水浴中至凝胶彻底融化。

④ 将混合液转移到 Spin column 内,6000 g 离心 1 min,弃去接液管内的液体。

⑤ 向 Spin column 内加 500 μL Extraction Buffer,12000 g 离心 30~60 s,弃去接液管内的液体。

⑥ 向 Spin column 内加 750 μL Wash Buffer,12000 g 离心 30~60 s,弃去接液管内的液体。

⑦ 12000 g 离心 1 min,将 Spin column 转移至干净的 1.5 mL 离心管中,向 Spin column 中膜的中央加 50 μL 去离子水,室温放置 1 min。

⑧ 12000 g 离心 1 min,离心管中的液体即为回收的 DNA 片段。

6.4.3 大肠杆菌感受态细胞的制备

① 挑取大肠杆菌单菌落接种于 20 mL LB 液体培养基中,37 ℃、180 r/min 振荡培养过夜。

② 按 1∶100 的接种量,取 200 μL 菌液接种于 20 mL LB 液体培养基中,37 ℃、200 r/min 振荡培养约 3 h 至 A_{600}=0.5 左右。

③ 将制备好的菌液按照 1 mL 的量分装于 1.5 mL 离心管中,置于冰上冰浴 30 min,4 ℃、4000 r/min 离心 3 min,弃上清。

④ 每管加 500 μL 预冷的 0.1 mol/L 的 $CaCl_2$ 溶液,重新悬浮菌体,4 ℃、4000 r/min 离心 3 min,弃上清。

⑤ 每管加 100 μL 预冷的 0.1 mol/L 的 $CaCl_2$ 溶液,重新悬浮菌体,4 ℃、4000 r/min 离心 3 min,弃上清。

⑥ 每管加 50 μL 预冷的 0.1 mol/L 的 $CaCl_2$ 溶液,重新悬浮菌体,冰浴 3~24 h,即为大肠杆菌感受态细胞,液氮速冻,-80 ℃ 保存备用。

6.4.4 Topo 克隆

将 PCR 产物连接到中间克隆载体上,使用 pENTRTM/- TOPO Cloning Kit(invitrogen)试剂盒进行 Topo 克隆,具体步骤如下。

①反应体系(6 μL)见表 6-6。

表 6-6　Topo 克隆反应体系

组成成分	使用量/μL
PCR 回收产物(23.5 ng/μL)	2
反应液	1
Topo 载体(150 ng/μL)	1
无菌 ddH$_2$O	2

将以上成分温和混匀,室温下放置 30 min。

②将上述反应物加入大肠杆菌 Trans5α 感受态细胞中,温和混匀后冰浴 30 min。42 ℃条件下热休克 90 s,迅速转移到冰上,静置 2 min。

③加入 900 μL LB 液体培养基,37 ℃、150 r/min 摇菌 1 h。

④4000 r/min 离心 10 min,弃上清,重新加入 100 μL LB 液体培养基重悬菌体。

⑤取 50 μL 菌液涂布于 LB 固体培养基(含卡那霉素 50 mg/L),37 ℃培养过夜。

⑥挑取平板上生长的单菌落置于 10 mL LB 液体培养基中,37 ℃、180 r/min 摇菌至 LB 液体培养基浑浊($A_{600}=0.6$)。

⑦提取质粒(6.3.2),应用 PCR 扩增目的基因,PCR 反应体系见表 6-7。

表 6-7　PCR 反应体系

组成成分	使用量/μL
10×Buffer	1
MgCl$_2$(25 mmol/L)	0.6
dNTP(2.5 mmol/L)	0.8
上游引物(10 μmol/L)	0.4
下游引物(10 μmol/L)	0.4
*Taq*DNA 聚合酶(5 U/μL)	0.25

续表

组成成分	使用量/μL
模　板	1
无菌 ddH$_2$O	5.55
总体积	10

将以上各成分混匀，按以下反应条件进行 PCR 反应。

95 ℃ 5 min
95 ℃ 30 s ⎫
58 ℃ 30 s ⎬ 35 个循环
72 ℃ 2 min ⎭
72 ℃ 7 min

得到的 PCR 产物经 1% 琼脂糖凝胶电泳后进行分析。将扩增的 *BpEIL1* 基因从凝胶中回收，将回收产物连接到 Topo 载体中，转化到大肠杆菌感受态中，在筛选平板上获得生长的菌落后，随机挑选 4 个菌落进行扩大培养，提取质粒，进行 PCR 检测。实验结果表明(图 6-13)，挑取的 4 个质粒中，有两个未扩增出条带，有一个扩增出亮而单一的目的条带，有一个扩增出非特异性条带。

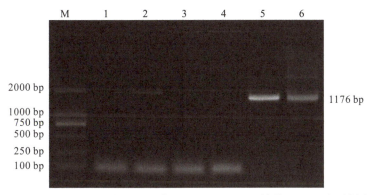

M：DL2000 DNA Marker；1：水；2：cDNA PCR 结果；3~6 为不同大肠杆菌菌落质粒 PCR 结果。

图 6-13　*BpEIL1* 基因 Topo 大肠杆菌质粒 PCR 检测

6.4.5　LR 克隆

将连接在 Topo 载体上的 *BpEIL1* 基因通过 LR 反应，转移到表达载体 pGWB11 上，使用 Gateway LR Clonase™ Ⅱ Enzyme Mix（invitrogen）试剂盒进行，具体步骤如下。

①提取 pGBWB11 质粒，提取 Topo 克隆中 PCR 检测正确的大肠杆菌质粒，提取方法见 6.3.2。

②室温下，加入各组分混匀，具体试剂和使用量见表 6-8。

表 6-8 LR 反应体系

组成成分	使用量/μL
大肠杆菌质粒（272 ng/μL）	0.5
pGWB11 质粒（58 ng/μL）	2
无菌 ddH_2O	0.5

③将 LR clonase Ⅱ enzyme mix 置于冰上 2 min，快速离心使液体收集到管底。

④取 1 μL LR clonase Ⅱ enzyme mix 加入②混合液中混匀，短暂离心后于 25 ℃放置 3 h。

⑤向上述反应液中加入 1 μL 蛋白酶 K，37 ℃孵育 10 min 以终止反应。

⑥将上述反应产物通过热休克的方法转化到大肠杆菌 Trans5α 感受态细胞中，涂布于 LB 固体培养基（含卡那霉素 50 mg/L）表面，37 ℃培养过夜，挑取抗性菌落进行 PCR 鉴定。

⑦经鉴定的质粒通过电击转化法（6.3.4）转化到农杆菌 EHA105 感受态细胞中，制备好基因工程菌。

选取扩增条带正确的质粒，与 pGWB11 载体质粒进行 LR 反应，反应结束后转化到大肠杆菌中，涂布于筛选培养基上培养。在筛选平板上随机挑取 6 个菌落进行扩大培养，并提取质粒进行 PCR 检测。实验结果表明（图 6-14），挑取的 6 个菌落均扩增出明亮、单一、大小正确的条带。说明目的基因已转移到 pGWB11 载体上。

6.4.6 农杆菌的检测

农杆菌的检测方法如 6.3.5。将经 PCR 检测正确的质粒通过电击法转化到农杆菌中，在筛选培养基上获得 1 个菌落，将该菌落扩大培养，提取质粒，进行 PCR 扩增（表 6-9，表 6-10）。

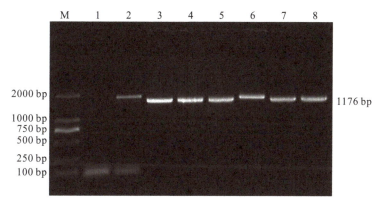

M:DL2000 DNA Marker;1:水;2:cDNA PCR 结果;3~8 为不同大肠杆菌菌落质粒 PCR 结果。

图 6-14　BpEIL1 基因 LR 反应大肠杆菌质粒 PCR 检测

表 6-9　引物序列

引物名称	引物序列(5'→3')
BpEIL1-F	CACCATGGGCCACCTAATGATGGTTG
FLAG-R	CGTCATCCTTGTAGTCGCTGTTATCA

表 6-10　PCR 反应体系

组成成分	使用量/μL
10×Buffer	1
$MgCl_2$(25 mmol/L)	0.6
dNTP(2.5 mmol/L)	0.8
上游引物(10 μmol/L)	0.4
下游引物(10 μmol/L)	0.4
TaqDNA 聚合酶(5 U/μL)	0.25
模板	1
灭菌 ddH_2O	5.55
总体积	10

将以上各成分混匀,在 PCR 仪中进行以下反应。

95 ℃ 5 min
95 ℃ 30 s ⎫
58 ℃ 30 s ⎬ 35 个循环
72 ℃ 2 min ⎭
72 ℃ 7 min

得到的 PCR 产物经 1% 琼脂糖凝胶电泳分析。实验结果(图 6-15)表明,PCR 扩增条带亮且单一,大小正确,说明成功构建了 $BpEIL1$ 基因的超表达转化载体。

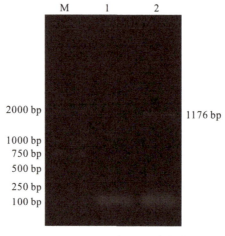

M:DL2000 DNA Marker;1:水;2:农杆菌质粒 PCR 结果。

图 6-15 $BpEIL1$ 基因农杆菌质粒 PCR

6.5 $BpEIL1$ 基因抑制表达载体构建

根据 $BpEIL1$ 基因的 cDNA 序列信息,在其 3′端设计长为 20 bp 的特异性序列,反向互补后将其上的第 5 个碱基"G"改成"T",将修改后的序列输入 Web MicroRNA Designer(http://wmd3.weigelworld.org/cgi-bin/webapp.cgi)设计特异性沉默 $BpEIL1$ 基因的人工 microRNA 引物,引物序列(5′→3′)见表 6-11。

表 6-11 特异性沉默 *BpEIL1* 基因的人工 microRNA 引物

引物名称	引物序列(5'→3')
BpEIL1-I	gaTCTGTCCTAATGTGAGGTTCtctctcttttgtattcc
BpEIL1-II	gaGAACCTCACATTAGGACAGAtcaaagagaatcaatga
BpEIL1-III	gaGACCCTCACATTACGACAGAtcacaggtcgtgatatg
BpEIL1-IV	gaTCTGTCGTAATGTGAGGGTCtctacatatatattcct

根据载体 pRS300 的序列设计两个载体引物(5'→3')，见表 6-12。

表 6-12 pRS300 引物

引物名称	引物序列 (5'→3')
A	CACCCTGCAAGGCGATTAAGTTGGGTAAC
B	CACCGCGGATAACAATTTCACACAGGAAACAG

以上述 6 个引物为引物，采用高保真的 *pfu* DNA 聚合酶进行以下 4 轮 PCR(表 6-13)，其中 d 轮 PCR 的模板为前三轮 PCR 产物的等比例混合物。反应体系见表 6-14。

表 6-13 4 轮 PCR 反应的模板和引物

反应	正向引物	反向引物	模板
a	A	BpEIL1-IV	pRS300
b	BpEIL1-III	BpEIL1-II	pRS300
c	BpEIL1-I	B	pRS300
d	A	B	a+b+c

表 6-14 PCR 反应体系

组成成分	使用量/μL
10×Buffer(+ Mg^{2+})	1
dNTP(2.5 mmol/L each)	0.8
上游引物(10 μmol/L)	0.4
下游引物(10 μmol/L)	0.4
pfu DNA 聚合酶(5 U/μL)	0.2
模板	0.5
灭菌 ddH_2O	6.7
总体积	10

a、b、c 轮 PCR 反应按以下条件进行。

95 ℃ 3 min
95 ℃ 30 s ⎫
60 ℃ 30 s ⎬ 35 个循环
72 ℃ 40 s ⎭
72 ℃ 7 min

d 轮 PCR 反应按以下条件进行。

95 ℃ 3 min
95 ℃ 30 s ⎫
60 ℃ 30 s ⎬ 35 个循环
72 ℃ 90 s ⎭
72 ℃ 7 min

得到的 PCR 产物按照 6.4.2 的方法回收并连接到 pGWB2 载体上，继而转化到农杆菌中，进行 PCR 检测，获得 *BpEIL1* 基因抑制表达工程菌。根据使用的载体 pGWB2 设计用于检测的载体引物，引物序列（5′→3′）见表 6 - 15。

表 6 - 15　检测引物序列

引物名称	引物序列（5′→3′）
B_2F	AGGAGCATCGTGGAAAAAGAAGAC
B_2R	TGGTAACTTCAGTTCCAGCGACTTG

根据 RNAi 的原理，设计长为 20 bp 的 *BpEIL1* 基因特异性序列，利用 WMD3 网站设计构建抑制表达载体所需的 4 个引物。以 PRS300 为模板进行前 3 轮的 PCR 反应，以前 3 轮 PCR 产物的混合物为模板进行第 4 轮 PCR，实验结果见图 6 - 16。PCR 产物电泳图谱可见清晰单一的条带，条带大小与预期相符，说明 PCR 结果正确。

将回收的第 4 轮 PCR 产物与 Topo 载体进行连接，连接后转化大肠杆菌感受态细胞，涂布于选择培养基上。将能正常生长于选择培养基上的菌落随机挑出 4 个，扩大培养后，提取质粒进行 PCR 检验，实验结果见图 6 - 17。由图可见，在挑取的 4 个菌落中，有 3 个菌落的 PCR 结果符合预期，可供下一步实验使用。

第 6 章　白桦 *BpEIL1* 基因功能研究

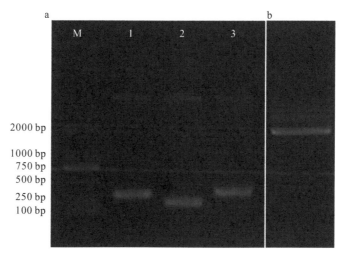

a：1~3 轮 PCR 结果，其中 M 为 DL2000 DNA Marker，1~3 分别表示 1~3 轮 PCR 反应的结果；b：第 4 轮 PCR 产物反应的结果。

图 6-16　构建 *BpEIL1* 抑制表达载体 4 轮 PCR 反应的结果

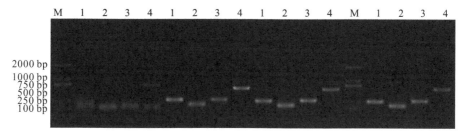

M：DL2000 DNA Marker；1~4 分别表示 1~4 轮 PCR 结果。

图 6-17　PCR 产物 Topo 大肠杆菌质粒 PCR

　　将经 PCR 检测正确的质粒与 pGWB2 载体进行 LR 反应，将目的基因转移到 pGWB2 载体上。将反应产物转化到大肠杆菌中，涂布于筛选培养基上，在平板上随机挑取 4 个菌落，提取质粒进行 PCR 检测，实验结果见图 6-18（其中 1 个的 PCR 结果）。由图可见，PCR 获得了明亮而单一的条带，大小正确，说明目的片段已经被转移到了 pGWB2 载体上。

　　应用电击法将经检测为阳性的质粒转化到农杆菌中，挑取在筛选培养基上正常生长的菌落进行扩大培养后，提取质粒进行 PCR 检测。实验结果见图 6-19。由图可见 1~4 轮 PCR 检测结果正常，A 和 B 引物分别与 pGWB2 载体引物 B_2F、B_2R 配对进行 PCR，结果表明，目的片段已经连接到 pGWB2 载体上，*BpEIL1* 抑制表达载体构建成功。

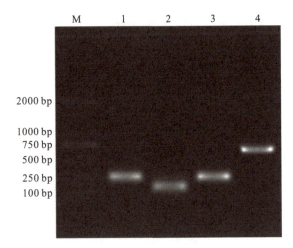

M：DL2000 DNA Marker；1～4 分别表示 1～4 轮 PCR 结果。

图 6-18　LR 反应后大肠杆菌质粒 PCR

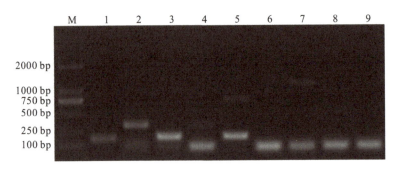

M：DL2000 DNA Marker；1：水；2～5 分别为 1～4 轮 PCR 引物扩增结果；6：以 A 和 B_2R 为引物的 PCR 结果；7：以 A 和 B_2F 为引物的 PCR 结果；8：以 B 和 B_2F 为引物的 PCR 结果；9：以 B 和 B_2R 为引物的 PCR 结果。

图 6-19　基因工程菌质粒 PCR

6.6　转基因植株的获得

将通过以上步骤获得的基因工程菌对白桦合子胚分别进行遗传转化，具体步骤如下。

(1) 种子冲洗

取白桦种子置于流水下冲洗 40 h。

(2)农杆菌活化

取农杆菌 100 μL 加入 10 mL LB+Rif 50 mg/L+Kan 50 mg/L 培养基中，28 ℃ 180 r/min 摇菌 18 h。

(3)侵染

取吸涨但未萌发的白桦种子，从正中间切开，产生伤口，浸入摇好的菌液中 3～5 min。

(4)共培养

将侵染好的种子取出，放入 WPM+6BA 2.0 mg/L 的培养基上共培养 2～3 天，其间每天更换培养基 3 次。

(5)抑菌和筛选

将共培养后的种子放于 WPM+6BA 2.0 mg/L+Hyg 50 mg/L+GA 350 mg/L+Cef 500 mg/L 的培养基上进行抑菌和筛选培养，每 20 天更换培养基一次，直至种子长出愈伤组织。

(6)不定芽的诱导

将生长旺盛(颜色较绿)的愈伤组织分离，放入 WPM+6BA 0.8 mg/L+NAA 0.02 mg/L+Hyg 50 mg/L+GA 350 mg/L +Cef 500 mg/L 培养基中，诱导产生不定芽，当不定芽长成一簇时，将不定芽连同愈伤组织分成小块，再次继代到新鲜培养基中进行快速繁殖。

(7)生根培养

将不定芽从愈伤组织上分离，插入 WPM+NAA 0.2 mg/L 培养基中，进行生根培养，约 15 天。

(8)移栽

将生根的转基因白桦幼苗移栽到灭菌后的土壤(草炭：蛭石＝1∶1)中，进行炼苗，获得转基因植株。

用制备好的基因工程菌对白桦合子胚进行遗传转化，在筛选培养基上培养 20～30 天后，白桦合子伤口逐渐出现抗性愈伤，将抗性愈伤组织及时切下，置于分化培养基上继续培养，待各个转基因株系分化出不定芽后，进行生根培养，获得转基因植株(图 6-20)。

a：共培养；b：筛选培养；c：抗性愈伤组织（bar=1 mm）；d：不定芽的产生；e：不定芽生根培养；f：土瓶内培养；g：移栽到育苗盘；h：单株培养。

图 6-20　转基因植株的获得

6.7　转基因植株的 PCR 检测和基因定量分析

随机取经过潮霉素筛选的抗性植株提取 DNA（具体步骤见 5.1）进行 PCR 检测，引物序列见表 6-16。

表 6-16　PCR 检测引物

引物名称	引物序列（5'→3'）
GUS-F	TGGATCGCGAAAACTGTGGA
GUS-R	TCCAGTTGCAACCACCTGTT
BpEIL1-F	CACCATGGGCCACCTAATGATGGTTG
FLAG-R	CGTCATCCTTGTAGTCGCTGTTATCA

BpEIL1 基因启动子抗性株系的 PCR 检测引物为 GUS-F 和 GUS-R。BpEIL1 基因超表达抗性株系的 PCR 检测引物为 BpEIL1-F 和 FLAG-R。BpEIL1 基因抑制表达抗性株系的 PCR 检测引物为 A（表 6-12）和 BpEIL1-Ⅳ（表 6-11）。

用实时荧光定量 PCR 对转基因株系进行检测[130]。提取移栽的野生型对照株系 WT，BpEIL1 超表达株系 OE-1、OE-3、OE-5，抑制表达株系 SE-3、SE-4、SE-11 的 RNA 反转录成 cDNA，进行转基因株系中 BpEIL1 基因的表达量分析，引物序列（5'→3'）见表 6-17。

表6-17 转基因株系中 BpEIL1 基因表达量分析引物

引物名称	引物序列(5'→3')
BpEIL1 - F	GAATGAACCTCACATTAGGCCAGAG
BpEIL1 - R	CCTCCACAATCTAATGACAGGCTATC

随机选取转基因植株进行 PCR 检测,结果见图 6-21、图 6-22 和图 6-23。本研究共获得白桦 BpEIL1 基因启动子转基因株系 7 个,BpEIL1 基因超表达转基因株系 5 个,抑制表达株系 10 个,经 PCR 检测均为阳性。

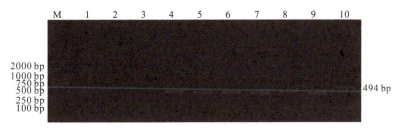

M：DL2000 DNA Marker；1：质粒；2：野生型对照 WT；3：水；4～10 为转基因株系。

图 6-21 *BpEIL1* 基因启动子转基因株系 PCR 检测

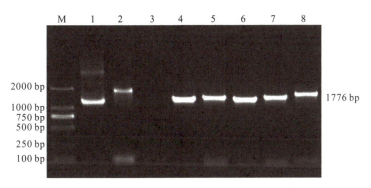

M：DL2000 DNA Marker；1：质粒；2：野生型对照 WT；3：水；4～8 为转基因株系。

图 6-22 *BpEIL1* 基因超表达转基因株系 PCR 检测

M：DL2000 DNA Marker；1：质粒；2：野生型对照 WT；3：水；4～13 为转基因株系。

图 6-23 *BpEIL1* 基因抑制表达转基因株系 PCR 检测

提取移栽的 $BpEIL1$ 超表达株系 OE-1、OE-3、OE-5，抑制表达株系 SE-3、SE-4、SE-11 的 RNA 反转录成 cDNA，进行转基因株系中 $BpEIL1$ 基因表达量的分析，结果见图 6-24。由图可见，3 个超表达株系 $BpEIL1$ 基因的表达量均高于野生型对照株系 WT，其中 OE-3 株系中，$BpEIL1$ 的表达量最高，是对照株系的 7.23 倍；3 个抑制表达株系 $BpEIL1$ 基因的表达量均低于野生型对照株系 WT，其中 SE-11 株系的表达量最低，比野生型对照株系 WT 降低了 6.5 倍。

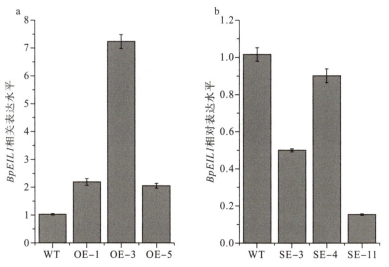

a. $BpEIL1$ 超表达转基因株系的定量分析；b. $BpEIL1$ 抑制表达转基因株系的定量分析。

图 6-24　$BpEIL1$ 超表达和抑制表达转基因株系的定量分析

6.8　$BpEIL1$ 启动子的活性分析

称取 0.5 mg X-Gluc，加入 1~2 滴 DMF 使之完全溶解，再加入 980 μL 磷酸缓冲液（0.1 mol/L，pH=7.0）、10 μL 5 mmol/L 铁氰化钾、10 μL 5 mmol/L 亚铁氰化钾，混匀后加入 1 μL Triton-100，配制好 GUS 染色液。选取 $BpEIL1$ 基因启动子转基因植株叶片进行 GUS 染色，将待染色的材料浸于 GUS 染色液中，抽气 30 min，37 ℃ 染色过夜，吸出 GUS 染色液，95% 乙醇浸泡去除叶绿素，观察、拍照，观察 $BpEIL1$ 基因启动子的活性情况，染色结果见图 6-25。由图可见，转基因植株的根和茎基本未被染色，而叶片着色较深。幼嫩叶片和成熟叶片的着色情况也不相同，幼嫩叶片边缘染色，而中心位置着色较浅。成熟叶片着色较深，特别是叶脉位置着色最深，而叶柄则未被染色，说明 BpEIL1 基因主要在白桦叶片中表达，在其他组织中则表达量较低。

a. 整株染色结果；b. 茎和成熟叶片的染色情况；c. 幼嫩叶片的染色情况；d. 根的染色情况。

图 6-25　BpEIL1 基因启动子转基因植株的 GUS 染色

分别用 100 μmol/L 茉莉酸甲酯（MeJA）、100 μmol/L 吲哚乙酸（IAA）、100 μmol/L 水杨酸（SA）、50 μmol/L 乙烯利（ETH）喷施转 BpEIL1 基因启动子的白桦幼苗，处理 0、3、6、12、24、48 h 后分别取材，以水处理为对照（CK），测定不同处理下植株的 GUS 活性，研究白桦 BpEIL1 基因对不同激素的响应情况。由图可见（图 6-26），与对照相比，经不同激素处理后，BpEIL1 基因启动子转基因植株的 GUS 活性均有不同程度的提高，说明不同激素均对白桦 BpEIL1 基因的表达产生影响，特别是经水杨酸处理后，GUS 活性在不同时间段均显著高于其他激素处理组和对照。随着处理时间的延长，水杨酸处理组的 GUS 活性表现为先升高再降低的趋势，处理 24 h 时，GUS 活性最高。茉莉酸甲酯组在处理 24 h 时 GUS 活性开始升高，48 h 时 GUS 活性更高，说明白桦 *BpEIL1* 基因对茉莉酸甲酯的响应时间较晚。经吲哚乙酸处理后，GUS 活性在不同时间段均没有发生显著的变化。经乙烯利处理后，GUS 活性显现先升高后降低的趋势，处理 24 h 时，GUS 活性达到最高，然后开始下降。

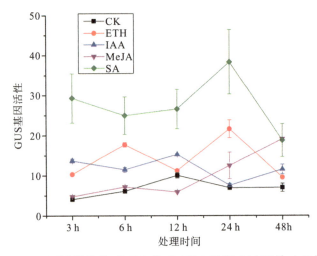

图 6-26　不同激素处理下白桦 *BpEIL1* 基因启动子的响应情况

6.9　转基因植株的表型观察

由于 *BpEIL1* 抑制表达转基因株系 SE-11 表现出与 *lmd* 突变株相似的表型，因此本节研究中，以 SE-11 为主要观察对象，另外选择 *BpEIL1* 超表达株系 OE-3 和野生型 WT 作为对照株系进行观察，株高采用直尺测量，地径取距地面 1 cm 处位置用游标卡尺测量；LI-6400 便携式光合仪测量光合指标；PAM-2500 便携式叶绿素荧光仪测量各叶绿素荧光参数；DAB 染色方法见 3.6。实验结果如下。

（1）株高和地径的观察

对一年生的 *BpEIL1* 超表达株系 OE-3、抑制表达株系 SE-11 及野生型对照 WT 进行观察（图 6-27），结果可见，SE-11 株系的株高显著低于两个对照，地径显著低于 OE-3 超表达株系，与 WT 差异不显著。从图 6-27c 可以看出，SE-11 株系叶片有衰老、变黄的现象，而其他两个株系则正常，从图 6-27d 可以看出 SE-11 株系叶片上产生了褐色的斑点，叶缘变黄，这种表型与 lmd 突变株很相似，是一种衰老的表现。

a. 株高；b. 地径；c. 3 个株系的生长情况；d. SE-11 株系叶片扩大图。

图 6-27 转基因株系的表型观察

(2) 光合指标的观察

用 LI-6400 便携式光合仪测量 WT、OE-3、SE-11 株系的光合指标，结果见表 6-18。由表可见，SE-11 株系的净光合速率(Pn)显著低于 WT 和 OE-3 株系。气孔导度(Gs)是指单位时间内进入叶片表面单位面积 CO_2 的量，表示气孔张开的程度。SE-11 株系的气孔导度较小，说明其气孔张开程度较小；SE-11 株系的 CO_2 胞间浓度(Ci)低于 WT 和 OE-3 株系，而蒸腾速率(Tr)则与 WT 株系保持一致，均显著低于 OE-3 株系。

表 6-18 光合指标测量结果

株系	Pn	Gs	Ci	Tr
WT	16.56±0.06b	0.29±0.001b	261.67±0.577a	5.47±0.02b
OE-3	18.57±1.35a	0.39±0.007a	266.67±6.33a	7.54±0.14a
SE-11	15.17±0.16c	0.19±0.002c	216.33±15.91b	5.49±0.54b

(3) 叶绿素荧光参数的观察

用 PAM-2500 便携式叶绿素荧光仪测量各株系的叶绿素荧光参数，结果见表 6-19。由表可见，3 个株系的 Fv/Fm 差异不显著，说明 3 个株系均未受到胁迫。SE-11 株系的实际光化学效率（$\Phi_{PSⅡ}$）低于 WT 和 OE-3 株系，非光化学猝灭（NPQ）则高于另外两个株系。光化学猝灭（qP）指 PSⅡ天线色素吸收的光能用于光化学反应电子传递的份额，在一定程度上反映了 PSⅡ反应中心的开放程度，SE-11 株系的 qP 与 OE-3 株系的差异不显著，二者的 qP 均高于 WT 株系。

表 6-19 叶绿素荧光参数测定

株系	Fv/Fm	$\Phi_{PSⅡ}$	NPQ	q_P
WT	0.78±0.009	0.64±0.01a	0.36±0.05c	0.89±0.02b
OE-3	0.75±0.009	0.60±0.03b	0.60±0.24b	0.92±0.01a
SE-11	0.73±0.001	0.55±0.01c	0.77±0.07a	0.94±0.02a

(4) 过氧化氢水平的观察

分别取 WT、OE-3 和 SE-11 株系的功能叶片进行 DAB 染色，结果表明 SE-11 株系的叶片中有明显的过氧化氢积累（图 6-28）。过氧化氢是细胞死亡起始的重要信号分子，SE-11 株系叶片中的过氧化氢积累可能会进一步导致更多细胞的死亡。

(5) 转基因株系保护酶类的检测

抗坏血酸过氧化物酶（ascorbate peroxidase，APX）是植物清除活性氧的重要抗氧化酶之一，也是抗坏血酸代谢的关键酶之一，定位在植物细胞内的叶绿体、线粒体、胞质、过氧化物和乙醛酸体、过氧化酶中及类囊体膜上，催化抗坏血酸（AsA）和 H_2O_2 发生反应，产生单脱氢抗坏血酸（MAD），MAD 可以通过不同的途径被还原，减少活性氧对细胞的伤害。过氧化氢酶（CAT）能催化过氧化氢分解为氧和水，主要存在于植物的叶绿

第 6 章 白桦 BpEIL1 基因功能研究

图 6-28 DAB 染色结果

体、线粒体、内质网上,当植物由于逆境胁迫而积累过量的过氧化氢时,细胞会发生应激反应,从而产生 CAT,以降解过多的过氧化氢,以免对细胞产生损伤。超氧化物歧化酶(SOD)能清除细胞内多余的超氧阴离子自由基,主要存在于植物细胞的线粒体、叶绿体和细胞质中,是细胞内清除活性氧的主要酶类。本研究选取野生型株系 WT 作为对照株系,超表达株系 OE-3,抑制表达株系 SE-11 作为代表株系进行保护酶类活性的检测,结果见图 6-29。由图可见,超表达株系 OE-3 的 APX、CAT 和 SOD 活性均低于对照,而抑制表达株系 SE-11 各个酶的活性则均高于对照 WT 株系。APX、CAT 和 SOD 均与植物抗氧化的生理过程相关,各株系的不同表现提示 BpEIL1 基因表达量的不同可能与植株的活性氧含量或抗氧化能力有关。

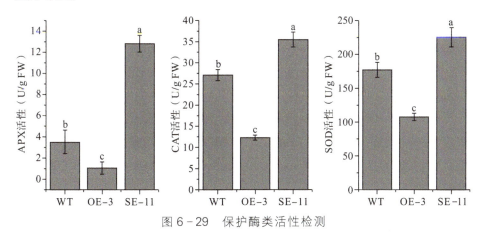

图 6-29 保护酶类活性检测

6.10 转基因株系的基因表达谱分析

抑制表达株系 SE11 叶片出现褐色坏死斑点、过氧化氢积累、抗氧化酶类活性提高以及抗叶枯病等特点，与 lmd 突变体表型相符，进一步证明白桦 *BpEIL1* 基因影响白桦的抗病性。以 SE11 株系叶片为实验材料，以野生型 WT 株系叶片为对照，进行转录组测序分析，研究 *BpEIL1* 基因抑制表达条件下白桦叶片的基因表达谱。提取总 RNA，反转录成 cDNA，建库测序，将下机数据进行过滤得到 Clean Data，与指定的参考基因组进行序列比对，得到的 Mapped Data，进行插入片段长度检验、随机性检验等文库质量评估；使用百迈客云平台 BMKCloud（www.biocloud.net）提供的生物信息学分析流程，根据基因在不同样品或不同样品组中的表达量进行差异表达分析、差异表达基因功能注释和功能富集等表达水平分析。每个样品取 3 次生物学重复，以保证实验结果的可靠性。

(1) 转录组分析结果概述

6 个样品的转录组分析，共获得 40.72 Gb Clean Data，各样品 Clean Data 均达到 5.74 Gb，Q30 碱基百分比在 93.52% 及以上。分别将各样品的 Clean Reads 与指定的参考基因组进行序列比对，比对效率从 84.43% 到 86.76% 不等。

抽取自一个转录本的片段数目与测序数据量、转录本长度、转录本表达水平都有关，为了让片段数目能真实地反映转录本表达水平，需要对样品中的 Mapped Reads 的数目和转录本长度进行归一化。本研究采用 FPKM（Fragments Per Kilobase of transcript per Million fragments mapped）作为衡量转录本或基因表达水平的指标，FPKM 计算公式如下：

FPKM＝cDNA Fragments/Mapped Fragments(Millions) * Transcript Length(kb)

公式中，cDNA Fragments 表示比对到某一转录本上的片段数量，即双端 Reads 数量。Mapped Fragments (Millions) 表示比对到转录本上的片段总数，以 10^6 为单位。Transcript Length(kb) 表示转录本长度，以 10^3 个碱基为单位。

在差异表达基因检测过程中，以 WT 株系为对照，SE-11 为样品，将 Fold Change≥2 且 FDR<0.5 作为判断差异表达基因的指标，经分析，

两样品间有差异表达基因 1737 个,其中上调表达 945 个,下调表达 792 个。

通过火山图(volcano plot)可以快速地查看基因在两个样品中表达水平的差异,以及差异的统计学显著性。SE-11 与 WT 株系差异表达基因火山图见图 6-30。差异表达火山图中的每一个点表示一个基因,横坐标表示某一个基因在两样品中表达量差异倍数的对数值,纵坐标表示基因表达量变化的统计学显著性的负对数值。横坐标绝对值越大,说明表达量在两样品间的表达量倍数差异越大,纵坐标值越大,表明差异表达越显著,筛选得到的差异表达基因越可靠。绿色的点(左侧)代表下调差异表达基因,红色的点(右侧)代表上调差异表达基因,黑色的点代表非差异表达基因(中间)。由图可见,上调表达和下调表达的基因数量都很多,差异倍数越大的基因数量越少。

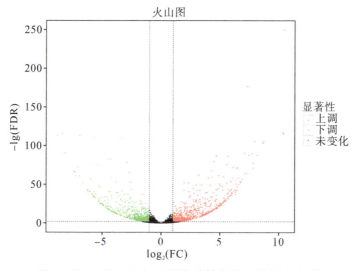

图 6-30　SE-11 与 WT 株系差异表达基因火山图

(2)GO 分析结果

GO 数据库是 GO 组织(gene ontology consortium)于 2000 年构建的一个结构化的标准生物学注释系统,包含 3 个主要分支:生物学过程(biological process)、细胞组分(cellular component)和分子功能(molecular function)。对 SE-11 与 WT 株系之间的差异表达基因进行 GO 分类,统计结果见图 6-31。图中,横坐标表示 GO 分类,左侧纵坐标为基因数量所占百分比，右侧纵坐标为基因数量。由此图可知在差异表达基因背景和全部基因背景下 GO 各二级功能基因的富集情况，具有明显比例差异的二级功能说明差异表达基因与全部基因的富集趋势不同。由图可见，在生物学过程中，复制（reproduction）、免疫系统（immune system process）、生殖过程（reproductive process）、生长（growth）、解毒作用（detoxification）、多细胞生物过程（multicellular organismal process）等生物学进程基因富集表达；在细胞组分中，各不同分类基因富集情况均有不同程度的变化，其中膜（membrane）、膜部分（membrane part）、细胞连接（cell junction）、超分子复合物（supramolecular complex）、共质体（symplast）等分类基因表现为富集而其他分类下的基因表现为减少；在分子功能中，分子转导活性（molecular transducer activity）、抗氧化活性（antioxidant activity）、结合（binding）、转运活性（transporter activity）、催化活性（catalytic activity）等分类基因显著富集。

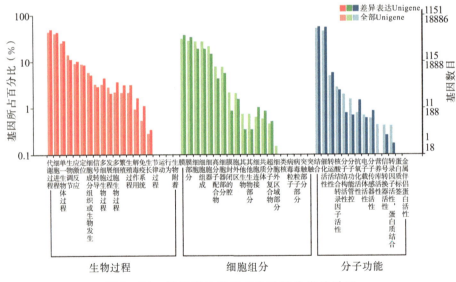

图 6-31　差异表达基因 GO 注释分类统计图

对各分类下的 GO 条目富集情况进行分析，结果见图 6-32、图 6-33 和图 6-34。图中横坐标为基因占比，即注释在该条目中的差异基因占所有差异表达基因数的比例，纵坐标为对应的 GO 条目，点的大小代表该条目中注释的差异表达基因数，点的颜色代表 P 值。由图可见，在生物学过程中，最为富集的条目为防御反应（defense response）、花粉识别（recogni-

第 6 章　白桦 BpEIL1 基因功能研究

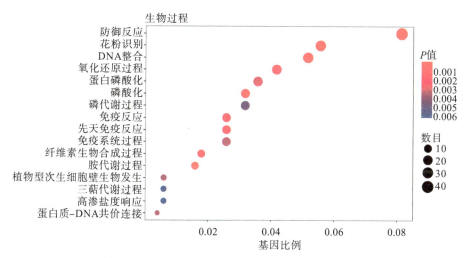

图 6-32　差异表达基因在生物学过程分类下的 GO 富集条目气泡图

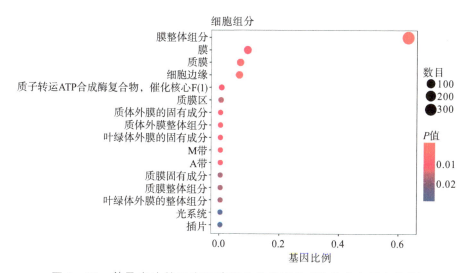

图 6-33　差异表达基因在细胞组分分类下的 GO 富集条目气泡图

tion of pollen)、DNA 整合(DNA integration)、氧化还原过程(oxidation-reduction process)、磷酸化(phosphorylation)、免疫反应(immune response)、先天免疫反应(innate immune response)等；在细胞组分中，最为富集的条目为膜相关条目，如膜的整体组成(integral component of membrane)、膜(membrane)、质膜(plasma membrane)、外膜的基本组成(intrinsic component of plastid outer membrane)、外膜的整体组成(integral component of plastid outer membrane)、叶绿体外膜的基本组成(in-

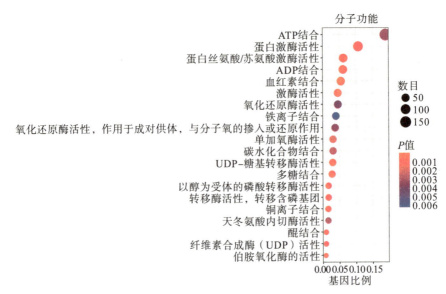

图6-34 差异表达基因在分子功能分类下的GO富集条目气泡图

trinsic component of chloroplast outer membrane)和细胞外围(cell periphery);在分子功能中,最为富集的条目为ADP结合(ADP binding)、激酶活性(kinase activity)、伯胺氧化酶活性(primary amine oxidase activity)、蛋白激酶活性(protein kinase activity)、蛋白丝/苏氨酸激酶活性(protein serine/threonine kinase activity)、醌结合(quinone binding)等。

(3)KEGG分析

在生物体内,不同的基因产物相互协调以行使生物学功能,对差异表达基因的通路(pathway)进行注释分析有助于进一步解读基因的功能。KEGG(kyoto encyclopedia of genes and genomes)是用于系统分析基因功能、基因组信息的数据库,它有助于研究者把基因及表达信息作为一个整体网络进行研究。该数据库是有关代谢通路的主要公共数据库,KEGG提供的代谢途径查询,包括碳水化合物、核苷、氨基酸等的代谢及有机物的生物降解,不仅提供了所有可能的代谢途径,而且对催化各步反应的酶进行了全面的注释,包含有氨基酸序列、PDB库的链接等,是进行生物体内代谢分析、代谢网络研究强有力的工具。

分析差异表达基因在某一通路上是否发生显著差异(over-presentation)即为差异表达基因的通路富集分析。Pathway显著性富集分析以KEGG数据库中的Pathway为单位,应用超几何检验,找出与整个基因组背景相比，在差异表达基因中显著性富集的代谢途径。差异表达基因 KEGG 通路富集分析结果见图 6-35，图中呈现了显著性 Q 值最小的前 20 个通路。图中每一个点表示一个 KEGG 通路，纵坐标表示通路名称，横坐标为富集因子(enrichment factor)，表示差异基因中注释到某通路的基因比例与所有基因中注释到该通路的基因比例的比值，富集因子越大，表示差异表达基因在该通路中的富集水平越显著。圆圈的颜色代表 Q 值，Q 值为多重假设检验校正之后的 P 值，Q 值越小，表示差异表达基因在该通路中的富集显著性越可靠；圆圈的大小表示通路中富集的基因数量，圆圈越大，表示基因越多。由图可见，植物-病原体相互作用(plant-pathogen interaction)、苯丙类生物合成(phenylpropanoid biosynthesis)、β-丙氨酸代谢(beta-alanine metabolism)、黄酮与黄酮醇生物合成(flavone and flavonol biosynthesis)、哌啶和吡啶生物碱生物合成(piperidine and pyridine alkaloid biosynthesis)、玉米素生物合成(zeatin biosynthesis)、植物 MAPK 信号途径(MAPK signaling pathway-plant)、半乳糖代谢(galactose metabolism)、异喹啉生物碱生物合成(isoquinoline alkaloid biosynthesis)、氨

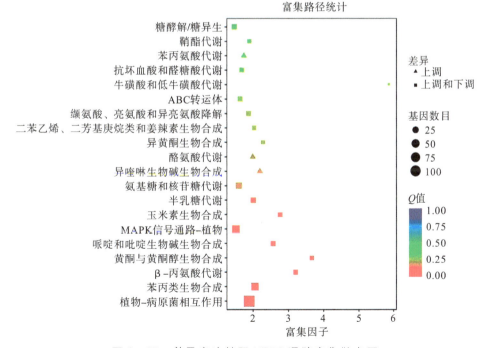

图 6-35 差异表达基因 KEGG 通路富集散点图

糖和核糖代谢（amino sugar and nucleotide sugar metabolism）、酪氨酸代谢（tyrosine metabolism）、缬氨酸、亮氨酸和异亮氨酸降解（valine, leucine and isoleucine degradation）、异黄酮生物合成（isoflavonoid biosynthesis）、二苯乙烯、二芳庚烷和姜辣素生物合成（stilbenoid, diarylheptanoid and gingerol biosynthesis）、牛磺酸和低牛磺酸代谢（taurine and hypotaurine metabolism）、ABC 转运体（ABC transporters）、鞘脂代谢（sphingolipid metabolism）、苯丙氨酸代谢（phenylalanine metabolism）、抗坏血酸和醛糖酸盐代谢（ascorbate and aldarate metabolism）和糖酵解/糖异生（glycolysis/gluconeogenesis）等代谢途径是差异基因富集最为显著的 20 个代谢途径。

6.11 本章小结

在本章中，经基因组重测序和 TAIL-PCR 证明，白桦类病斑及早衰突变体 lmd 的表型形成与白桦 BpEIL1 基因相关，由于 T-DNA 插入了白桦 BpEIL1 基因的启动子区，引起了该基因表达量的下降，故利用 PLACE 数据库对白桦 BpEIL1 的启动子序列元件进行了预测。结果表明，BpEIL1 启动子中除了含有基本元件外，还含有与胁迫反应、光信号、激素调控、乙烯响应等相关的元件，暗示了该转录因子复杂的生物学功能。结合基因组和转录组数据可知，白桦 BpEIL1 基因 ATG 上游还有一个外显子和一个内含子，再加上 ATG 所在外显子的上游序列，总长度为 953 bp，则 T-DNA 插入位点在 ATG 上游 1551 bp 处，我们克隆了 ATG 上游 2890 bp 的序列，因此包含的启动子序列为 1937 bp，在所克隆的启动子序列中，保留的启动子序列为 598 bp，由于 T-DNA 插入而丢失功能的启动子序列为 1339 bp。在白桦 BpEIL1 启动子上共预测到 8 个 WRKY71OS 元件（TGAC），其中 7 个位于丢失的启动子序列中。水稻 OsWRKY71 编码一个赤霉素（gibberellic acid，GA）信号转导过程中的转录抑制因子。作为抑制因子，OsWRKY71 在体外条件下可以与 α-淀粉酶基因 Amy32b 启动子中含有 TGAC 序列的 W 框特异性结合。如果启动子的两个 W 框突变，OsWRKY71 即不能与之结合，同时也不能抑制 Amy32b 的表达[131]。过表达 OsWRKY71 基因会增强水稻对毒性白叶枯病菌株 13751 的抗性，而防卫信号通路中的两个标记基因 OsNPR1 和 OsPR1b 在 OsWRKY71 过表达的株系中呈组成性表达，说明 OsWRKY71 作用于这两个标记基因的上游[132]。过表达 OsWRKY71 的水稻细胞中多个激发子诱导的防卫相关基因表达上调，由于 OsWRKY71 有转录抑制子的特性，这表明 OsWRKY71 对防卫相关基因的激活可能是个间接过程[133]。白桦 BpEIL1 基因启动子的破坏导致了基因表达量的下调，而与病程相关的 PR1、PR1b、PR1a、PR5 等基因的表达量上调，进而导致了白桦对叶枯病菌的抗性增强，同时 BpEIL1 的抑制表达株系又表现出类病斑的表型，说明在白桦抗叶枯病菌的过程中，BpEIL1 基因扮演了负调控因子的角色，在其启动子中的 8 个 W 框序列是否由白桦中相应的 WRKY 转录因子负调控，而使 BpEIL1 基因成为 WRKY 基因激活防御相关基因的间接因子是一个值得进一步讨论的问题。BpEIL1 基因启动子中还含有较多的 GT1 作用元件，包括 2 个 GT1CORE（GGTTAA）、27 个 GT1CONSENSUS（GRWAAW）和 8 个 GT1GMSCAM4（GAAAAA）序列。与 GT 元件结合的蛋白称为 GT 因子，目前仅在植物中发现有 GT 因子的存在，GT 因子与 GT 元件结合，调控相关基因的转录，使植物响应各种内、外环境的变化。而 GT1 与光生长和暗适应、盐胁迫、病害胁迫等生理过程相关，白桦 BpEIL1 基因启动子中含有如此多的 GT1 元件，说明该基因可能涉及相应的生命过程。

同时，我们还构建了 BpEIL1 基因启动子、超表达和抑制表达 3 种载体，并对白桦合子胚进行了遗传转化，获得了相应的转基因株系，其中 BpEIL1 基因启动子转基因株系 7 个、BpEIL1 基因超表达转基因株系 5 个、抑制表达株系 10 个，经 PCR 检测均为阳性。在启动子的研究中，对 BpEIL1 基因启动子的元件进行了预测，发现该启动子上有很多与植物抗病性、激素信号转导等相关的元件，这也预示了该基因在乙烯与不同激素之间相互作用的重要功能。转白桦 BpEIL1 基因启动子的转基因植株经过 GUS 染色，结果表明，该基因主要在白桦的成熟叶片中表达，在茎和根中的表达量则较少。由于在迪过转基因获得的超表达株系和抑制表达株系中，有的株系生长状况极为不好，难以分化出足够的生根苗，因此，在移栽时，超表达株系仅移栽了 3 个株系，抑制表达株系仅移栽了 3 个株系。通过基因定量分析可见，在超表达株系中，BpEIL1 基因的表达量均高于对照株系，抑制表达株系的表达量均低于对照，其中在 SE‐11 株系中表达量最低，与野生型对照 WT 株系相比，降低了 6.5 倍。由于在 lmd 突变株中，BpEIL1 基因的表达量下降，因此我们着重观察了 3 个抑制表达株系的移栽植株，发现 SE-11 株系的叶片表现出与 lmd 株系相似的性状，包括株高、地径较小，净光合速率较低，叶片表面长有褐色斑点以及叶片脱落较早，叶片有 H_2O_2 积累等性状，SE-11 株系表现出一定的早衰性状。但是其他两个抑制表达株系并没有出现类似表型，这可能与 BpEIL1 基因被抑制程度有关。而 BpEIL1 基因是如何调控下游基因表达的，其又受到何种基因的调控，还有待于进一步研究。

第 7 章

白桦抗病相关基因家族全基因组分析

植物在整个地球生态系统中扮演着重要角色,在与自然环境的长期相互作用过程中,植物体形成了自身的防卫系统,可以在一定程度上避免病原物的入侵,但仍然面临复杂多样的病虫害的挑战。当受到细菌、病毒、真菌等病原物侵害时,植物的一些膜蛋白接收到相应的信号分子,这些信号分子激活细胞内与抗病相关的转录因子和蛋白的表达,从而抵抗病原物的侵害。转录因子(transcription factor,TF)能与特定的DNA序列专一性结合,保证靶基因以特定的强度在特定的时间和空间表达,也被称为反式作用因子[134]。典型的转录因子包含DNA结合区(DNA-binding domain)、寡聚化位点(oligomerization site)、转录激活区(activation domain)以及核定位信号(nuclear localization signal)等相关功能区域。植物中的转录因子可以分为两类。一类是非特异性转录因子,它们可以在基因的转录中起到非选择性的调控作用,如大麦中的HvCBF2(C-repeat/DRE binding factor 2)。另一类是特异性转录因子,它们能够在某个或某些基因的表达中起到选择性调控的作用,如WRKY、bZIP、bHLH、NAC、MYB、锌指蛋白等[135]。很多转录因子家族在植物的抗病应答中发挥着重要的作用,如ERF、WRKY、NAC、MYB等[136-139]。另外,一些功能蛋白在植物的抗病过程中也发挥着重要作用,如病程相关蛋白、U-box蛋白、核苷酸结合的富含亮氨酸重复蛋白(NLR)、NBS-LRR类抗病蛋白等[140-142]。

本章对白桦中7个与抗病性有关的转录因子和功能蛋白基因家族进行了全基因组分析,分别从基因的结构、保守结构域、基本理化性质、蛋白质结构、进化关系等方面对各个基因家族进行了分析,了解白桦各抗病相关基因家族的特点,为白桦抗病基因工程育种提供参考。

7.1 WRKY 家族全基因组分析

WRKY 基因是植物转录因子基因大家族中的一员,能与和抗病有关的启动子调控序列 W-box[TGACC(T/A)]及糖响应顺式元件(sugar response cis-element,SURE)结合[143,144],调控下游基因的表达,在植物生长发育及应对各种环境胁迫的过程中起着积极的作用。WRKY 转录因子的典型特征是它们的 DNA 结合区,也被称为 WRKY 结构域,是由约 60 个氨基酸组成的保守区域[145],该区域包含一个高度保守的短氨基酸序列(WRKYGQK)和锌指基序($CX_{4-5}CX_{22-23}HXH$ 和 $CX_7CX_{23}HXC$)[146]。根据 WRKY 保守结构域的数量以及锌指结构的类型,可将 WRKY 蛋白分成 3 种类型,第一类蛋白的特征是含有两个 WRKY 结构域,锌指结构为 $CX_4C_{22-23}HXH/C$;第二类蛋白的特征是含有一个 WRKY 结构域,锌指结构为 $CX_{4-5}CX_{23}HXH$,这一类又可以进一步分成五组;第三类蛋白的特征是含有一个 WRKY 结构域,锌指结构为 $CX_7C_{23}HXC$[147]。在一些 WRKY 蛋白中,WRKY 结构域的核心序列"WRKYGQK"或者 C 末端的锌指结构可能会发生变异,这两种变异都会对植物产生严重影响[148]。

1994 年,石黑浩首先在甜薯中克隆得到了第一个 WRKY 转录因子——SPF1。近年来,随着测序技术和生物信息学的发展,基因组范围内的 WRKY 基因分析已经在多种植物中进行,越来越多的 WRKY 基因家族成员被发现。如在拟南芥(*Arabidopsis thaliana*)中发现了 74 个 WRKY 家族成员,大麦(*Hordeum vulgare* L.)中发现了 94 个,苹果(*Malus domestica* Borkh.)中发现了 132 个,水稻(*Oryza sativa* L.)中发现了 109 个,大麦(*Hordeum vulgare* L.)中发现了 45 个,黄瓜(*Cucumis sativus* L.)中发现了 55 个,玉米(*Zea mays* L.)中发现了 119 个,大豆[*Glycine max* (Linn.) Merr]中发现了 182 个,陆地棉(*Gossypium hirsutum* Linn.)中发现了 109 个,甜木薯(*Manihot esculenta*)中发现了 85 个[149,150]。研究者们对 WRKY 基因的结构和功能进行了分析,结果表明,WRKY 转录因子在各种生物和非生物胁迫下的信号传递和表达调控中发挥着极其重要的作用[151]。如在香蕉中,MaWRKY26 激活了茉莉酸的合成并增强了果实的耐寒性,在小麦中,TaWRKY49 和 TaWRKY62 被证实参与了针对真菌病原体的防御反应,在谷子中能够调节穗的发育等[152]。

本研究在白桦基因组中获得了白桦 WRKY 基因家族 DNA 和氨基酸序

列信息,利用生物信息学方法对其进行分组及进化分析、染色体定位、蛋白质理化性质分析、基因结构及基因蛋白保守结构域的分析等,为白桦 WRKY 基因家族功能的研究提供参考。

7.1.1　白桦 WRKY 基因家族成员的鉴定

利用 COGE 网站搜索出白桦 WRKY 家族基因序列,经过筛选与鉴定共获得 39 个家族成员(表 7-1),根据其在染色体上的顺序,分别命名为 $BpWRKY1$~$BpWRKY39$。在 39 个白桦 WRKY 基因中,长度最短的为 $BpWRKY37$(1097 bp),最长的为 $BpWRKY16$(11126 bp)。利用 ProtParam 软件对白桦 WRKY 基因的氨基酸序列成员进行分析,结果表明,白桦 WRKY 家族的氨基酸数量在 126~598 之间,分子量在 14280.55~80875.89 Da 之间,等电点为 4.97~9.91,差异较大,所有家族成员均为亲水性蛋白(表 7-2)。

表 7-1　白桦 WRKY 基因家族成员基本信息

基因名称	基因号	基因在染色体上的位置	基因长度(bp)
$BpWRKY1$	Bpev01.c0066.g0042	36390217—36400730	10514
$BpWRKY2$	Bpev01.c0101.g0027	3000298—3003864	3567
$BpWRKY3$	Bpev01.c0357.g0007	4262457—4267522	5066
$BpWRKY4$	Bpev01.c0357.g0035	4070158—4074172	4015
$BpWRKY5$	Bpev01.c0505.g0019	43772292—43774847	2556
$BpWRKY6$	Bpev01.c0932.g0014	30308834—30310589	1756
$BpWRKY7$	Bpev01.c1844.g0004	44510646—44512291	1646
$BpWRKY8$	Bpev01.c0281.g0025	4168999—4174687	5689
$BpWRKY9$	Bpev01.c0362.g0010	19733922—19736568	2647
$BpWRKY10$	Bpev01.c0566.g0025	331298—333648	2351
$BpWRKY11$	Bpev01.c1040.g0043	1180567—1184157	3591
$BpWRKY12$	Bpev01.c1193.g0015	32740439—32743608	3170
$BpWRKY13$	Bpev01.c0004.g0010	23237574—23241090	3517
$BpWRKY14$	Bpev01.c0129.g0071	22690947—22692772	1826
$BpWRKY15$	Bpev01.c0129.g0088	22860427—22862195	1769
$BpWRKY16$	Bpev01.c0454.g0021	12377848—12388973	11126

续表

基因名称	基因号	基因在染色体上的位置	基因长度（bp）
BpWRKY17	Bpev01.c0015.g0045	24450377—24452074	1698
BpWRKY18	Bpev01.c1072.g0020	166747—168461	1715
BpWRKY19	Bpev01.c1072.g0021	172499—175311	2813
BpWRKY20	Bpev01.c0127.g0039	30913754—30916250	2497
BpWRKY21	Bpev01.c1530.g0008	5326105—5328203	2099
BpWRKY22	Bpev01.c0640.g0015	29514666—29517204	2539
BpWRKY23	Bpev01.c1234.g0001	21046077—21048111	2035
BpWRKY24	Bpev01.c0150.g0003	2121628—2122916	1289
BpWRKY25	Bpev01.c0224.g0049	40321—42830	2510
BpWRKY26	Bpev01.c0078.g0001	18311432—18313156	1725
BpWRKY27	Bpev01.c0511.g0003	23262291—23264026	1736
BpWRKY28	Bpev01.c0511.g0004	23282801—23284874	2074
BpWRKY29	Bpev01.c0606.g0010	9833257—9834652	1396
BpWRKY30	Bpev01.c1024.g0009	6286065—6290142	4078
BpWRKY31	Bpev01.c0425.g0010	26849105—26858874	9770
BpWRKY32	Bpev01.c0667.g0029	437352—442366	5015
BpWRKY33	Bpev01.c0778.g0020	18412700—18416185	3486
BpWRKY34	Bpev01.c0800.g0016	1483709—1485724	2016
BpWRKY35	Bpev01.c0931.g0003	23619499—23622725	3227
BpWRKY36	Bpev01.c2182.g0005	21469738—21471784	2047
BpWRKY37	Bpev01.c0170.g0010	5777728—5778824	1097
BpWRKY38	Bpev01.c0170.g0012	5753426—5754913	1488
BpWRKY39	Bpev01.c1063.g0002	7116852—7119324	2473

表7-2 白桦 WRKY 基因家族蛋白基本理化性质

名称	氨基酸数目	分子量（Da）	等电点	亲/疏水性
BpWRKY1	453	50183.74	8.52	亲水性
BpWRKY2	576	62998.45	6.41	亲水性
BpWRKY3	299	32842.87	5.32	亲水性
BpWRKY4	540	58127.92	7.73	亲水性
BpWRKY5	370	41330.08	5.65	亲水性

续表

名称	氨基酸数目	分子量(Da)	等电点	亲/疏水性
BpWRKY6	328	36395.70	7.12	亲水性
BpWRKY7	419	45932.62	6.57	亲水性
BpWRKY8	532	57713.03	5.89	亲水性
BpWRKY9	295	33394.05	7.65	亲水性
BpWRKY10	174	20094.48	9.45	亲水性
BpWRKY11	456	50295.38	5.44	亲水性
BpWRKY12	579	62955.00	6.29	亲水性
BpWRKY13	529	57875.50	8.43	亲水性
BpWRKY14	322	35619.71	6.80	亲水性
BpWRKY15	261	29780.11	5.07	亲水性
BpWRKY16	727	79247.44	6.11	亲水性
BpWRKY17	335	37074.71	9.54	亲水性
BpWRKY18	307	34327.11	5.90	亲水性
BpWRKY19	362	39724.08	6.03	亲水性
BpWRKY20	550	58792.27	6.42	亲水性
BpWRKY21	316	34849.65	6.67	亲水性
BpWRKY22	333	35880.76	9.32	亲水性
BpWRKY23	300	33552.94	6.66	亲水性
BpWRKY24	294	32859.56	4.97	亲水性
BpWRKY25	307	34395.04	6.05	亲水性
BpWRKY26	341	36857.93	9.66	亲水性
BpWRKY27	317	35067.25	6.46	亲水性
BpWRKY28	300	33824.58	9.18	亲水性
BpWRKY29	273	30061.29	9.91	亲水性
BpWRKY30	220	25163.45	9.42	亲水性
BpWRKY31	230	26083.63	7.62	亲水性
BpWRKY32	752	80875.89	5.55	亲水性
BpWRKY33	498	54721.55	6.34	亲水性
BpWRKY34	126	14280.55	6.96	亲水性
BpWRKY35	598	65826.78	6.79	亲水性
BpWRKY36	198	22101.29	8.84	亲水性
BpWRKY37	146	16795.23	9.59	亲水性
BpWRKY38	304	34181.21	5.42	亲水性
BpWRKY39	351	39668.65	5.28	亲水性

7.1.2 白桦 WRKY 基因的系统进化分析

为进一步分析白桦 WRKY 家族基因的系统进化关系，利用 Clustal X 软件对白桦 WRKY 基因的氨基酸序列进行多序列比对，设置参数为默认值，在此基础上，用 MEGA7.0 软件构建系统进化树，结果如图 7-1 所示。根据结果可将 39 个白桦 WRKY 基因分成四组，分别为Ⅰ、Ⅱ、Ⅲ、

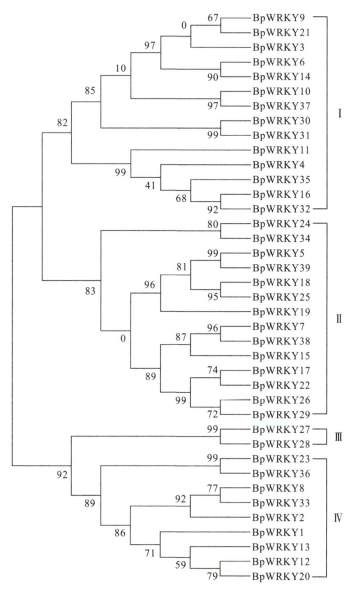

图 7-1 白桦 WRKY 基因的系统进化分析

第7章 白桦抗病相关基因家族全基因组分析

Ⅳ，其中Ⅰ包含14个白桦WRKY基因，分别为BpWRKY3、BpWRKY4、BpWRKY6、BpWRKY9、BpWRKY10、BpWRKY11、BpWRKY14、BpWRKY16、BpWRKY21、BpWRKY30、BpWRKY31、BpWRKY32、BpWRKY35、BpWRKY37；Ⅱ中包含14个白桦WRKY基因，分别为BpWRKY5、BpWRKY7、BpWRKY15、BpWRKY17、BpWRKY18、BpWRKY19、BpWRKY22、BpWRKY24、BpWRKY25、BpWRKY26、BpWRKY29、BpWRKY34、BpWRKY38、BpWRKY39；Ⅲ中包含两个白桦WRKY基因，分别为BpWRKY27、BpWRKY28；Ⅳ中包含9个白桦WRKY基因，分别为BpWRKY1、BpWRKY2、BpWRKY8、BpWRKY12、BpWRKY13、BpWRKY20、BpWRKY23、BpWRKY33、BpWRKY36。

7.1.3 白桦WRKY基因的染色体定位

根据白桦WRKY基因组序列信息，利用MG2C软件将白桦WRKY基因定位到相应的染色体上，如图7-2所示，结果表明，39个白桦WRKY基因分散在14条染色体上，其中1号染色体上分布最多，含有7个WRKY基因，其次为2号染色体，分布有5个WRKY基因，4号染色体分

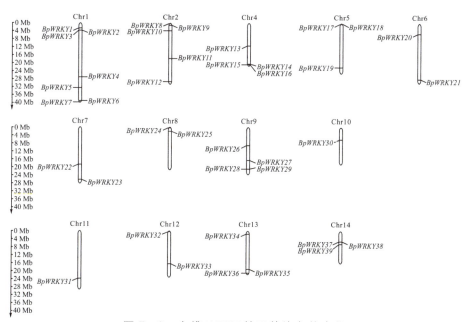

图7-2 白桦WRKY基因的染色体定位

布有 4 个 WRKY 基因，5、9、13、14 号染色体分别分布有 3 个 WRKY 基因，6、7、8、12 号染色体分别分布有 2 个 WRKY 基因，10、11 号染色体分别分布有 1 个 WRKY 基因。

7.1.4　白桦 WRKY 基因的结构分析

从 COGE 网站下载白桦 WRKY 基因的 CDS 序列和基因序列，应用 GSDS 软件对白桦 WRKY 基因的 CDS 序列和基因序列进行分析，得到白桦 WRKY 基因的结构，如图 7-3 所示。结果表明，白桦 WRKY 基因家族成员的外显子数量不定，含有 2～6 个外显子，在 39 个 WRKY 基因中，$BpWRKY1$、$BpWRKY13$、$BpWRKY20$ 含有的外显子数量最多，均含有 6 个外显子；$BpWRKY2$、$BpWRKY12$、$BpWRKY16$、$BpWRKY23$、$BpWRKY27$、$BpWRKY32$、$BpWRKY35$ 均含有 5 个外显子；$BpWRKY4$、$BpWRKY8$、$BpWRKY11$、$BpWRKY28$、$BpWRKY31$、Bp-

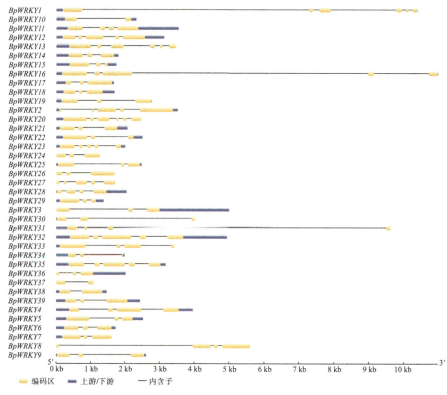

图 7-3　白桦 WRKY 基因结构图

WRKY33、BpWRKY36 均含有 4 个外显子；BpWRKY3、BpWRKY5、BpWRKY6、BpWRKY7、BpWRKY9、BpWRKY14、BpWRKY15、BpWRKY17、BpWRKY18、BpWRKY19、BpWRKY21、BpWRKY22、BpWRKY24、BpWRKY25、BpWRKY26、BpWRKY29、BpWRKY30、BpWRKY34、BpWRKY39 均含有 3 个外显子；BpWRKY10、BpWRKY37、BpWRKY38 均含有 2 个外显子。

7.1.5 白桦 WRKY 基因保守结构域分析

WRKY 蛋白结构域的主要特点是含有高度保守的"WRKYGQK"核心序列以及锌指结构[156]。对白桦 WRKY 基因家族进行多序列比对（图 7-4），结果表明，在 39 个白桦 WRKY 蛋白中大多数都含有完整的"WRKYGQK"结构域核心序列，但也有少数 WRKY 蛋白核心序列中的氨基酸发生了变异，如 BpWRKY23 和 BpWRKY36，该序列变异为"RSLNGAR"，将二者的氨基酸序列在 NCBI 网站上进行鉴定（图 7-5），发现二者均属于 WRKY 超家族的成员。

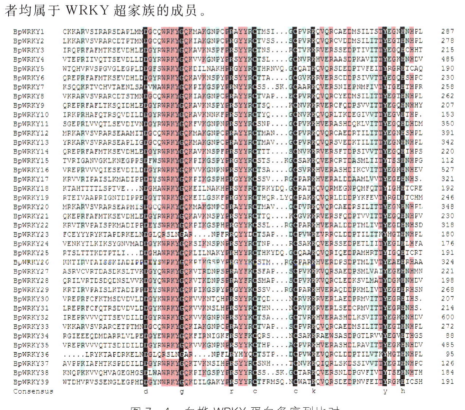

图 7-4 白桦 WRKY 蛋白多序列比对

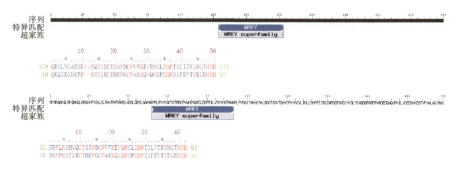

图 7-5 BpWRKY23 和 BpWPKY36 保守结构域分析

7.1.6 小结

WRKY 转录因子在植物对外界的应激反应及生长发育过程中都发挥着极其重要的作用[157,158]。编码 WRKY 蛋白的基因属于一个大家族。本研究根据白桦基因组信息，利用生物信息学方法筛选并鉴定出 39 个 WRKY 基因家族成员。蛋白质理化性质分析结果表明，白桦 WRKY 蛋白由 126~598 个氨基酸组成，等电点为 4.97~9.91，分子量为 14280.55~80875.89 Da，均为亲水性蛋白。39 个 WRKY 基因分为 Ⅰ、Ⅱ、Ⅲ、Ⅳ 四组，Ⅰ 组包含 14 个基因，Ⅱ 组包含 14 个基因，Ⅲ 组包含 2 个基因，Ⅳ 组包含 9 个基因。染色体定位分析表明，除 3 号染色体外，白桦的其余 13 条染色体上均有 WRKY 基因的存在，其中 1 号染色体上分布最多，共有 7 个 WRKY 基因，10、11 号染色体上分布得最少，分别有 1 个 WRKY 基因。基因结构分析结果表明，白桦 WRKY 基因含有 2~6 个外显子。蛋白保守结构域分析结果表明，多数家族成员都含有 WRKY 保守结构域，但也有少数成员存在变异，这些变异在拟南芥、苹果、番茄均有发现，且不同的物种间变异程度也有不同，表明 WRKY 基因家族成员具有保守性的同时也具有多样性。本研究有助于了解白桦 WRKY 基因家族成员的基本情况，为后续针对白桦 WRKY 基因家族功能的研究提供参考。

7.2 白桦 TGA 基因家族全基因组分析

TGA(TGACG motif - binding factor)转录因子属于 bZIP(basic leucine zipper，bZIP)家族中的 D 亚族[159]，含有一个典型的锌指结构域和两个谷氨酰胺转录激活位点[160]，能特异识别并结合"TGACG"序列，调节靶基因的转录水平,在植物抵御生物或非生物胁迫的防御反应及花器官发育中发挥重要作用。1989 年 Katagiri 等以"TGACG"序列为核心的探针对烟草 cDNA 文库进行杂交[161],从植物中克隆出第一个 TGA 转录因子——TGA1a。随后,在种植物中发现了 TGA 转录因子的存在[162,163],如在大豆基因组中发现了 27 个 TGA 基因[164],在香蕉中也发现了 9 个 TGA 基因[165]。拟南芥中共含有 10 个 TGA 转录因子,依据序列相似性可进一步将它们分为 5 组[166],其中,TGA1 与 TGA4 构成第Ⅰ组,TGA2、TGA5 及 TGA6 为第Ⅱ组,TGA3 与 TGA7 为第Ⅲ组,TGA9 与 TGA10 为第Ⅳ组,PERIANTHIA(PAN)为第Ⅴ组[167]。

TGA 家族基因在植物抗生物和非生物胁迫中均发挥重要作用。在大豆中,TGA 转录因子在抗干旱、抗盐的非生物胁迫中具有重要作用。在拟南芥中,TGA 转录因子参与调控植物的抗旱性。研究发现,野生型植株、TGA7 突变体(TGA7 基因功能缺失)、过量表达 TGA7 的转基因株系在土壤干旱、离体叶片失水、气孔开度等试验中对干旱胁迫的耐受性不同,TGA7 通过直接负调控 AtBG1 的表达来响应干旱胁迫[160]。

越来越多的证据表明,TGA 转录因子在许多生物过程,如预防病原体和植物发育等方面发挥着关键作用[168,169]。SA 是病原菌侵染植物后迅速积累的免疫信号,能够诱发植物局部细胞程序性死亡并诱导植物产生系统获得性抗性。研究发现,TGA 在 SA 抗病信号转导途径中发挥了作用,SA 能诱导 TGA 的表达,提高植物的抗病性[170]。草莓中的 FaTGA 转录因子通过水杨酸途径预防白粉病[171];TaTGA1 在小麦应对白粉菌胁迫的调控表达过程中发挥至关重要的作用[172];在香蕉中,TGA 转录因子在抗枯萎病中发挥重要的生物学功能[173]。

本研究在白桦基因组数据库中发现了 6 个 TGA 基因,将其命名为 *BpTGA1*~*BpTGA6*。通过对其编码蛋白理化性质的分析,得到了白桦 TGA 家庭成员的氨基酸残基数、分子质量(MW)、蛋白等电点等相关信息,并对白桦 TGA 蛋白的亲/疏水性、蛋白质二级和三级结构、保守结构域、信号肽、磷酸化位点亚细胞定位等进行了分析,为白桦 TGA 家族成员功能的进一步研究提供参考。

7.2.1 白桦 TGA 基因家族成员的鉴定

在 COGE 网站检索白桦 TGA 家族基因,经过筛选和鉴定共得到 6 个 TGA 基因家族成员,将其命名为 *BpTGA1*~*BpTGA6*,如表 7-3 所示,在这 6 个 TGA 基因家族成员中，最长的为 $BpTGA5$，基因大小为 7942 bp，最短的为 $BpTGA3$，基因大小为 3678 bp。

表 7-3　白桦 TGA 基因家族成员的基本信息

基因名称	基因号	基因在染色体上的位置	基因长度（bp）
$BpTGA1$	Bpev089391	18272503..18278902	6401
$BpTGA2$	Bpev024654	38714581..38719998	5419
$BpTGA3$	Bpev083640	30983606..30987282	3678
$BpTGA4$	Bpev035162	5359187..5364274	5089
$BpTGA5$	Bpev035165	5346733..5354673	7942
$BpTGA6$	Bpev048150	8791211..8798850	7641

7.2.2　白桦 TGA 家族成员的染色体定位

根据表 7-3 中的 TGA 基因家族成员信息，利用 MG2C 在线分析软件将白桦 6 个 TGA 基因定位到相应的染色体上，如图 7-6 所示。我们发现这 6 个 TGA 基因分别定位在 5 条染色体上（1、7、8、10 和 13 号染色体）。$BpTGA1$ 位于 8 号染色体，$BpTGA2$ 位于 1 号染色体，$BpTGA3$ 位于 7 号染色体，$BpTGA4$ 和 $BpTGA5$ 位于 10 号染色体，$BpTGA6$ 位于 13 号染色体。

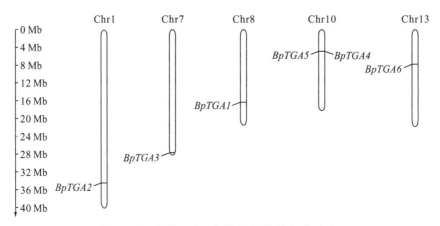

图 7-6　白桦 TGA 家族基因的染色体定位

7.2.3　白桦 TGA 家族成员的蛋白理化性质分析

利用在线软件 ProtParam 对 6 个白桦 TGA 蛋白进行分析，结果如表 7-4 所示。结果表明，由白桦 TGA 基因家族成员编码的蛋白的氨基酸序列长度为 248～505 个氨基酸,蛋白质的分子量为 28591.80～57120.06 Da,等电点为 6.10～8.46,亲水性总平均值为 －0.286～－0.723。通过 SignalP-4.1 软件对 TGA 蛋白信号肽进行预测分析可知,BpTGA1～BpTGA6 都没有信号肽,它们均为非分泌蛋白。通过 TMHMM Server v.2.0 在线工具预测蛋白质跨膜结构域,结果可见,白桦的 6 个 TGA 蛋白的跨膜螺旋数均为零,说明白桦 TGA 蛋白均没有跨膜结构。

表 7-4 白桦 TGA 蛋白理化性质的分析

蛋白名称	氨基酸数量	等电点	分子量(Da)	亲水性总平均值
BpTGA1	505	7.18	57120.06	－0.723
BpTGA2	381	8.46	43390.28	－0.371
BpTGA3	452	6.22	49874.97	－0.432
BpTGA4	248	6.52	28591.80	－0.286
BpTGA5	361	6.10	41004.42	－0.479
BpTGA6	491	7.00	54538.40	－0.476

7.2.4 白桦 TGA 家族成员的基因结构分析

应用 GSDS 软件对白桦 TGA 基因的外显子和内含子进行分析,结果见图 7-7。结果表明,白桦 TGA 基因家族成员含有 5～12 个外显子,其中,BpTGA6 基因含有外显子的数量最多,为 12 个,而 BpTGA4 基因含有的外显子最少,为 5 个,在其余 4 个 TGA 基因中,BpTGA1 和 BpTGA3 均含有 11 个外显子,BpTGA2 和 BpTGA5 则均含有 8 个外显子。

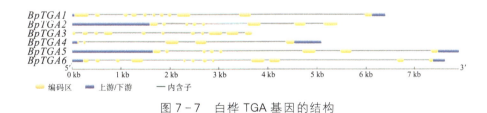

图 7-7 白桦 TGA 基因的结构

7.2.5 白桦 TGA 家族成员保守结构域分析

利用 DNAMAN 软件对白桦 TGA 蛋白的氨基酸序列进行多序列比对。由图 7-8 可见,这 6 个 TGA 蛋白均含有高度保守的结构域,且基因家族内部同源性较高。利用 MEME 软件[155]对白桦 TGA 蛋白保守基序进行预测分析，结果发现，6个白桦TGA蛋白所含的保守基序（Motif）存在一定差异，但均含有Motif1和Motif2保守基序，除BpTGA4外，其余5个TGA蛋白均含有Motif3保守基序（图7-9）。

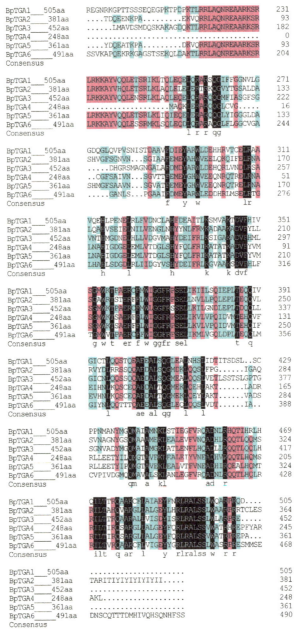

图7-8 白桦TGA蛋白的氨基酸序列多重比对

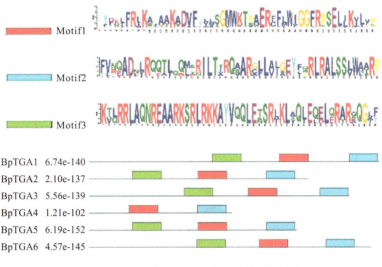

图 7-9 白桦 TGA 蛋白保守基序分析

7.2.6 白桦 TGA 蛋白二级和三级结构预测

使用 SOPMA 软件对白桦 TGA 转录因子的二级结构进行预测分析。结果表明,该蛋白的二级结构主要有 α 螺旋(alpha helix)、β 转角(beta turn)、延伸链(extended strand)和无规则卷曲(random coil)构成,其中 α 螺旋最多,其次为无规则卷曲和延伸链。白桦 TGA 蛋白二级结构中各结构所占比例的排序为:α 螺旋>无规则卷曲>延伸链>β 转角,α 螺旋在成员中占比为 38.82%(BpTGA2)~71.37%(BpTGA4);延伸链在成员中的占比为 5.65%(BpTGA4)~19.28%(BpTGA2);β 转角在成员中的占比为 1.55%(BpTGA3)~6.41%(BpTGA2);无规则卷曲在成员中的占比为 20.56%(BpTGA4)~40.33%(BpTGA6)(表 7-5)。

表 7-5 白桦 TGA 蛋白二级结构的预测

蛋白名称	α 螺旋(%)	延伸链(%)	β 转角(%)	无规则卷曲(%)
BpTGA1	54.06	5.74	2.38	37.82
BpTGA2	38.82	19.28	6.41	35.49
BpTGA3	50.44	9.07	1.55	38.94
BpTGA4	71.37	5.65	2.42	20.56
BpTGA5	60.94	6.93	2.49	29.64
BpTGA6	50.92	6.11	2.65	40.33

应用 SWISS-MODEL 软件对白桦 TGA 蛋白进行三级结构预测。结果可见，这 6 个蛋白的结构均是以 α 螺旋和无规则卷曲为主，与二级结构分析预测相符。BpTGA2、BpTGA5 和 BpTGA6 蛋白空间结构较为相似，推测这 3 个蛋白可能具有相似功能（图 7-10）。

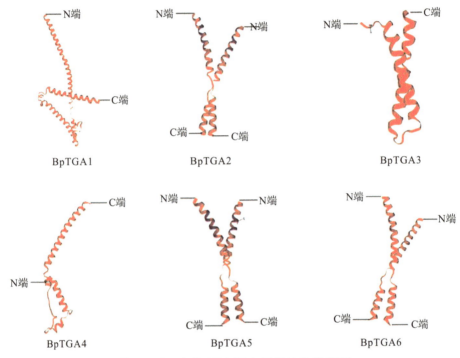

图 7-10 白桦 TGA 蛋白三级结构的预测

7.2.7 白桦 TGA 家族成员基因启动子顺式作用元件分析

取白桦 TGA 家族基因 ATG 上游 1500 bp 处为启动子区，使用进行顺式作用元件分析，发现所有预测基因的启动子均具有真核生物启动增强元件（CAAT-box）和核心启动子元件（TATA-box），说明该基因家族具有较强的表达潜力。在 *BpTGA* 基因启动子区还含有大量的非生物胁迫响应相关顺式作用元件和多个激素响应元件（表 7-6），包括脱落酸（ABRE）、茉莉酸（CGTCA-motif）响应元件，这些元件的存在说明这些基因位于激素调控的下游，在相应的激素信号通路中可能会发挥作用。

表 7-6　白桦 TGA 家族成员启动子顺式作用元件分析

基因名称	脱落酸响应元件	启动增强元件	茉莉酸响应元件	光响应元件	核心启动子元件	厌氧诱导所必需的元件
BpTGA1	4	29	1	1	27	1
BpTGA2	1	32	—	1	10	2
BpTGA3	—	28	2	1	40	2
BpTGA4	2	13	—	1	15	1
BpTGA5	—	26	—	—	21	1
BpTGA6	—	17	—	2	21	2

7.2.8　白桦 TGA 蛋白的系统进化分析

通过 NCBI 找到拟南芥 TGA 家族基因（AtTGA2、AtTGA3、AtTGA5、AtTGA6、AtTGA7、AtTGA9、AtTGA10）和毛果杨 TGA 家族基因（PtTGA1 和 PtTGA2）的蛋白序列并下载，再从 COGE 下载白桦 TGA 基因的 CDS 序列，通过 NCBI 找到其对应的氨基酸序列，再利用 MEGA 7.0 将所有 TGA 蛋白的氨基酸序列进行多序列比对，并将比对结果导入 MEGA 7.0 进化树页面构建系统进化树。结果如图 7-11 所示，我们可以

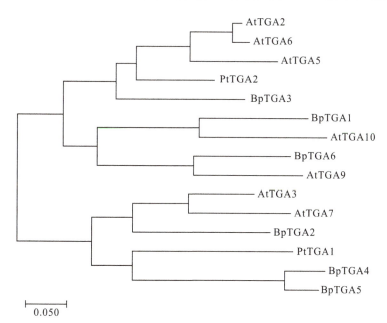

图 7-11　白桦、毛果杨、拟南芥 TGA 蛋白系统进化分析

将这些基因分为 6 类，其中Ⅰ类包含 3 个基因（*AtTGA2*、*AtTGA5*、*AtTGA6*），Ⅱ类包含 *BpTGA3*，Ⅲ类包含两个基因（*BpTGA1*、*AtTGA10*），Ⅳ类包含两个基因（*BpTGA6*、*AtTGA9*），Ⅴ类包含三个基因（*AtTGA3*、*AtTGA7*、*BpTGA2*），Ⅵ类包含三个基因（*BpTGA4*、*BpTGA5*、*PtTGA1*）。因此，可以将 6 个白桦 TGA 基因分为 5 类，GroupⅡ、GroupⅢ、GroupⅣ、GroupⅤ和GroupⅥ，其中 GroupⅡ包含 *BpTGA3*，GroupⅢ包含 *BpTGA1*，GroupⅣ包含 *BpTGA6*，GroupⅤ包含 *BpTGA2*，GroupⅥ包含 2 个 TGA 基因（*BpTGA4* 和 *BpTGA5*）。

7.2.9　小结

白桦是一种具有重要经济价值的林木，具有广泛的用途。白桦在生长和发育过程中，面临着各种逆境胁迫和病虫害的侵害，严重影响了白桦产品的产量和质量。随着人们对植物抗逆性分子机制研究的逐渐深入，越来越多的基因家族被发现参与植物的抗逆过程。研究表明，TGA 家族基因能够很好地通过调控作用来提高植物的抗性。本研究利用生物信息学方法，在白桦基因组数据库中查找 TGA 家族基因，经筛选和鉴定获得 6 个白桦 TGA 基因，分别命名为 *BpTGA1*～*BpTGA6*。我们对 6 个白桦 TGA 基因进行了染色体定位、蛋白理化性质、基因结构、保守结构域的分析，并构建了系统进化树。结果表明，白桦 TGA 家族基因编码的蛋白质由 248～505 个氨基酸残基构成，分子量为 28591.80～57120.06 Da，等电点为 6.10～8.46，均为亲水性蛋白。这 6 个 TGA 基因分别定位在第 1、7、8、10 和 13 这 5 条染色体上。对白桦 TGA 基因进行基因结构分析，发现白桦 TGA 基因含有 5～12 个外显子，其中 *BpTGA6* 基因所含有的外显子最多，为 12 个，而 *BpTGA4* 基因含有的外显子最少，为 5 个。对白桦 TGA 进行蛋白保守基序分析，获得了 3 个保守基序，但 6 个白桦 TGA 基因成员的保守基序存在差异性。建立了白桦、拟南芥、毛果杨 TGA 蛋白系统进化树，将 6 个白桦 TGA 基因分为 5 组。本研究为进一步研究白桦 TGA 基因功能奠定了基础，也为研究其他植物 TGA 家族基因参与逆境胁迫的调控机制提供参考。

第7章 白桦抗病相关基因家族全基因组分析

7.3 白桦 TLP 基因家族全基因组分析

经过漫长的进化过程，植物形成了多种防御机制来适应复杂多变的自然环境，当受到病原菌侵害时，植物体内的防御系统会被激活，合成木质素[174]、植保素[175]、酚类物质[176,177]、防御酶系[178,179]等保护性物质，病程相关蛋白(pathogenesis related protein，PR)的表达也被激活等。PR 在植物中广泛存在，是由防御基因编码的主要产物之一，与系统获得性抗性和植物过敏反应密切相关[180]。当植物 SAR 被激活后，整株植物体的抗病性均增强。依据蛋白质的结构特点，可将 PR 分为 PR1~PR17 共 17 个家族[181]。在 PR 蛋白家族中，第 5 家族(PR5)是一类可溶性强的抗真菌蛋白，主要包括类甜蛋白(thaumatin-like protein，TLP)、渗调蛋白（osmotin）和渗透蛋白(permeatins)[182]。类甜蛋白在植物防御系统中具有重要作用，但因其无甜味，故被称为类甜蛋白[183]。不同植物的 TLP 对病原菌的生长均有抑制作用，TLP 蛋白能与病原菌的细胞膜结合形成离子通道，改变膜的透性，从而导致病原菌死亡或生长受到抑制[184]。大多数 TLP 蛋白含有 16 个半胱氨酸残基，能够形成 8 个二硫键。TLP 蛋白的三维结构显示，它由三个结构域组成，这些二硫键分布在这三个域中，并且在域Ⅰ和域Ⅱ之间可以观察到一个域间的分裂。研究者普遍认为，TLP 蛋白的高酸性结构域间裂缝与其抗真菌和 β-葡聚糖酶活性密切相关[185]。TLP 的保守结构域——thaumatin 结构域（Pfam：PF00314）几乎覆盖了整个成熟肽的 95%。在杨树(*Populus trichocarpa*)的 59 个 TLP 蛋白中，有 49 个 TLP 蛋白含有此结构域[186]。β-1,3-葡聚糖是真菌细胞壁的主要成分，葡聚糖酶活性可以使 TLP 蛋白有效参与由病、虫诱导的植物防御反应过程，并在果实成熟过程中发挥重要作用[187-188]。TLP 属于多基因家族，目前已分别从拟南芥和水稻基因组和表达序列标签数据库中筛选得到 TLP 家族基因 28 个和 31 个[189-190]。

本研究采用同源序列比对法，从白桦基因组数据库中筛选 TLP 家族基因，在 NCBI 数据库中进行序列鉴定，并且查找其保守结构域，最终在白桦基因组中筛选并鉴定出 41 个 TLP 家族基因。分别从染色体定位、理化性质、亚细胞定位、蛋白保守结构域等方面对白桦 TLP 基因家族成员的结构和功能进行预测和分析，并对其进行组织表达特异性进行分析，为进一步研究白桦 TLP 基因家族的功能提供参考。

7.3.1 白桦 TLP 基因家族成员的鉴定

从 COGE 查找出白桦 TLP 基因序列信息,通过同源比对及保守结构域分析,鉴定出 41 个含有 TLP 保守结构域的白桦 TLP 家族基因,按照染色体位置分别命名为 $BpTLP1\sim BpTLP41$(图 7-12)。分析结果表明,白桦 TLP 家族成员分布在 11 条染色体上,其中以 8 号染色体分布最多,分布有 14 个 TLP 基因;其次为 14 号染色体,分布有 8 个 TLP 基因,在 10、11、12 号染色体上未发现有 TLP 家族基因分布。

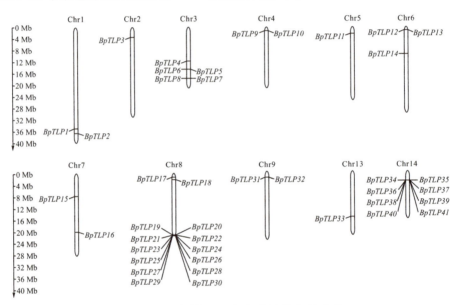

图 7-12 白桦 TLP 家族成员染色体定位

7.3.2 白桦 TLP 家族成员蛋白理化性质分析

使用在线工具 ProtParam 进行蛋白理化性质分析,结果表明,白桦 TLP 蛋白含氨基酸 336~975 个,分子量为 28054.11~81966.03 Da,理论等电点为 5.01~5.21,偏酸性,属于疏水性蛋白(表 7-7)。亚细胞定位结果表明,BpTLP34~BpTLP40 定位于液泡中,BpTLP5 同时定位在细胞质和细胞壁中,BpTLP12 同时定位在细胞壁和细胞核中,其他家族成员定位于细胞质中。

表7-7 白桦TLP基因家族成员理化性质分析

蛋白名称	氨基酸数	分子式	分子量（Da）	等电点	脂肪指数	亲水性总平均值
BpTLP1	845	$C_{2556}H_{4269}N_{845}O_{1077}S_{195}$	70321.73	5.10	24.73	0.731
BpTLP2	888	$C_{2680}H_{4474}N_{888}O_{1123}S_{217}$	74061.30	5.08	24.66	0.772
BpTLP3	777	$C_{2347}H_{3919}N_{777}O_{981}S_{185}$	64649.65	5.11	26.00	0.784
BpTLP4	720	$C_{2175}H_{3632}N_{720}O_{910}S_{171}$	59911.30	5.12	25.83	0.778
BpTLP5	372	$C_{1085}H_{1800}N_{372}O_{449}S_{124}$	31215.89	5.18	17.47	0.890
BpTLP6	474	$C_{1348}H_{2224}N_{474}O_{561}S_{135}$	38375.42	5.17	19.62	0.803
BpTLP7	945	$C_{2819}H_{4695}N_{945}O_{1177}S_{276}$	79507.47	5.03	20.21	0.818
BpTLP8	747	$C_{2175}H_{3605}N_{747}O_{903}S_{236}$	62234.17	5.06	18.07	0.852
BpTLP9	975	$C_{2930}H_{4887}N_{975}O_{1221}S_{270}$	81966.03	5.03	22.56	0.824
BpTLP10	876	$C_{2580}H_{4286}N_{876}O_{1067}S_{276}$	73498.20	5.03	19.63	0.881
BpTLP11	735	$C_{2199}H_{3665}N_{735}O_{929}S_{173}$	60811.04	5.12	23.13	0.713
BpTLP12	336	$C_{982}H_{1630}N_{336}O_{407}S_{106}$	28054.11	5.21	19.05	0.871
BpTLP13	765	$C_{2263}H_{3763}N_{765}O_{933}S_{225}$	63829.84	5.07	22.75	0.888
BpTLP14	561	$C_{1666}H_{2773}N_{561}O_{694}S_{169}$	47184.83	5.12	19.79	0.838
BpTLP15	750	$C_{2222}H_{3696}N_{750}O_{908}S_{260}$	63781.87	5.04	19.73	0.977
BpTLP16	753	$C_{2232}H_{3713}N_{753}O_{935}S_{194}$	62277.16	5.09	22.58	0.772
BpTLP17	759	$C_{2223}H_{3689}N_{759}O_{927}S_{226}$	63126.83	5.07	19.10	0.818
BpTLP18	738	$C_{2209}H_{3682}N_{738}O_{942}S_{158}$	60717.39	5.14	22.90	0.642
BpTLP19	747	$C_{2247}H_{3749}N_{747}O_{937}S_{222}$	63339.25	5.07	20.48	0.837
BpTLP20	861	$C_{2617}H_{4375}N_{861}O_{1078}S_{224}$	72331.09	5.07	27.76	0.890
BpTLP21	714	$C_{2164}H_{3616}N_{714}O_{907}S_{168}$	59534.84	5.13	25.77	0.769
BpTLP22	843	$C_{2560}H_{4279}N_{843}O_{1067}S_{233}$	71410.12	5.06	23.13	0.831
BpTLP23	663	$C_{2020}H_{3379}N_{663}O_{837}S_{172}$	55860.31	5.12	26.55	0.858
BpTLP24	606	$C_{1834}H_{3064}N_{606}O_{768}S_{155}$	50861.40	5.14	23.93	0.788
BpTLP25	693	$C_{2099}H_{3507}N_{693}O_{866}S_{178}$	58014.74	5.11	27.56	0.877
BpTLP26	714	$C_{2164}H_{3616}N_{714}O_{909}S_{167}$	59534.77	5.13	25.35	0.754
BpTLP27	858	$C_{2614}H_{4372}N_{858}O_{1076}S_{229}$	72378.31	5.07	27.39	0.901
BpTLP28	564	$C_{1709}H_{2856}N_{564}O_{719}S_{137}$	47201.04	5.16	24.11	0.753
BpTLP29	741	$C_{2249}H_{3759}N_{741}O_{936}S_{194}$	62375.63	5.10	24.97	0.830

续表

蛋白名称	氨基酸数	分子式	分子量（Da）	等电点	脂肪指数	亲水性总平均值
BpTLP30	732	$C_{2222}H_{3714}N_{732}O_{925}S_{191}$	61607.74	5.10	25.00	0.828
BpTLP31	960	$C_{2837}H_{4716}N_{960}O_{1163}S_{300}$	80500.39	5.01	22.19	0.931
BpTLP32	951	$C_{2815}H_{4681}N_{951}O_{1180}S_{250}$	78743.80	5.05	21.77	0.769
BpTLP33	744	$C_{2196}H_{3650}N_{744}O_{904}S_{266}$	63467.54	5.04	16.67	0.939
BpTLP34	678	$C_{2077}H_{3478}N_{678}O_{874}S_{165}$	57222.38	5.13	24.48	0.758
BpTLP35	678	$C_{2066}H_{3456}N_{678}O_{866}S_{175}$	57260.69	5.12	23.75	0.788
BpTLP36	678	$C_{2067}H_{3458}N_{678}O_{875}S_{163}$	57033.99	5.13	23.01	0.717
BpTLP37	678	$C_{2073}H_{3470}N_{678}O_{872}S_{167}$	57198.39	5.13	24.19	0.761
BpTLP38	678	$C_{2086}H_{3496}N_{678}O_{882}S_{163}$	57412.50	5.13	23.75	0.730
BpTLP39	678	$C_{2073}H_{3470}N_{678}O_{870}S_{170}$	57262.58	5.13	24.34	0.778
BpTLP40	741	$C_{2270}H_{3801}N_{741}O_{952}S_{190}$	62797.94	5.10	24.02	0.787
BpTLP41	636	$C_{1906}H_{3178}N_{636}O_{796}S_{164}$	52997.82	5.13	23.90	0.799

7.3.3 白桦TLP基因家族成员蛋白结构分析

使用NCBI中的CDD对白桦TLP家族基因保守结构域进行分析，结果表明，该基因家族成员均含有TLP-PA结构域（图7-13），具有此结构域的基因多参与宿主防御真菌等反应过程[191]，说明白桦TLP家族基因很有可能参与白桦抗病反应。使用TBtools软件分析白桦TLP基因家族成员保守氨基酸序列特征，结果表明，除BpTLP5外，所有白桦TLP蛋白均含有1~4个Motif。除BpTLP6、BpTLP25以及BpTLP41外，均含有Motif1，除BpTLP12、BpTLP26、BpTLP28和BpTLP33外，其余都含有Motif2，除BpTLP6、BpTLP17外，其他家族成员中均含有Motif3（图7-14）。BpTLP1蛋白构型如图7-15所示，Motif1、Motif2和Motif3保守的蛋白氨基酸残基构成"V"字形裂缝，该特征在类甜蛋白中被认为是高度保守的，保证了该蛋白催化功能的实现[192]。

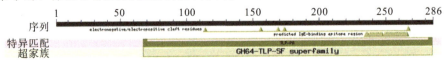

图7-13 BpTLP1保守结构域的分析

第 7 章 白桦抗病相关基因家族全基因组分析

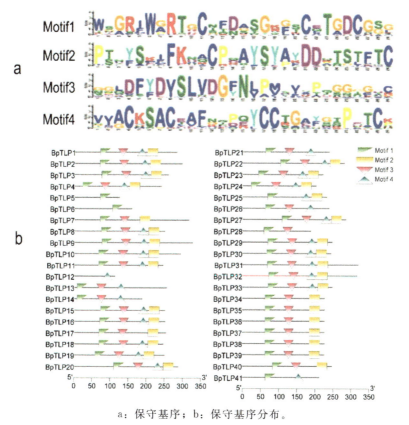

a：保守基序；b：保守基序分布。

图 7-14 白桦 TLP 基因家族保守氨基酸 Motif 的分析

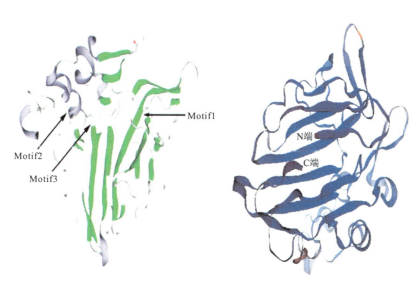

图 7-15 BpTLP1 三级结构的分析

7.3.4　白桦 TLP 家族成员启动子顺式作用元件分析

对位于白桦 TLP 家族基因上游 1 500 bp 处的启动子区顺式作用元件进行分析，发现该家族基因启动子均含有多个 TATA - box、CAAT - box 等真核启动子的核心序列，还含有激素响应元件，如脱落酸(ABRE)、茉莉酸(CGTCA - motif)、水杨酸(TCA - element)激素响应元件。另外，还含有参与低温反应(LTR)、防御和胁迫响应(TC - rich repeats)、受伤和真菌激发响应(W - box)元件等。统计结果表明，29 个白桦 TLP 基因家族成员含有脱落酸响应原件，数量为 1~8 个，18 个成员含有茉莉酸响应元件，数量为 1~4 个，9 个家族成员含有水杨酸响应元件，10 个家族成员含有参与低温反应的响应元件，14 个家族成员含有防御和胁迫响应元件，18 个家族成员含有受伤和真菌激发响应元件，说明白桦 TLP 家族广泛参与白桦抗生物和非生物胁迫的响应过程。

7.3.5　白桦 TLP 基因家族系统进化分析

为初步了解白桦 TLP 家族基因的功能及进化关系，选取了 10 个拟南芥 TLP 基因家族成员与白桦 TLP 家族成员一起构建了系统进化树，结果见图 7 - 16。由图可见，白桦 BpTLP34~BpTLP41 与拟南芥 AT4G11650 亲缘性较近，而 AT4G11650 与拟南芥对病原菌或环境胁迫的响应有关[193]，推测白桦 BpTLP34~BpTLP41 也可能具有类似功能，具体情况有待进一步研究。

7.3.6　白桦 TLP 基因家族成员组织表达特异性分析

对白桦 TLP 基因家族成员进行组织表达特异性分析，使用 clustvis 构建热图(图 7 - 17)。结果表明，41 个白桦 TLP 家族基因在根、茎、叶中均有不同程度的表达。其中，$BpTLP35$、$BpTLP39$ 在叶片中的表达量最高，其次是 $BpTLP38$，表达量相对较低的为 $BpTLP36$。$BpTLP14$ 在茎部的表达量最高，其次是 $BpTLP35$ 和 $BpTLP36$，表达量最低的为 $BpTLP39$。$BpTLP41$ 在根中的表达量最高，其次是 $BpTLP3$，表达量最低的为 $BpTLP40$。

第7章 白桦抗病相关基因家族全基因组分析

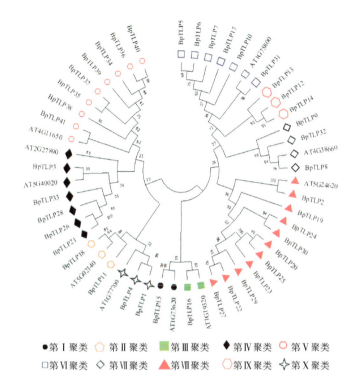

图 7-16 白桦和拟南芥 TLP 家族成员系统进化分析

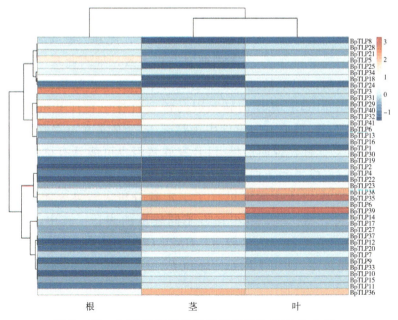

图 7-17 白桦 TLP 家族基因组织表达特异性分析

7.3.7 小结

不同植物 TLP 基因家族成员的数量具有较大差异,拟南芥 TLP 家族成员数量为 28 个,水稻为 31 个,桃(*Prunus persica*)为 38 个,杨树(*Populus trichocarpa*)为 59 个,玉米(*Zea mays*)为 67 个,面包小麦(*Triticum aestivum*)为 84 个,火炬松(*Pinus taeda*)为 87 个,本研究采用同源序列比对法从白桦基因组数据库中筛选和鉴定出了 41 个白桦类甜蛋白家族成员。继而对白桦 TLP 基因家族成员的理化性质、亚细胞定位、蛋白结构等进行预测和分析,并对各家族成员进行染色体定位。结果表明,白桦 TLP 家族成员氨基酸数量为 336~975 个,分子量为 28 054.11~81 966.03 Da,理论等电点为 5.01~5.21,偏酸性,大部分 TLP 蛋白定位在细胞质,少部分定位在液泡。白桦 TLP 基因家族成员均含有 TLP-PA 保守结构域,在白桦 TLP 保守氨基酸 Motif 分析中发现,绝大多数 TLP 家族成员均含有 Motif1、Motif2、Motif3,该家族成员蛋白结构保守稳定,构成"V"字形裂缝,在此裂缝中含有强酸性氨基酸,从而使其呈酸性,研究表明,具有酸性"V"字形裂缝特征的家族蛋白具有抗真菌活性[194],故推测该家族成员在白桦抗真菌过程中具有一定作用。经染色体定位发现,白桦类甜蛋白家族成员分布在 11 条白桦染色体上,其中,以 8 号染色体上分布得 TLP 基因家族成员数量最多,为 14 个。多基因集中分布的现象说明这些基因可能是在基因复制过程中进化而来,此基因家族成员在染色体上聚集分布的现象与刘潮[195]等的研究结果一致,推测此基因家族扩增的主要方式是复制。TLP 的过表达能够诱导不同转基因植物的抗真菌活性,如在过表达烟草 TLP 基因的转基因马铃薯植株中发现其抗真菌活性增强[185,194]。在白桦 TLP 基因家族中预测到 18 个成员含有受伤和真菌激发响应(W-box)元件,说明白桦 TLP 家族基因也可能具有抗真菌的活性。为进一步了解白桦类甜蛋白家族基因的组织表达特异性,分别对白桦根、茎、叶中的家族成员表达量进行了半定量分析,结果表明,41 个白桦 TLP 家族成员在根、茎、叶中均有不同程度的表达。其中,*BpTLP35*、*BpTLP39* 在叶片中的表达量较高,*BpTLP14*、*BpTLP35*、*BpTLP36* 在茎中的表达量较高,*BpTLP41*、*BpTLP3* 在根中的表达量较高。

7.4 白桦 Trihelix 基因家族全基因组分析

Trihelix 家族是一个转录因子基因家族，仅存在于植物中，与植物特异性基因调控有关，其特点是在 DNA 结合域中含有一个典型的螺旋-环-螺旋-环-螺旋的三螺旋结构[196]。该结构域可以特异性地与 DNA 序列中光响应所需的 GT 元件结合，因此，它也被称为 GT 家族。由于 MYB 蛋白家族也含有相似的结构域，故 Trihelix 家族通常被认为来源于 MYB 蛋白家族[197]。

第一个被发现的 Trihelix 基因是豌豆（*Pisum sativum*）中的 GT-1 转录因子，它能与光诱导基因 *rbcS*-3A 特异性结合[198]。随后，在烟草（*Nicotiana tabacum*）、水稻（*Oryza sativa*）和拟南芥（*Arabidopsis thaliana*）中都发现了其同源基因[199]。基于水稻和拟南芥中 Trihelix 基因家族的特征，将 Trihelix 家族分为三类：GTα、GTβ 和 GTγ。之后，Kaplan Levy 等人将其重新分为 13 个超家族，包括 GT-1、GT-2、GT-3、GT-4、GTL1、EDA3、FIP2、PTL、ASIL1、ASIL2、SH4、SIP1 和 GTγ。在早期研究中，GT 基因的功能主要与光反应调节有关，近些年 Trihelix 家族的其他生物学功能逐渐被发现，它们能够调控一系列植物器官，如花、毛状体、气孔以及种子的发育过程，更重要的是它们能对植物中不同的生物及非生物胁迫做出响应。如水稻中的 *OsGTγ*-1 可以被盐胁迫强烈诱导，被干旱、冷胁迫和 ABA 处理轻微诱导[200]。研究发现，一种 GT-4 型的 Trihelix 转录因子与拟南芥中富含 B3 和 AP2/ERF 结构域的蛋白 TEM2 相互作用，从而获得了盐胁迫耐受性。拟南芥 AtGT2L 已被发现可以与钙/钙调素相互作用，从而赋予植物对寒冷和盐的耐受性。从大豆中分离的两个 Trihelix 转录因子：GmGT-2A 和 GmGT-2B 可以赋予转基因拟南芥对盐、冷冻和干旱胁迫的耐受性[201]。在番茄（*Solanum lycopersicum*）、毛果杨（*populus trichocarpa*）以及小麦（*Triticum aestivum*）中的一些 Trihelix 家族成员还具有抵抗生物胁迫的活性[202]。尽管 Trihelix 家族在植物中扮演着十分重要的角色，但在白桦中的研究鲜见报道，因此本研究利用生物信息学方法对白桦 Trihelix 基因家族成员进行筛选与鉴定，并对其染色体定位、蛋白理化性质、基因结构、蛋白保守结构域以及启动子顺式作用元件进行分析，为进一步研究白桦 Trihelix 家族成员的结构与功能提供理论依据。

7.4.1 白桦Trihelix基因家族成员的鉴定

利用COGE数据库下载白桦全基因组序列,并查询得到Trihelix基因家族成员序列信息,通过筛选重复序列、保守结构域鉴定以及同源性比对,最终获得了8个白桦Trihelix家族成员(表7-8)。根据其在染色体上的位置,分别将其命名为 $BpTrihelix1 \sim BpTrihelix8$。在8个家族成员中,长度最长的成员为 $BpTrihelix5$(8934 bp),长度最短的为 $BpTrihelix8$(2049 bp)。

表7-8 白桦Trihelix基因家族成员基本信息

基因名称	基因号	基因在染色体上的位置	基因长度(bp)
$BpTrihelix1$	Bpev01.c1537.g0010	136411—143949	7539
$BpTrihelix2$	Bpev01.c0091.g0059	32143480—32145541	2062
$BpTrihelix3$	Bpev01.c0402.g0012	24460473—24463415	2943
$BpTrihelix4$	Bpev01.c0402.g0014	24484151—24486733	2583
$BpTrihelix5$	Bpev01.c0169.g0006	22401778—22410711	8934
$BpTrihelix6$	Bpev01.c1273.g0002	20247739—20250111	2373
$BpTrihelix7$	Bpev01.c2136.g0002	813867—818135	4269
$BpTrihelix8$	Bpev01.c0577.g0038	12212752—12214800	2049

7.4.2 白桦Trihelix家族成员蛋白理化性质分析与亚细胞定位

利用NCBI ORF finder工具将白桦Trihelix家族的CDS序列在线翻译成氨基酸序列,将氨基酸序列提交给ProtParam网站进行分析,结果显示(表7-9),白桦Trihelix基因编码的蛋白含有307~591个氨基酸,分子量为35633.96~81871.27 Da,等电点为5.32~8.67,均为亲水性蛋白质。亚细胞定位结果表明,所有家族成员均定位在细胞核中。

表7-9 白桦Trihelix家族成员氨基酸序列信息

名称	氨基酸	分子量(Da)	等电点	亲/疏水性	亚细胞定位
BpTrihelix1	386	44453.75	6.12	−0.917	细胞核
BpTrihelix2	394	43949.65	5.58	−0.657	细胞核
BpTrihelix3	591	65735.75	5.83	−0.844	细胞核
BpTrihelix4	519	58915.90	6.04	−0.957	细胞核
BpTrihelix5	514	58806.26	7.99	−1.100	细胞核

续表

名称	氨基酸	分子量(Da)	等电点	亲/疏水性	亚细胞定位
BpTrihelix6	402	46554.11	6.27	−0.905	细胞核
BpTrihelix7	758	81871.27	5.32	−0.743	细胞核
BpTrihelix8	307	35633.96	8.67	−1.142	细胞核

7.4.3 白桦 Trihelix 家族基因的染色体定位

根据白桦 Trihelix 家族成员序列信息，利用 MG2C 网站将每个成员定位到相应染色体上。如图 7-18 所示，8 个家族成员定位在 6 条染色体上，除 7 号染色体和 14 号染色体外都分布两个 Trihelix 基因，其余染色体上均分布一个 Trihelix 基因。

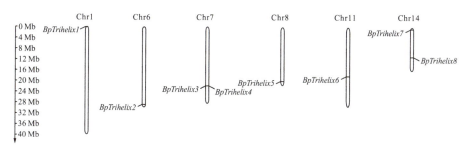

图 7-18　白桦 Trihelix 基因的染色体定位

7.4.4 白桦 Trihelix 家族基因系统进化分析

通过数据库查询毛果杨和拟南芥 Trihelix 家族成员氨基酸序列，得到 34 条毛果杨氨基酸序列和 11 条拟南芥氨基酸序列，将二者和白桦 Trihelix 家族的氨基酸序列通过 ClustalX[153] 软件进行多序列比对，设置参数为默认值。然后将比对结果利用 MEGA7.0[154] 软件构建系统进化树，结果如图 7-19 所示，53 个成员被分为四类，即Ⅰ、Ⅱ、Ⅲ、Ⅳ类。其中Ⅰ类中所含的 Trihelix 家族成员数量最多，包含 26 个成员，其次是Ⅲ类和Ⅳ类，都含有 11 个 Trihelix 家族成员，含有 Trihelix 家族成员数最少的是Ⅱ类，含有 5 个成员。

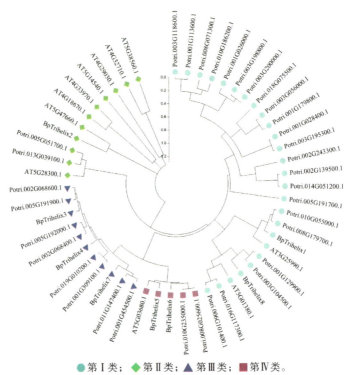

● 第Ⅰ类；◆ 第Ⅱ类；▲ 第Ⅲ类；■ 第Ⅳ类。

图 7-19　白桦 Trihelix 家族基因的进化分析

7.4.5　白桦 Trihelix 家族基因结构分析

利用 COGE 数据库下载白桦 Trihelix 基因的 CDS 序列和基因序列，提交到 GSDS 网站，得到各基因的结构，如图 7-20 所示。结果显示，Trihelix 家族成员所含外显子和内含子数量不等，含有 2～5 个外显子。其中，*BpTrihelix1* 含有的外显子数量最多为 5 个，*BpTrihelix5* 和 *BpTrihelix7* 均含有 3 个外显子，*BpTrihelix2*、*BpTrihelix3*、*BpTrihelix4*、*BpTrihelix6* 及 *BpTrihelix8* 均含有 2 个外显子。

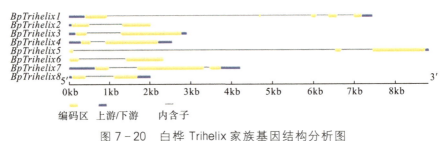

图 7-20　白桦 Trihelix 家族基因结构分析图

7.4.6 白桦 Trihelix 家族蛋白保守结构域与保守基序分析

利用 DNAMAN 软件对白桦 Trihelix 家族成员的氨基酸序列进行多序列比对，结果如图 7-21 所示。Trihelix 转录因子家族都具有螺旋-环-螺旋-环-螺旋这一特殊构象[203]，软件分析结果表明，白桦 Trihelix 转录因子家族也具有这一构象，都含有 3 个 α-螺旋结构。虽然有的家族成员比对时出现缺口，存在少数的不一致情况，但将它们的氨基酸序列提交到 NCBI 中进行保守结构域搜索，结果表明它们均属于 Trihelix 超家族成员（图 7-22）。

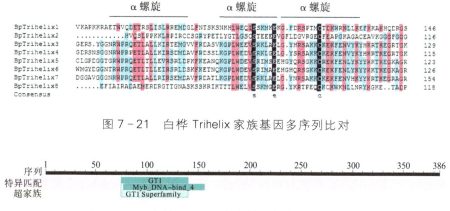

图 7-21 白桦 Trihelix 家族基因多序列比对

图 7-22 白桦 Trihelix 家族基因保守结构域分析

利用 MEME 网站对白桦 Trihelix 基因家族序列进行保守基序分析，设置搜索数量为 10 个，结果如图 7-23 所示，所有家族成员均含有数量不等的保守基序且所有家族成员均含有 Motif1 基序，除了 BpTrihelix1、BpTrihelix2 及 BpTrihelix8 外，其余家族成员均含 Motif2、Motif4 及 Motif7 基序；除 BpTrihelix1 外，其余家族成员均含 Motif3 基序；BpTrihelix3、BpTrihelix4、BpTrihelix5 及 BpTrihelix7 均含有 Motif5 基序；除 BpTrihelix8 外，其余家族成员均含有 Motif6 基序；BpTrihelix1、BpTrihelix4、BpTrihelix6 及 BpTrihelix7 均含有 Motif8 基序；BpTrihelix3、BpTrihelix4 及 BpTrihelix7 均含 Motif9 基序；只有 BpTrihelix5 和 BpTrihelix6 含有 Motif10 基序。

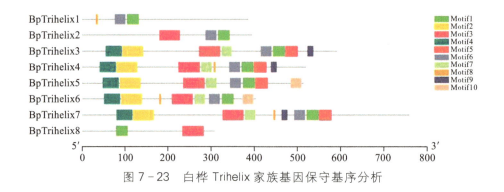

图 7-23 白桦 Trihelix 家族基因保守基序分析

7.4.7 白桦 Trihelix 家族成员启动子顺式作用元件分析

通过 COGE 网站获得白桦 Trihelix 家族启动子上游 1500 bp 的序列，将其提交到 PlantCARE 网站进行顺式作用元件预测，结果如表 7-12 所示。白桦 Trihelix 家族基因启动子含有种类丰富的顺式作用元件，除了一些与转录相关的核心元件，如 CAAT-box、TATA-box 外，还有一些与植物逆境胁迫响应、生长发育、激素响应相关的元件及光应答元件。其中与植物逆境胁迫响应相关的元件主要分为六类，包括低温胁迫响应元件（LTR，2 个）、干旱诱导元件（MBS，9 个；MYC，19 个）、逆境相关元件（MYB，26 个）、热激元件（STRE，20 个）、防御和胁迫响应元件（TC-rich repeats，2 个）、创伤应答元件（WUN-motif，5 个）；与植物生长发育相关的元件分为 9 类，包括厌氧诱导调控元件（ARE，14 个；GC-motif，3 个）昼夜节律调控元件（circadian，1 个）、分生组织发育元件（CAT-box，6 个）、调节植物生长发育元件（F-box，1 个）、胚乳表达元件（GCN4_motif，1 个）、栅栏叶肉细胞分化元件（HD Zip 1，2 个）、调节细胞周期元件（MSA-like，1 个）、糖代谢与植物应激元件（W-box，8 个）；植物激素响应元件分为 5 类，包括脱落酸（AAGAA-motif，7 个、ABRE，11 个）、乙烯（ERE，7 个）、赤霉素（GARE-motif，3 个、P-box，3 个、TATC-box，1 个）、茉莉酸甲酯（CGTCA-motif，6 个、TGACG-motif，6 个）、水杨酸（TCA，7 个）响应元件；光应答元件主要包括 Box 4（19 个）、Box Ⅱ（1 个）、GATA-motif（6 个）、G-box（9 个）、GT1-motif（8 个）、MRE（4 个）。

表 7-10 白桦 Trihelix 家族启动子区顺式作用元件预测

元件类型	元件名称	BpTrihelix1	BpTrihelix2	BpTrihelix3	BpTrihelix4	BpTrihelix5	BpTrihelix6	BpTrihelix7	BpTrihelix8
转录相关元件	TATA-box	29	43	20	31	45	80	25	23
	CAAT-box	31	20	30	21	26	29	27	31
生长发育相关元件	ARE	2	3	2	1	0	1	3	2
	CAT-box	0	0	1	2	0	1	0	2
	circadian	0	0	0	0	0	0	1	0
	F-box	0	0	1	1	0	0	0	1
	GC-motif	0	1	0	0	0	0	0	0
	GCN4_motif	0	0	0	0	0	0	0	1
	HD-Zip 1	0	0	0	1	1	0	0	0
	MSA-like	0	0	0	1	0	0	0	0
	W-box	0	1	2	1	0	1	1	2
胁迫相关元件	LTR	0	0	0	1	0	1	0	0
	MBS	0	0	1	0	2	1	3	2
	MYB	1	2	4	5	6	1	4	3
	MYC	4	1	2	1	1	1	3	7
	STRE	2	1	6	1	3	2	5	0
	TC-rich repeats	0	1	0	0	0	0	1	0
	WUN-motif	0	2	1	1	0	0	0	1

续表

元件类型	元件名称	BpTrihelix1	BpTrihelix2	BpTrihelix3	BpTrihelix4	BpTrihelix5	BpTrihelix6	BpTrihelix7	BpTrihelix8
激素响应元件	AAGAA – motif	0	2	0	1	2	2	0	1
	ABRE	0	0	1	2	3	2	3	0
	ERE	1	0	0	1	3	2	0	0
	GARE – motif	1	0	1	0	0	0	0	1
	P – box	1	0	0	1	0	0	0	1
	TATC – box	0	0	0	0	0	1	0	0
	CGTCA – motif	0	1	0	1	1	1	1	1
	TGACG – motif	0	1	0	1	1	1	1	0
	TCA	0	0	4	0	1	0	2	1
光诱导元件	Box 4	2	0	1	3	0	3	10	0
	Box II	0	0	0	1	0	0	0	0
	GATA – motif	0	0	0	4	0	0	1	1
	G – box	0	1	0	3	3	1	1	0
	GT1 – motif	1	4	0	0	0	0	0	3
	MRE	0	2	1	0	0	1	0	0

7.4.8 小结

随着基因测序技术的发展,越来越多的基因家族的结构特征已被鉴定出来,这些基因家族在植物的生长发育与耐受各种胁迫方面发挥重要作用。近年来,Trihelix 基因家族引起了研究者的广泛关注,它们的特点是富含一个典型的三螺旋结构,该结构能够与 GT 基序(一种光响应有关的启动子元件)结合。最初有关 Trihelix 家族的研究主要集中在其对光反应的调控上[204],随着对不同植物 Trihelix 基因的克隆和功能研究,研究者发现该家族基因对植物各器官的形成有一定的调控作用,且在植物抵御生物胁迫和非生物胁迫方面也起着至关重要的作用。如 3 个水稻 Trihelix 基因(OsGTγ-1, OsGTγ-2 及 OsGTγ-3)和 2 个大豆[Glycine max (L.) Merr.]Trihelix 基因(GmGT-2A 和 GmGT-2B)被报道与冷、干旱和盐胁迫的响应有关[205-206],拟南芥 AtGT2L 基因的表达可以被冷和盐胁迫诱导[207],油菜(Brassica napus)的 BnSIP1-1 在脱落酸的合成和信号转导以及对盐胁迫的响应中起重要作用[208]。

为鉴定白桦中 Trihelix 基因家族的结构和功能,本研究利用生物信息学方法,根据白桦全基因组信息,筛选并鉴定出 8 个 Trihelix 家族成员,并对该家族成员进行蛋白质理化性质分析、蛋白质保守结构域及保守基序分析、染色体定位、基因结构分析、亚细胞定位、进化关系分析与分组鉴定、启动子区顺式作用元件预测。结果表明,Trihelix 家族蛋白质均为亲水性蛋白且定位在细胞核中。8 个 Trihelix 家族成员不均匀地分布在 6 条白桦染色体上,根据进化关系分析,将该家族分为四类,Ⅰ、Ⅱ类中均含 2 个白桦 Trihelix 家族成员,Ⅲ类中含有 3 个白桦 Trihelix 家族成员,Ⅳ类中含有 1 个白桦 Trihelix 家族成员。经多序列比对发现,白桦中 Trihelix 家族成员含有典型的三螺旋结构,这与 Trihelix 家族的结构特征一致,且所有家族成员均含有一个保守结构域,说明该家族成员高度保守。保守基序分析表明,该家族成员含有数量不等的保守基序,且 Motif1 在所有成员中均有分布,不同的家族成员保守基序分布不同,说明该基因家族成员的功能具有多样性。顺式作用元件预测表明白桦中 Trihelix 家族含有丰富的顺式作用元件,推测该家族成员广泛参与白桦的生长发育,并在对各种激素及生物胁迫的响应中发挥重要作用。本研究利用白桦全基因组信息,借助生物信息学手段,对白桦 Trihelix 家族进行结构和功能的预测和分析,为进一步鉴定其功能提供了参考。

7.5 白桦 Mlo 家族全基因组分析

植物基因组内含有抗性基因,在植物面对病害时会发挥作用抵御病原菌的入侵,抗性基因可分为两类:一类是抗病基因(简称 R 基因),其特点是具有高效专一性,但缺乏稳定性和持久性;另一类是感病基因(简称 S 基因),S 基因是植物易感性所必需的,可以通过负调控使植物获得抗病能力,即 S 基因表达量降低,植物抗病能力增强,其特点是具有持久性、高效性、广谱性。目前在感病基因中发现一类新基因——Mlo 基因。由 Mlo 调控的抗性在被子植物中具有广谱性和持久性,符合感病基因(S 基因)的特点[209]。Mlo 蛋白是一种跨膜蛋白,它具有独特的细胞膜拓扑结构,含有七个跨膜螺旋结构和两个高度保守的结构域,其氨基端位于细胞外侧,羧基端位于细胞内侧[210]。Mlo 蛋白的羧基端含有保守的钙调蛋白结合域,决定了 Mlo 蛋白的功能,Mlo 蛋白在植物对白粉病的防御中需要与钙调蛋白相互作用才能发挥作用[211]。

目前,Mlo 基因家族已经在不同植物中被鉴定出来,并且发现其在植物抗生物胁迫和非生物胁迫过程中均能发挥作用。如在辣椒中,在脱落酸作用下,冷、盐胁迫条件下,Mlo 基因的表达量明显上调且在辣椒不同生长时期、不同组织中,Mlo 基因家族各个成员的表达量有显著的差异性[212]。在盐胁迫下,小麦 $TaMlo5$ 在根部的表达量显著上升[213]。在干旱处理下,橡胶树 $HbMlo9$ 基因的表达量成倍增加,说明橡胶树的 Mlo 参与其对干旱胁迫的响应。在乙烯、脱落酸、茉莉酸甲酯诱导下 Mlo 基因表达量均发生变化,Mlo 基因参与多种激素信号转导途径[214]。有研究发现,Mlo 基因在拟南芥中调节细胞死亡并且参与细菌增殖过程[215]。在植物叶片衰老、凋亡的过程中,Mlo 基因的表达量出现上调,说明 Mlo 可能在植物受损或死亡过程中发挥作用[216]。

为探究 Mlo 基因在白桦中的特征和功能,本研究利用在线工具和数据库对白桦 Mlo 基因家族成员进行筛选和鉴定,并进行生物信息学分析。同时筛选到拟南芥中的 15 个 Mlo 基因,将白桦 Mlo 基因家族成员的氨基酸序列与拟南芥 Mlo 基因家族成员的氨基酸序列进行系统进化分析,观察两者间 Mlo 基因的进化关系,为研究 Mlo 在白桦中的功能提供参考。

7.5.1 白桦 Mlo 基因家族成员理化性质的分析

通过 COGE 查找白桦基因组中 Mlo 家族基因序列信息,剔除重复序

第 7 章 白桦抗病相关基因家族全基因组分析

列,使用 NCBI BLAST 对筛选到的序列逐一进行鉴定,通过筛选和鉴定共得到 15 个白桦 Mlo 家族基因。按照其在染色体上排列的先后顺序分别命名为 $BpMlo1 \sim BpMlo15$。应用在线工具 ProtParam 对由 15 个基因编码蛋白的氨基酸序列进行分析,结果如表 7-11 所示。结果表明,白桦 Mlo 基因家族成员编码的蛋白质包括 118~1149 个氨基酸,大小不等,分子量为 12488.80~131237.38 Da,理论等电点为 7.59~9.58(由于 $BpMlo2$ 基因有一段序列信息缺失,因此无法推测 BpMlo2 的原子组成)。

不稳定系数小于 40 的蛋白为稳定蛋白,大于 40 者则为不稳定蛋白。据此判断 BpMlo1、BpMlo2、BpMlo5、BpMlo9 为稳定蛋白;BpMlo3、BpMlo4、BpMlo6、BpMlo7、BpMlo8、BpMlo10、BpMlo11、BpMlo12、BpMlo13、BpMlo14、BpMlo15 为不稳定蛋白。根据平均亲水性判断 BpMlo1、BpMlo2、BpMlo3、BpMlo5、BpMlo6、BpMlo9、BpMlo10、BpMlo15 为疏水性蛋白;BpMlo4、BpMlo7、BpMlo8、BpMlo11、BpMlo12、BpMlo13、BpMlo14 为亲水性蛋白。

用 Cell-PLoc2.0 进行亚细胞定位分析,结果表明,除了 BpMlo7 定位在叶绿体上外,其余白桦 Mlo 基因家族成员大部分定位在细胞膜上,BpMlo5 和 BpMlo15 同时定位在细胞核内。

表 7-11 白桦 Mlo 基因家族成员理化性质分析

基因名称	基因号	氨基酸数量	分子量(Da)	理论等电点	分子式	不稳定系数	平均亲水性
$BpMlo1$	Bpev01.c0486.g0010.m0001	457	52395.87	9.17	$C_{2422}H_{3709}N_{635}O_{637}S_{15}$	29.18	0.029
$BpMlo2$	Bpev01.c0245.g0082.m0001	250	28740.48	9.08	—	37.48	0.021
$BpMlo3$	Bpev01.c0022.g0167.m0001	566	64232.54	9.17	$C_{2958}H_{4550}N_{768}O_{795}S_{20}$	41.15	0.106
$BpMlo4$	Bpev01.c0022.g0166.m0001	174	19984.18	9.57	$C_{922}H_{1391}N_{239}O_{242}S_{9}$	49.39	−0.159
$BpMlo5$	Bpev01.c0022.g0165.m0001	118	12488.80	9.30	$C_{556}H_{918}N_{150}O_{158}S_{8}$	19.76	0.252
$BpMlo6$	Bpev01.c0022.g0051.m0001	483	56310.79	9.21	$C_{2595}H_{3955}N_{681}O_{670}S_{28}$	43.97	0.089
$BpMlo7$	Bpev01.c0042.g0002.m0001	1149	131237.38	9.15	$C_{5948}H_{9247}N_{1617}O_{1617}S_{61}$	50.10	−0.132

续表

基因名称	基因号	氨基酸数量	分子量（Da）	理论等电点	分子式	不稳定系数	平均亲水性
BpMlo8	Bpev01.c0042.g0003.m0001	576	66326.07	9.58	$C_{3029}H_{4707}N_{827}O_{807}S_{22}$	52.73	−0.065
BpMlo9	Bpev01.c0001.g0079.m0002	514	58137.10	9.16	$C_{2699}H_{4175}N_{695}O_{702}S_{17}$	29.00	0.205
BpMlo10	Bpev01.c1228.g0006.m0001	514	59342.65	9.01	$C_{2737}H_{4178}N_{714}O_{732}S_{17}$	43.01	0.008
BpMlo11	Bpev01.c0483.g0019.m0001	474	54850.48	9.01	$C_{2489}H_{3885}N_{667}O_{691}S_{20}$	49.52	−0.078
BpMlo12	Bpev01.c2989.g0001.m0001	230	25794.88	7.59	$C_{1134}H_{1835}N_{311}O_{341}S_{16}$	45.56	−0.100
BpMlo13	Bpev01.c0480.g0023.m0001	365	41246.35	9.41	$C_{1870}H_{2873}N_{513}O_{516}S_{14}$	41.36	−0.191
BpMlo14	Bpev01.c0437.g0001.m0001	588	67480.81	9.07	$C_{3088}H_{4741}N_{829}O_{837}S_{19}$	50.87	−0.093
BpMlo15	Bpev01.c0437.g0002.m0001	342	38650.16	8.87	$C_{1726}H_{2775}N_{465}O_{494}S_{22}$	42.28	0.043

7.5.2 白桦 Mlo 家族成员保守基序分析

通过 NCBI-CDD 对白桦 Mlo 基因家族成员进行保守结构域分析，发现 15 个 Mlo 基因均属于 Mlo 超家族。用 MEME 软件对白桦 Mlo 基因家族保守基序进行分析，得到 5 个保守基序，如图 7-24 所示，长度为 39～50 个氨基酸，保守性较高。进一步对保守基序进行定位分析，如图 7-25 所示，其中有 7 个 Mlo 蛋白含有全部 5 个保守基序，BpMlo5 和 BpMlo12 存在基序缺失，BpMlo5 仅含有保守基序 4，BpMlo12 仅含有保守基序 3。

图 7-24 白桦 Mlo 基因家族成员保守基序分析

第 7 章　白桦抗病相关基因家族全基因组分析

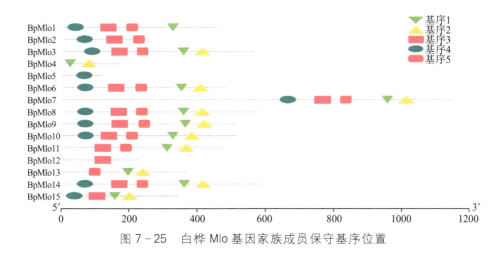

图 7-25　白桦 Mlo 基因家族成员保守基序位置

7.5.3　白桦 Mlo 家族基因染色体定位

将白桦 Mlo 基因家族进行染色体定位分析，如图 7-26 所示，白桦 Mlo 基因家族的 15 个成员在染色体上均有明确的位置。其中 *BpMlo3*、*BpMlo4*、*BpMlo5*、*BpMlo6* 均定位在 4 号染色体上，位于 4 号染色体上的 Mlo 基因家族最多且均分布于染色体全长靠前的位置；其次是 5 号染色体上有 3 个 Mlo 家族成员；1 号、3 号、6 号及 9 号染色体上均只有一个 Mlo 家族成员。

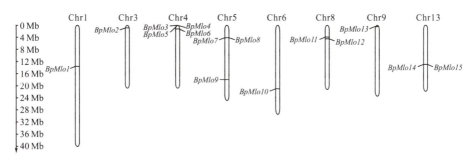

图 7-26　白桦 Mlo 家族基因的染色体定位

7.5.4　白桦 Mlo 家族基因的结构分析

用 GSDS2.0 软件对白桦 Mlo 基因家族的 15 个成员进行外显子和内含子结构分析。结果如图 7-27 所示，大多数白桦 Mlo 基因家族成员都含有多个外显子和内含子，但 *BpMlo4* 和 *BpMlo5* 基因的序列长度比其余成员短很多，因此 *BpMlo4* 和 *BpMlo5* 基因序列中含有的内含子和外显子个数相对较少。

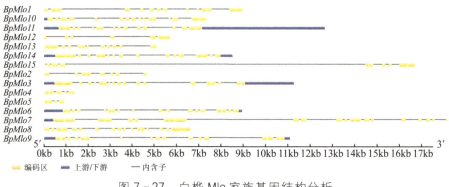

图 7-27　白桦 Mlo 家族基因结构分析

7.5.5　白桦 Mlo 家族成员启动子顺式作用元件分析

在基因启动子区域存在许多功能不同的顺式作用元件，通过 Plant CARE(http：// bioinformatics. psb. ugent. bewebtoolsplantcarehtml)对白桦 Mlo 基因家族成员启动子序列进行顺式作用元件分析，结果表明(表 7-12)，每个白桦 Mlo 基因家族成员的启动子上都含有多个顺式作用元件，包含基本的核心元件 TATA-box 和 CAAT-box、植物逆境胁迫元件(MYB、MYC、WRE3、CGTCA-motif、TCA-element、TGACG-motif、TATA-box、Wbox、MBS、G-Box、TGA-element、ABRE)、光应答元件(AE-box、GT1-motif、Box 4、ERE、TCCC-motif、TATA-box、W box、G-Box)、激素响应元件(GT1-motif、MYC、Box 4、ERE、AAGAA-motif、TCA、TGA-element、ABRE)、组织特异性表达元件(CAT-box、CCGTCC-box)及厌氧诱导元件(ARE)等。每个 Mlo 基因家族成员所含核心元件的数量都比较多，核心元件的数量越多转录活力越强，白桦 Mlo 基因家族成员含有的植物逆环境胁迫元件和光应答元件的种类较多。

表 7-12 白桦 Mlo 家族基因启动子顺式作用元件分析

元件名称	Bp Mlo1	Bp Mlo2	Bp Mlo3	Bp Mlo4	Bp Mlo5	Bp Mlo6	Bp Mlo7	Bp Mlo8	Bp Mlo9	Bp Mlo10	Bp Mlo11	Bp Mlo12	Bp Mlo13	Bp Mlo14	Bp Mlo15
光应答元件 AE-box	1	0	0	0	0	0	0	0	1	0	0	1	0	0	0
逆境胁迫 MYB	2	8	2	0	3	2	2	2	1	5	0	5	4	5	2
热诱导元件 STRE	2	3	4	1	1	1	1	2	0	2	4	1	1	2	0
光应答元件 GT1-motif	2	2	0	3	0	1	0	0	1	3	1	0	3	3	0
组织特异性表达元件 CAT-box	1	0	0	0	1	0	0	1	0	0	0	1	0	0	0
抗寒元件 MYC	4	2	3	3	2	3	2	1	3	4	2	1	2	0	3
热诱导元件 WRE3	1	0	1	2	1	1	0	0	0	0	0	0	0	0	2
茉莉酸甲酯 CGTCA-motif	2	0	0	1	3	0	1	1	0	3	2	0	0	1	3
光应答元件 box 4	6	1	1	3	2	2	1	6	3	2	2	2	2	2	3
乙烯应答 ERE	3	0	0	2	0	0	2	1	0	0	2	1	2	1	0
脱落酸 AAGAA-motif	2	0	3	2	4	1	1	2	0	0	0	2	2	2	0
核心元件 CAAT-box	20	27	21	22	24	27	29	20	19	24	37	17	29	17	26

续表

元件名称	Bp Mlo1	Bp Mlo2	Ep Mlo3	Bp Mlo4	Bp Mlo5	Bp Mlo6	Bp Mlo7	Bp Mlo8	Bp Mlo9	Bp Mlo10	Bp Mlo11	Bp Mlo12	Bp Mlo13	Bp Mlo14	Bp Mlo15
光诱导元件 TCCC-motif	1	0	0	0	0	0	0	0	0	0	0	1	0	0	0
温度诱导元件 TCA-element	1	0	0	0	0	0	0	0	0	1	1	0	0	0	1
逆境相关元件 TGACG-motif	2	0	1	1	3	0	1	1	0	3	2	0	0	1	3
低温诱导元件 TATA-box	48	50	45	65	26	44	40	67	34	18	18	54	23	89	27
防御应答-W box	0	1	0	0	1	0	1	1	0	0	2	0	1	1	1
干旱诱导元件 MBS	0	4	0	0	1	0	0	0	0	1	0	1	0	0	0
光诱导元件 G-box	0	3	2	0	0	4	0	1	1	3	3	5	1	3	0
厌氧诱导元件 ARE	0	2	3	0	2	2	0	1	1	0	0	2	1	1	1
水杨酸 TCA	0	1	1	1	0	1	0	0	0	0	0	2	0	0	0
干旱诱导元件 TGA-element	0	1	0	2	0	0	0	1	1	1	0	0	1	1	0
脱落酸 ABRE	0	1	0	1	0	5	1	0	1	1	3	4	2	3	0
组织特异性表达元件 CCGTCC-box	0	0	1	0	0	1	0	0	0	0	2	0	0	0	0

7.5.6 白桦 Mlo 家族基因多序列比对

应用 DNAMAN 软件对白桦 Mlo 基因家族成员的序列进行比对，结果如图 7-28 所示。白桦 Mlo 基因家族各成员的序列具有相似性，但同时也具有一定的变异性。在单子叶和双子叶植物中，Mlo 蛋白均具有严格保守的半胱氨酸残基和脯氨酸残基，且该氨基酸残基未随进化而改变，Mlo 基因的功能取决于基因 C 端的特征。通过 NCBI CD-Search 对白桦 Mlo 基因家族各成员的氨基酸序列进行分析，结果如图 7-29 所示，白桦 Mlo 基因家族成员均含有共同的保守结构域，属于 Mlo 超家族成员。

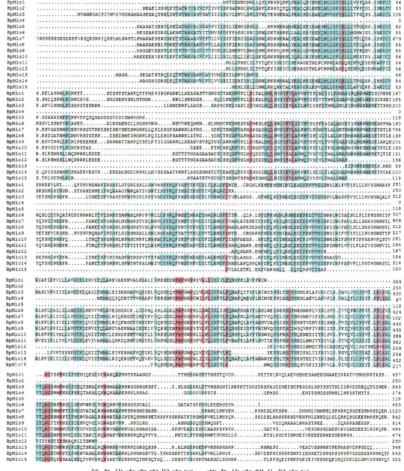

粉色代表高度保守区；蓝色代表部分保守区。

图 7-28 白桦 Mlo 基因家族成员多序列比对

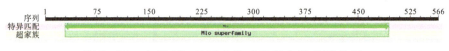

图 7-29　白桦 Mlo 基因家族成员保守结构域分析

7.5.7　白桦 Mlo 基因家族成员系统进化分析

应用 Phytozome V12.1 筛选到 15 个拟南芥 Mlo 基因家族成员，使用 MEGA 软件将拟南芥 Mlo 基因家族成员的氨基酸序列与白桦 Mlo 基因家族成员的氨基酸序列进行系统进化分析。结果如图 7-30 所示，通过聚类

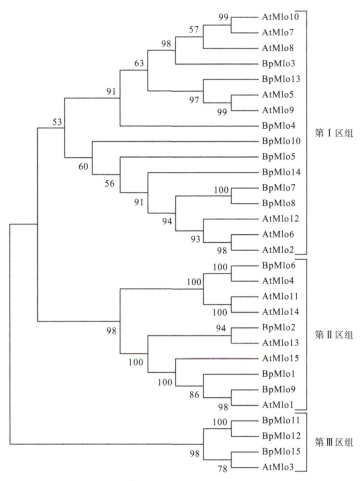

BpMlo1～BpMlo15 表示白桦 Mlo 家族成员；AtMlo1～AtMlo15 表示拟南芥 Mlo 家族成员。

图 7-30　白桦 Mlo 基因家族与拟南芥 Mlo 基因家族系统进化树

第 7 章 白桦抗病相关基因家族全基因组分析

分析将 30 个 Mlo 基因分为 3 个区组（第Ⅰ～Ⅲ区组）。第Ⅰ区组包括 16 个 Mlo 蛋白，其中含有 8 个白桦 Mlo 蛋白（BpMlo3、BpMlo4、BpMlo5、BpMlo7、BpMlo8、BpMlo10、BpMlo13、BpMlo14），其余 8 个为拟南芥 Mlo 蛋白；第Ⅱ区组包括 10 个 Mlo 蛋白，6 个来自拟南芥 Mlo 基因家族，4 个来自白桦 Mlo 基因家族；第Ⅲ区组包含 4 个 Mlo 蛋白，仅有 1 个是拟南芥 Mlo 基因家族成员，其余 3 个为白桦 Mlo 基因家族成员。

7.5.8 小结

本研究根据白桦全基因信息，共筛选和鉴定出 15 个白桦 Mlo 基因家族成员，采用生物信息学方法对其进行蛋白质理化性质分析、保守基序分析、亚细胞定位、染色体定位、系统进化分析、基因结构分析、顺式作用元件预测等。结果表明，筛选和鉴定得到的 15 个白桦 Mlo 基因家族成员均含有完整的保守结构域，属于 Mlo 超家族成员。经亚细胞定位发现，绝大多数白桦 Mlo 基因家族成员定位在细胞膜上，符合跨膜蛋白的特征，判断 Mlo 蛋白依赖膜信号进行转导。经染色体定位发现，Mlo 基因在染色体上的位置都靠近两端，判断 Mlo 在染色体上易造成基因重叠，易出现基因成簇的现象。根据系统进化分析，将该家族分为三个区组，第Ⅰ区组中含有 8 个白桦 Mlo 家族成员，第Ⅱ区组中含 4 个白桦 Mlo 家族成员，第Ⅲ区组中含有 3 个白桦 Mlo 家族成员。研究表明，在拟南芥 Mlo 基因家族中与白粉病抗性有关的成员有 AtMlo2、AtMlo6、AtMlo12[217]，而这 3 个成员均属于第Ⅰ区组，因此推测第Ⅰ区组所包含的白桦 Mlo 基因家族成员可能与白桦抗病性有关。顺式作用元件分析表明，白桦 Mlo 基因家族成员包含的核心元件数量都比较多，其转录活力较强，白桦 Mlo 基因家族含有多种顺式作用元件，推测该家族成员广泛参与植物的生长发育、逆境胁迫响应及各种激素调控途径。Mlo 基因家族是一个小型转录因子家族，在不同物种中查找到的 Mlo 基因家族成员个数均较少。从小麦基因组序列中鉴别出 7 个 Mlo 基因家族成员[218]；从黄瓜基因组序列中鉴别出 14 个 Mlo 基因家族成员[219]；从扁豆基因组序列中鉴别出 15 个 Mlo 基因家族成员[220]。本研究共筛选和鉴定出 15 个白桦 Mlo 家族成员，与从已知植物中筛选到的 Mlo 家族成员数目相当。本研究为进一步探究白桦 Mlo 基因的功能奠定了基础。

7.6 白桦 CIPK 基因家族全基因组分析

钙离子在植物细胞内常作为第二信使进行信号的传递。钙离子感受器中的类钙调神经素 B 亚基蛋白(calcineurin B-like protein,CBL)是钙传感器的主要组成部分,其在植物的发育过程、激素信号转导和应对外源胁迫的反应中起着重要作用[221]。CIPK 是具有丝氨酸/苏氨酸结合位点的一类蛋白激酶,属于蔗糖非发酵相关的蛋白激酶超家族 SnRKs 家族的亚家族 SnRK3[222]。CIPK 蛋白含有两个特有的结构域,即位于 N 端的激酶结构域和位于 C 端的调节结构域。N 端激酶结构域(pkinse domain)含有的激活环(activation loop)位于保守的 DFG 和 APE-motif 之内;而 C 端调节结构域具有由 24 个氨基酸组成的 NAF 结构域,是指 N-A-F(天冬氨酸-丙氨酸-苯丙氨酸)完全保守,因 A、F、I、S、L 绝对保守又称为 FISL-motif;在 NAF 结构域右侧有一段由 37 个氨基酸组成的相对保守的 PPI motif,可与 PP2Cs 家族发生蛋白互作。同时 NAF 结构域也是与 CBL 结合的必要结构[223]。无外界刺激时,CIPKs 的活性由于 NAF 结构域和 CIPK 催化结构域的分子内结合而受到抑制,一旦受到外界刺激,NAF 结构域与 CBLs 结合,使 CIPKs 发生磷酸化,从而向下游传递信号继而启动植物在胁迫中的应激反应[224]。

目前,已在多种植物中研究了 CIPK 家族基因的功能及表达特性。不同植物中 CIPK 基因家族成员的数目有所不同,如在拟南芥中发现了 26 个 CIPK 基因家族成员,在小麦中发现了 79 个,在大豆中发现了 52 个,在多毛番茄中发现了 24 个,在杨树中发现了 27 个,在玉米中发现了 43 个,在水稻中发现了 31 个等[225-228]。而不同植物中 CIPK 基因家族成员的功能也不尽相同,如拟南芥(*Arabidopsis thaliana*)SOS2-SOS3 复合体由 AtCBL4/SOS3 与 AtCIPK24/SOS2 相互作用形成,能激活靶蛋白 Na^+/H^+ 交换器 SOS1 的活性,可将细胞中过多的 Na^+ 排至胞外,从而调节植物根系的耐盐性[229];AtCIPK6 参与拟南芥对盐/渗透胁迫和 ABA 的响应[230];低温诱导下的多毛番茄(*Solanum habrochaites*)*ShCIPK2*、*ShCIPK17* 及 *ShCIPK19* 基因的表达量明显上调[226];玉米(*Zea mays*)中由 *ZmCIPK21*、*ZmCIPK42* 参与的对干旱、盐胁迫等相应的逆境反应过程,可能不依赖于 ABA 途径[231,232];水稻(*Oryza sativa* L.)中的 *OsCIPK6* 和 *OsCIPK16* 可能参与干旱、低温、盐等逆境胁迫和 ABA 应答[233];被叶枯病菌感染后的 *OsCIPK1*、*OsCIPK2*、*OsCIPK10*、*OsCIPK11* 和 *OsCIPK12* 基因表达量上调[234]等。本研究从白桦基因组数据库中筛选和鉴定出 15 个 CIPK 基因家族成员，并进行了理化性质、亚细胞定位、染色体定位、基因结构、保守基序、序列特征及顺式作用元件分析，并构建了系统进化树，为进一步研究白桦 CIPK 基因在逆境响应中的功能和机制提供参考。

7.6.1 白桦 CIPK 基因家族成员的鉴定

从白桦基因组数据库中筛选到 18 个 CIPK 基因，通过 NCBI-CDD 比对后发现其中 1 个基因不具有 CIPK 蛋白特有的 NAF 保守结构域，1 个基因不具有 Pkinase 结构域，还有 1 个基因中 2 个典型的保守结构域皆不具备，故将这 3 个基因剔除。剩余的 15 个 CIPK 基因家族成员按照染色体位置命名为 $BpCIPK1 \sim BpCIPK15$（表 7-13）。基因序列长度为 1532~24316 bp；由其编码的蛋白含有氨基酸 430~502 个，分子量为 47513.81~57109.56 Da，等电点为 6.01~9.10，有 4 个白桦 CIPK 基因家族成员编码酸性蛋白质，11 个编码碱性蛋白质，总亲水性值均<0，为亲水性蛋白；预测白桦 CIPK 基因家族成员均定位在细胞核内。

表 7-13 白桦 CIPK 基因家族成员基本信息

基因名称	基因号	长度/bp	氨基酸数	分子量（Da）	等电点	亲/疏水性	亚细胞定位
$BpCIPK1$	Bpev01.c0324.g0014	1689	430	47513.81	8.76	−0.217	细胞核
$BpCIPK2$	Bpev01.c0066.g0058	4391	463	52024.94	8.30	−0.335	细胞核
$BpCIPK3$	Bpev01.c0044.g0059	2219	440	49332.07	8.67	−0.210	细胞核
$BpCIPK4$	Bpev01.c0001.g0034	11165	502	57109.56	8.71	−0.456	细胞核
$BpCIPK5$	Bpev01.c1960.g0001	24316	457	51307.26	8.99	−0.250	细胞核
$BpCIPK6$	Bpev01.c1106.g0007	1532	442	49966.85	9.10	−0.312	细胞核
$BpCIPK7$	Bpev01.c2165.g0006	3756	466	53086.37	8.93	−0.435	细胞核
$BpCIPK8$	Bpev01.c2165.g0009	1923	437	49396.52	6.82	−0.320	细胞核
$BpCIPK9$	Bpev01.c0161.g0093	7113	446	50573.30	6.81	−0.186	细胞核
$BpCIPK10$	Bpev01.c1067.g0007	3360	470	53169.80	6.01	−0.438	细胞核
$BpCIPK11$	Bpev01.c0511.g0002	1733	449	50549.74	8.94	−0.249	细胞核
$BpCIPK12$	Bpev01.c0605.g0035	22954	448	50344.12	8.60	−0.185	细胞核
$BpCIPK13$	Bpev01.c0115.g0016	18053	439	50368.11	6.66	−0.428	细胞核
$BpCIPK14$	Bpev01.c0090.g0020	2806	472	54002.92	8.47	−0.580	细胞核
$BpCIPK15$	Bpev01.c0090.g0024	2209	435	48949.20	8.68	−0.320	细胞核

7.6.2　白桦 CIPK 基因家族成员的染色体定位

应用在线软件 MG2C 对白桦 CIPK 基因家族成员的染色体定位进行预测，结果表明，白桦 CIPK 基因家族成员分布在白桦 13 条染色体中的 7 条上，如图 7-31 所示，分别为 1、5、6、8、9、10、13 号染色体（Chr1、Chr5、Chr6、Chr8、Chr9、Chr10、Chr13）。除 Chr8 和 Chr13 有占据在染色体端部的基因外，其余白桦 CIPK 基因均分布于各个染色体的中间位置。Chr1、Chr5、Chr6 和 Chr8 各有 2 个 CIPK 基因家族成员，Chr9 和 Chr13 上各有 3 个，而 Chr10 上仅有 1 个。

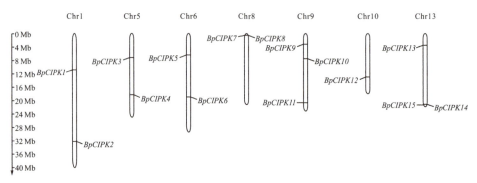

图 7-31　白桦 CIPK 家族成员的染色体定位

7.6.3　白桦 CIPK 家族基因同源性分析

利用 MAGA-X 软件对白桦 CIPK 蛋白进行比对后，采用最大简约法（maximum parsimony，MP）对该基因家族成员的同源性进行分析，结果表明（图 7-32），$BpCIPK3$ 与 $BpCIPK11$、$BpCIPK8$ 与 $BpCIPK15$、$BpCIPK9$ 与 $BpCIPK12$ 序列同源性达 100，说明白桦 CIPK 基因家族成员之间的同源性较高。

7.6.4　拟南芥、毛果杨和白桦 CIPK 家族蛋白的系统进化分析

利用 MAGA-X 软件，采用最大似然估计法（maximum likelihood），将通过 Phytozome 网站（https：//phytozome.jgi.doe.gov/pz/portal.html）获取的 31 个拟南芥 CIPK 基因和 15 个毛果杨 CIPK 基因，同本研究中的 15 个白桦 CIPK 基因一起构建系统进化树。设置 bootstrap replications 参数为 1 000，其余设置为默认值，再利用邻接法（neighbor-joining，NJ）进

第7章 白桦抗病相关基因家族全基因组分析

行验证。分析表明,白桦 CIPK 基因家族成员共分为 5 组。1 组由 BpCIPK2、BpCIPK4、BpCIPK5、BpCIPK9、BpCIPK10、BpCIPK12、BpCIPK13 组成;2 组由 BpCIPK3 和 BpCIPK11 组成;3 组仅含 BpCIPK1;4 组由 BpCIPK8 和 BpCIPK15 组成;5 组由 BpCIPK6、BpCIPK7 和 BpCIPK14 组成(图 7-33)。

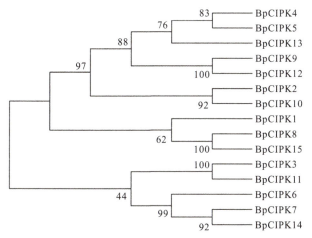

图 7-32 白桦 CIPK 家族基因同源性分析

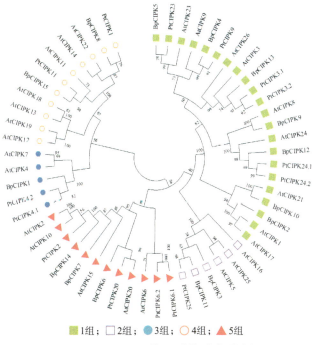

■1组;□2组;●3组;○4组;▲5组

图 7-33 CIPK 基因系统进化分析

7.6.5 白桦 CIPK 家族基因结构分析

应用 GADS 网站(htttp://gsds.cbi.pku.edu.cn)对白桦 CIPK 基因家族成员的基因结构特征进行分析。由图 7-34 可见,白桦 CIPK 基因可分为丰富外显子成员(每个基因>9 个外显子)和贫乏外显子成员(每个基因<3 个外显子)。外显子丰富的成员 *BpCIPK2*、*BpCIPK4*、*BpCIPK5*、*BpCIPK9*、*BpCIPK10*、*BpCIPK12*、*BpCIPK13* 集中在 1 组,而外显子贫乏的成员 *BpCIPK1*、*BpCIPK3*、*BpCIPK6*、*BpCIPK7*、*BpCIPK8*、*BpCIPK11*、*BpCIPK14* 分布在其他 4 组(2、3、4、5 组)。其中 *BpCIPK1*、*BpCIPK3*、*BpCIPK7*、*BpCIPK8*、*BpCIPK14*、*BpCIPK15* 没有内含子。结合基因的理化性质可看出,丰富外显子成员的基因长度大于贫乏外显子成员。比如,在外显子丰富的进化树分组中,基因成员的编码长度为 3360~24316 bp,而在外显子贫乏的进化树分组中,除了 BpCIPK7 含有 3756 bp 外,其余基因编码长度为 1532~2799 bp,说明各分组保守的外显子数目支持了它们之间的密切进化关系和分类。

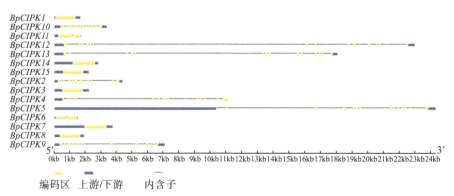

图 7-34 白桦 CIPK 家族基因的结构分析

7.6.6 白桦 CIPK 基因家族成员序列特征分析

使用 DNAMAN8 软件对白桦 CIPK 基因家族成员特征进行分析(图 7-35、图 7-36)。白桦 CIPK 蛋白 N 端和 C 端都具有一定的保守性。其中标注"A"的为 Pkinase 结构域,含 257 个氨基酸;标注"B"的为 CIPK 蛋白 C 端特有的 NAF 结构域,约含 55 个氨基酸,其中 A、F、I、S、L 绝对保守,表明这些残基可能在与 CBLs 的相互作用中起重要作用,还发现

BpCIPK1 的 NAF 结构域中的"N"替换成"T"。可见，本研究鉴定的白桦 CIPK 基因家族成员均具有 CIPK 蛋白的保守特征。

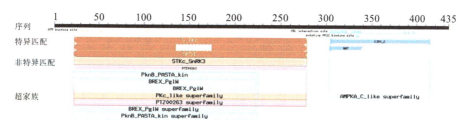

图 7-35 白桦 CIPK 家族基因保守结构域分析

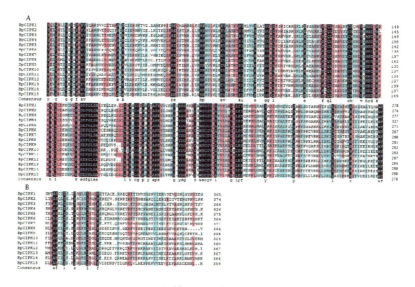

图 7-36 白桦 CIPK 家族成员多序列比对

7.6.7 白桦 CIPK 家族蛋白保守基序分析

应用 MEME 网站（http://meme-suite.org/tools/meme）对白桦 CIPK 基因成员的保守基序进行分析，再使用 TBtools 软件对数据进行进一步统计。结果表明，白桦 CIPK 基因家族成员都含有 Motif1、Motif2、Motif3、Motif4、Motif5、Motif6、Motif12，除 BpCIPK15 不含 Motif8 和 BpCIPK1 不含 Motif7 外，其余 CIPK 基因家族成员均含 Motif7、Motif8、Motif9 及 Motif11。含有 Motif10 的仅有 BpCIPK3、BpCIPK6、BpCIPK7、BpCIPK11 及 BpCIPK14，说明基因序列类型及排列顺序基本一致，同源性越高的基因基序排列相似度越高，这同白桦 CIPK 基因家族进化树结果

相一致(图 7-37)。

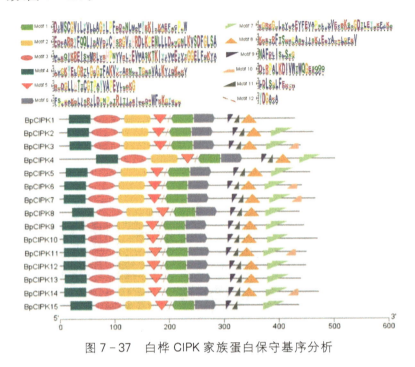

图 7-37　白桦 CIPK 家族蛋白保守基序分析

7.6.8　白桦 CIPK 基因家族启动子顺式作用元件分析

对顺式作用元件的分析在对基因功能的研究中意义重大。利用 Plant CARE 网站(http：//bioinformatics.psb.ugent.be/webtools/plantcare/html/)将在 COGE 中下载的 CIPK 基因的 ATG 上游 1.5 kb 处的 DNA 序列进行分析。结果表明，白桦 CIPK 基因具有多种响应生物胁迫和非生物胁迫的元件。除均含有 CAAT-box 和 TATA-box 外，所有的白桦 CIPK 基因家族成员都有 CGTCA-motif，表明该基因家族成员可能都参与茉莉酸甲酯应答。在对其他激素的调控方面，有 10 个 CIPK 基因家族成员含有脱落酸响应元件 ABRE；9 个 CIPK 基因家族成员含有水杨酸响应元件 TCA；仅有 *BpCIPK5* 含有乙烯应答响应元件 ERE。在光诱导方面，仅 *BpCIPK9*、*BpCIPK10* 不含 G-box。在逆境胁迫调控方面，*BpCIPK8* 不含有抗寒元件识别位点 MYC，而 *BpCIPK1* 却不含逆境胁迫响应元件 MYB。另外，有 5 个白桦 CIPK 基因家族成员不含有响应 MYB 诱导干旱的元件 MBS，相反仅有 5 个成员含有 W-box。综上所述，多数白桦 CIPK 基因与激素调控、光诱导、生物防卫以及逆境胁迫应答等有关(表 7-14)。

表 7-14 白桦 CIPK 基因家族启动子顺式作用元件分析

基因名称	脱落酸 (ABRE)	水杨酸 (TCA)	乙烯应答 (ERE)	茉莉酸甲酯 (CGTCA-motif)	抗旱元件识别位点 (MYC)	响应 MYB 诱导干旱 (MBS)	逆境胁迫 (MYB)	防卫应答 (W-BOX)	光诱导元件 (G-box)
*BpCIPK*1	6	—	—	1	1	—	—	—	6
*BpCIPK*2	—	1	—	2	2	2	4	1	1
*BpCIPK*3	2	—	—	2	2	1	1	1	2
*BpCIPK*4	4	2	—	2	5	1	2	1	4
*BpCIPK*5	1	1	1	1	6	—	1	1	3
*BpCIPK*6	7	—	—	1	3	1	3	—	6
*BpCIPK*7	1	—	—	3	3	1	9	1	1
*BpCIPK*8	4	2	—	7	—	1	2	—	2
*BpCIPK*9	—	1	—	7	3	2	2	—	—
*BpCIPK*10	—	1	—	1	5	—	4	—	2
*BpCIPK*11	4	1	—	2	1	2	2	1	2
*BpCIPK*12	4	—	—	2	5	1	9	—	1
*BpCIPK*13	—	1	—	1	6	—	5	—	1
*BpCIPK*14	—	—	—	1	3	3	5	—	—
*BpCIPK*15	4	1	—	2	1	—	2	—	2

7.6.9 小结

CIPK 是植物中特有的一类丝氨酸/苏氨酸蛋白激酶。本研究利用生物信息学方法鉴定出 15 个白桦 CIPK 基因，分别位于第 1、5、6、8、9、10 和 13 号染色体上，按照染色体位置命名为 $BpCIPK1$～$BpCIPK15$，均定位于细胞核内。根据系统进化分析结果以及基因结构分析，将白桦 CIPK 基因家族成员分为 5 组。外显子丰富的成员 $BpCIPK2$、$BpCIPK4$、$BpCIPK5$、$BpCIPK9$、$BpCIPK10$、$BpCIPK12$、$BpCIPK13$ 归入 1 组；而外显子贫乏的成员 $BpCIPK1$、$BpCIPK3$、$BpCIPK6$、$BpCIPK7$、$BpCIPK8$、$BpCIPK11$、$BpCIPK14$ 分布在其他 4 组（2、3、4、5 组）。其中，$BpCIPK1$、$BpCIPK14$、$BpCIPK15$、$BpCIPK3$、$BpCIPK7$、$BpCIPK8$ 没有内含子。在拟南芥中，CIPK 基因也被分为外显子丰富组和外显子贫乏组[235]，说明了 CIPK 基因家族成员的结构具有一定的多样性。在植物进化的早期，产生内含子的速率高，但 DNA 分段复制过程中内含子丢失的速率却大于内含子获得的速率，因此，推测 1 组成员可能为 CIPK 原始基因。多序列比对结果显示白桦 CIPK 基因家族成员都具有典型的 NAF 结构域和 Pkinase 结构域；而 BpCIPK1 的 NAF 结构域中的"N"突变为"T"，这与西瓜中的 CIPK 基因 ClCIPK9 的情况类似，目前对于在结构域中发生氨基酸突变是否会对基因功能产生影响这一问题，还有待进一步研究[236]。

当植物受到干旱、低温、病害等的胁迫时，植物体内会产生相应的信号因子进行信号传递，同时与响应的顺式作用元件结合，激活相关基因的表达。在生物胁迫方面，甘蔗 CIPK 基因家族中的 8 个基因对花叶病毒的胁迫有响应，其中 $ScCIPK15$、$ScCIPK21$ 的响应较明显[237]，本研究中鉴定出白桦 CIPK 基因家族成员大部分均含有 W-box 防卫应答响应元件，推测其可能参与植物抗病反应；在非生物胁迫方面，草莓基因家族成员中均含有 MYB 转录因子和 MYC 应答元件，并且多数基因中含有与 ABA 响应相关的作用元件[238]，而本研究中的白桦 CIPK 基因家族成员都有 CGTCA-motif，表明该家族成员可能都参与茉莉酸甲酯应答；大部分白桦 CIPK 基因家族成员含有 ABRE、TCA 等响应激素应答的顺式作用元件，同时含有 MYC、MYB、MBS 等与逆境相关的响应元件，说明白桦 CIPK 基因与不同逆境胁迫和植物激素应答机制密切相关。本研究为进一步了解白桦 CIPK 基因的结构和功能提供了参考。

7.7 白桦 TAGA 基因家族全基因组分析

GATA 是一类广泛存在于真核生物中的转录因子，具有特殊的锌指结构。锌指(zincfinger，ZF)是一种可以识别核酸的普遍性蛋白结构元件，它通过一对半胱氨酸和一对组氨酸与 Zn^{2+} 结合，自我折叠形成相对独立的"指"状四面体结构[239]。GATA 转录因子具有 1 个或 2 个 Cys2/Cys2 型锌指结构的 DNA 结合结构域[240]，GATA 的 DNA 结合域包含Ⅳ类锌指结构 C‑X2‑C‑X17‑20‑C‑X2‑C 和一个保守的基本区域，是锌指蛋白家族的成员之一[241]。GATA 转录因子能识别和特异性结合(T/A)GATA (A/G)序列，从而调节下游基因的转录水平[242]。研究表明，一些与逆境胁迫相关的锌指蛋白基因能够调控植物的抗逆性[243-246]。GATA 转录因子能够调控植物的生长发育[247]，对生物胁迫和非生物胁迫进行应答，并参与植物的次生代谢途径，如 GATA 基因家族参与杨树茎的发育与其对盐胁迫的响应[248]；GATA 基因家族在枣中起到应答生物胁迫、非生物胁迫和激素诱导的作用[249]；通过对马铃薯的研究发现，该基因在马铃薯花器官的发育和糖代谢中起着重要的作用[250]；GATA6 在燕麦中参与抗逆性基因表达的调控，与植物对环境胁迫的应答紧密相关[251]；沙东青中的 GATA 转录因子与抵御低温和干旱胁迫性状的形成相关[252]；对水稻的研究验证了 GATA 基因家族参与植物的信号调节[253]；在玉米大斑病菌发育中 GATA 转录因子起调控作用，并且 GATA 转录因子可以对氮代谢做出响应[254]；在蓖麻中，GATA 基因家族参与光响应调控过程[255]。越来越多的证据表明，GATA 基因家族具有很多的功能，但在白桦中关于 GATA 的研究报道还很少，对白桦中 GATA 家族基因的表达调控机制尚不清楚。

本研究在白桦基因组数据库中筛选出 20 个 GATA 基因家族成员，将其命名为 *BpGATA1*~*BpGATA20*。通过对其蛋白质理化性质的分析，得到白桦 GATA 家族基因的氨基酸残基数、分子质量、蛋白等电点等相关信息；通过亚细胞定位分析，确定 GATA 家族基因的定位；通过染色体定位分析，指出每条 GATA 基因存在的位置；分析 GATA 家族基因的保守结构域并对其氨基酸序列进行比对，确定 GATA 基因家族成员序列的特征；利用邻接法构建白桦和拟南芥 GATA 家族成员的系统进化树；分析白桦 GATA 基因家族成员的外显子和内含子，获得该家族基因的结构特征；通过对 GATA 家族基因的保守序列进行分析，判断同一亚族的基因结构特点；对 GATA 家族基因的启动子顺式作用元件进行分析，预测 GATA 家族基因在白桦中的功能。本研究为白桦 GATA 家族的深入研究提供参考。

7.7.1　白桦 GATA 基因家族成员的鉴定与理化性质分析

从 COGE 网站（https：//genomevolution.org/CoGe）中查找白桦基因组，首先进入 EPIC-COGE 输入白桦的属名（*Betula*），点击 Find Features 输入 GATA 基因名进行筛选，共得到 27 个基因，将 27 个基因放入 NCBI 中进行鉴定，共获得 20 个具有 GATA 超家族保守结构域的基因，将其命名为 *BpGATA*1～*BpGATA*20。

使用在线软件 ExPASy（https：//web.expasy.org/protparam/）的 ProtParam tool 工具进行蛋白理化性质的分析（表 7-15），结果表明，白桦 GATA 家族成员含有氨基酸残基数为 161～745 个；分子质量为 17661.12～81949.13 Da；蛋白等电点（pI）为 4.98～11.17，说明白桦 GATA 基因家族成员有的富含酸性氨基酸，有的富含碱性氨基酸。其中 BpGATA1、BpGATA2、BpGATA3、BpGATA6、BpGATA8、BpGATA9、BpGATA11、BpGATA13、BpGATA17、BpGATA19、BpGATA20 的等电点为 7.26～11.17，属于碱性氨基酸；BpGATA4、BpGATA5、BpGATA7、BpGATA10、BpGATA12、BpGATA14、BpGATA15、BpGATA16、BpGATA18 的等电点为 4.98～6.51，属于酸性氨基酸。

表 7-15　白桦 GATA 转录因子家族成员基本信息

基因名称	基因号	氨基酸残基数	等电点	分子量（Da）	总平均亲水系数
*BpGATA*1	Bpev01.c0820.g0007	161	9.55	17661.12	-0.989
*BpGATA*2	Bpev01.c0016.g0018	271	8.02	30196.97	-0.817
*BpGATA*3	Bpev01.c1517.g0005	745	8.56	81949.13	-0.347
*BpGATA*4	Bpev01.c2197.g0004	375	5.06	41707.67	-0.726
*BpGATA*5	Bpev01.c2197.g0003	320	5.19	34388.10	-0.666
*BpGATA*6	Bpev01.c0142.g0053	174	9.50	19479.68	-0.691
*BpGATA*7	Bpev01.c1127.g0004	301	6.43	32386.90	-0.787
*BpGATA*8	Bpev01.c0135.g0016	347	7.26	37850.82	-0.801
*BpGATA*9	Bpev01.c1874.g0007	259	8.29	28578.72	-0.774
*BpGATA*10	Bpev01.c0042.g0029	355	6.51	38928.72	-0.638

续表

基因名称	基因号	氨基酸基数	等电点	分子量(Da)	总平均亲水系数
BpGATA11	Bpev01.c1938.g0015	320	9.16	35047.03	−0.842
BpGATA12	Bpev01.c0082.g0016	289	6.10	32192.19	−0.753
BpGATA13	Bpev01.c0196.g0016	437	11.17	47401.45	−0.790
BpGATA14	Bpev01.c0371.g0006	343	5.87	38181.54	−0.732
BpGATA15	Bpev01.c0161.g0114	368	4.98	40223.53	−0.740
BpGATA16	Bpev01.c0574.g0050	316	5.95	34158.74	−0.722
BpGATA17	Bpev01.c0051.g0036	313	9.20	35050.70	−0.781
BpGATA18	Bpev01.c1013.g0007	265	5.99	29770.79	−0.858
BpGATA19	Bpev01.c0613.g0017	732	8.12	82334.24	−0.590
BpGATA20	Bpev01.c0253.g0012	237	9.75	26399.30	−1.141

7.7.2 白桦 GATA 基因家族成员的染色体定位

通过染色定位结果可知，白桦 GATA 家族成员的分布较为分散，除白桦 2、6 和 12 号染色体上没有基因分布外，其他染色体上均有该家族成员分布。其中 BpGATA1 和 BpGATA2 位于 1 号染色体；BpGATA3、BpGATA4 及 BpGATA5 位于 2 号染色体；BpGATA6 位于 3 号染色体；BpGATA7、BpGATA8、BpGATA9 及 BpGATA10 位于 5 号染色体；BpGATA11 位于 7 号染色体；BpGATA12 和 BpGATA13 位于 8 号染色体；BpGATA14、BpGATA15 及 BpGATA16 位于 9 号染色体；BpGATA17 位于 10 号染色体；BpGATA18 位于 11 号染色体；BpGATA19 和 BpGATA20 位于 13 号染色体（图 7-38）。

7.7.3 白桦 GATA 家族成员保守结构域分析与氨基酸多序列比对

通过 NCBI CD-search 找到白桦 GATA 基因家族的保守结构域（图 7-39），结果显示，白桦 GATA 基因家族成员均含有 ZnF-GATA 保守结构域，属于 GATA 超家族成员。

通过 DNAMAN 软件进行氨基酸多序列比对（图 7-40），结果显示，白桦 GATA 家族基因都含有半胱氨酸残基，且含有 C-X2-C-X18-C-X2-C 序列，这是锌指结构的特有特征。

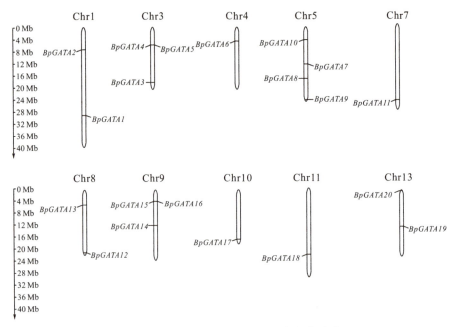

图 7-38　白桦 GATA 家族基因染色体定位图

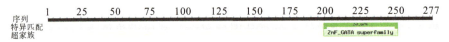

图 7-39　白桦 GATA 基因家族的保守结构域

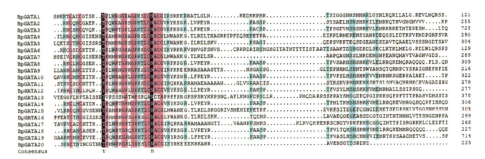

图 7-40　白桦 GATA 家族基因的多序列比对

7.7.4　白桦 GATA 家族基因的系统进化分析

从植物转录因子数据库（http://planttfdb.cbi.pku.edu.cn/）中筛选得到 83 个拟南芥 GATA 家族成员氨基酸序列，合并白桦 20 个 GATA 转

第 7 章　白桦抗病相关基因家族全基因组分析

录因子家族成员，采用邻接法(neighbor-joining，NJ)，使用 MEGA X 软件构建系统进化树，结果见图 7-41。参照序列比对结果和拟南芥 GATA 家族成员的分组划分情况[256]，可将白桦 GATA 转录因子分为 4 个亚家族，其中第Ⅰ亚家族包括 BpGATA1、BpGATA6、BpGATA9、BpGATA11、BpGATA17 及 BpGATA20；第Ⅱ亚家族包括 BpGATA2、BpGATA3、BpGATA8、BpGATA10、BpGATA12、BpGATA14、BpGATA18 及 BpGATA19；第Ⅲ亚家族包括 BpGATA4、BpGATA5、BpGATA7、BpGATA15 及 BpGATA16；第Ⅳ亚家族包括 BpGATA13。

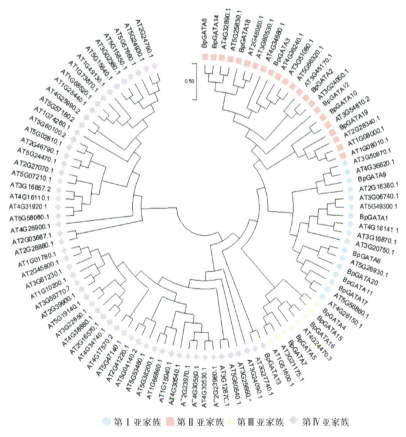

图 7-41　白桦 GATA 家族基因系统进化分析

7.7.5 白桦 GATA 家族基因结构分析

利用在线工具 GSDS 绘制白桦 GATA 转录因子家族基因的结构图(图 7-42),结果显示,第Ⅱ亚家族所含内含子和外显子的数量最多,其中,BpGATA3 和 BpGATA19 含有内含子的数量为 11 个,外显子的数量为 12 个;其次为第Ⅲ亚家族,BpGATA4 含有内含子 10 个、外显子 11 个;位属第三的是第Ⅳ亚家族,BpGATA13 含有内含子 2 个、外显子 3 个;含有内含子和外显子数量最少的是第Ⅰ亚家族,BpGATA9 含有内含子 1 个、外显子 2 个。

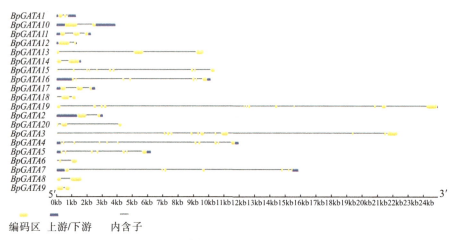

图 7-42 白桦 GATA 家族基因结构分析

7.7.6 白桦 GATA 转录因子家族保守基序分析

为进一步预测白桦 GATA 家族中各基因的结构及由其编码蛋白的特征,利用在线软件 MEME(https://mcmc-suite.org)预测了 20 个白桦 GATA 转录因子的保守基序,保守基序的总数为 5 个(图 7-43)。白桦 GATA 家族不同成员保守基序的分布如图 7-44 所示:第Ⅰ亚家族和第Ⅳ亚家族只含有特有的基序 1;第Ⅱ亚家族除含有基序 1 和基序 2 外,BpGATA3、BpGATA8、BpGATA10、BpGATA14 及 BpGATA18 还含有基序 5;第Ⅲ亚家族除了含有基序 1 外,还含有基序 3 和基序 4。含有相同保守基序的白桦 GATA 转录因子,基因结构也比较相似。

第 7 章 白桦抗病相关基因家族全基因组分析

图 7-43 白桦 GATA 基因家族保守基序

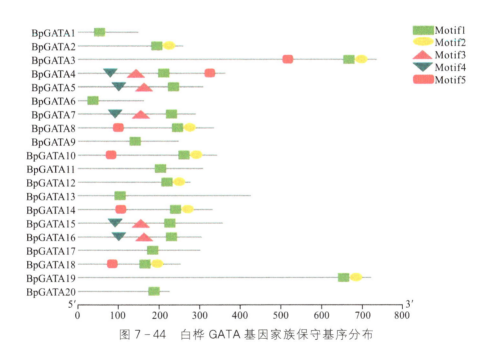

图 7-44 白桦 GATA 基因家族保守基序分布

7.7.7 白桦 GATA 基因家族成员启动子顺式作用元件分析

利用 PLantCARE（http://bioinformatics.psb.ugent.be/webtools/plantcare/html）对基因启动子区含有的顺式作用元件进行分析。通过对白桦 GATA 基因家族成员编码区序列上游 1500 bp 序列进行分析发现，该基因家族成员启动子区含有 8~56 个增强启动元件（CAAT-box）和核心启动子元件(TATA-box),说明该基因家族具有较强的表达潜力。另外,该区域还含有大量的与非生物胁迫响应相关的元件和光调控元件(见表7-16),包括厌氧诱导所必需的顺式作用元件(ARE)、逆境相关元件(MYB)、干旱和ABA应答元件(MYC)及光调控元件(I-box和G-box)。除此之外,还含有脱落酸响应元件(ABRE)、茉莉酸响应元件(CGTCA-motif)等与激素响应有关的元件,说明该基因位于激素调控的下游,在特定的信号通路中可能会发挥作用。

表7-16 白桦GATA家族成员启动子顺式作用元件分析

基因名称	启动增强元件	转录起始区-30bp核心启动子元件	脱落酸响应元件	厌氧诱导所必需的顺式作用元件	参与干旱、高盐和低温的响应元件	参与干旱和ABA应答的元件	逆境胁迫元件	茉莉酸响应元件	光响应元件
BpGATA1	21	16	—	1	—	5	3	—	3
BpGATA2	27	12	15	2	14	3	5	3	—
BpGATA3	47	56	3	1	5	9	2	1	—
BpGATA4	28	29	7	2	7	3	—	—	—
BpGATA5	29	54	2	1	2	—	2	—	1
BpGATA6	21	51	3	2	4	2	1	2	—
BpGATA7	21	30	—	—	1	3	7	—	—
BpGATA8	30	23	—	1	6	3	3	—	—
BpGATA9	27	8	4	1	4	3	—	1	—
BpGATA10	24	7	2	2	1	—	3	1	—
BpGATA11	21	18	—	3	1	8	5	—	—
BpGATA12	9	25	1	5	1	1	2	—	1
BpGATA13	16	23	1	—	1	3	3	2	—
BpGATA14	22	14	8	1	7	1	4	2	1
BpGATA15	14	21	—	2	—	1	1	3	—
BpGATA16	24	22	2	—	2	1	2	2	1
BpGATA17	8	44	—	—	—	—	—	—	—
BpGATA18	28	50	1	1	1	4	4	—	1
BpGATA19	22	21	1	1	2	2	2	—	—
BpGATA20	32	53	2	1	3	5	2	—	—

7.7.8 小结

GATA 基因家族成员具有Ⅳ类锌指结构,一直受到研究者的广泛关注。相关研究表明,GATA 家族在细胞分化、组织和器官发育、氮源代谢、种子萌发、植物激素应答、代谢调控、光响应调控以及植物抗逆境、抗病等方面发挥重要作用,但 GATA 基因家族成员在白桦中的功能未知。本研究从白桦基因组数据库中筛选得到 20 个 GATA 转录因子家族成员,通过多序列比对分析,发现白桦 GATA 基因家族成员的氨基酸序列包含 C‐X2‐C‐X18‐C‐X2‐C 锌指结构域,这一结果与在拟南芥[257]、水稻[258]、甘蓝[259]中的研究结果一致。对白桦 GATA 基因家族成员进行生物信息学分析,表明该家族成员等电点为 4.98~11.17,有的成员富含酸性氨基酸,有的则富含碱性氨基酸。亚细胞定位分析表明该基因家族成员全部定位在细胞核,在细胞核内发挥作用。通过染色体定位分析可知,白桦 GATA 转录因子家族的 20 个成员分别分布在 1 号、3 号、4 号、5 号、7 号、8 号、9 号、10 号、11 号及 13 号染色体上。白桦 GATA 基因家族成员的基因结构不同,内含子和外显子数量的差异较大,其中外显子和内含子平均数量最多的为第Ⅱ亚家族,其次是第Ⅲ亚家族和第Ⅰ亚家族,最少的为第Ⅳ亚家族。通过基因保守结构域和多序列比对可知,该基因家族成员均含有 ZnF‐GATA 保守结构域,且高度保守。经启动子顺式作用元件分析表明,该家族成员启动子含有逆境胁迫响应元件、参与干旱和 ABA 应答的元件(MYC)、光调控元件(I‐box、G‐box)、增强启动元件和多个激素响应元件等,可能参与逆境胁迫、干旱、光响应等生物过程。本研究为进一步研究白桦 GATA 转录因子家族基因在白桦中的功能提供参考。

7.8 研究方法

7.8.1 白桦各基因家族成员的鉴定

使用 COGE(https://genomevolution.org/coge/)在白桦物种中搜索各基因序列,将全部序列下载下来后,放入 NCBI(https://www.ncbi.nlm.nih.gov/)数据库中进行同源性及保守结构域分析,将其中同源性较高且含有特定结构域的序列筛选出来,剔除冗余序列。

7.8.2 白桦各基因家族的生物信息学分析

应用在线工具 ProtParam(https://web.expasy.org/cgi-bin/protparam/protparam)进行理化性质分析；使用 ExPASy(https://web.expasy.org/cgi-bin/protscale/protscale.pl)进行疏水性分析；采用 NCBI-CDD 预测保守结构域及蛋白家族(https://www.ncbi.nlm.nih.gov/Structure/cdd/)；使用(http://www.csbio.sjtu.edu.cn/bioinf/Cell-PLoc-2/)进行亚细胞定位分析；使用 MEME(https://meme-suite.org/meme)和 TBtools 软件进行保守基序预测；利用 Swiss-Model 构建蛋白同源三级结构模型；根据 COGE 的基因位置信息，应用 MG2C(http://mg2c.iask.in/mg2c_v2.1/)绘制各基因家族基因的染色体定位图谱；使用 COGE 数据库获取白桦各家族基因 ATG 上游 1500 bp 序列，并通过 PLantCARE(http://bioinformatics.psb.ugent.be/webtools/plantcare/html/)对基因启动子区顺式作用元件进行分析；在 NCBI 中搜索并下载其他物种相关基因家族序列，采用邻接法(neighbor-joining，NJ)构建系统发育树；使用 clustvis(https://biit.cs.ut.ee/clustvis/)构建热图；利用 GSDS(htttp://gsds.cbi.pku.edu.cn)网站查询得到白桦各基因家族基因的外显子和内含子信息；应用 TMHMM Server(http://www.cbs.dtu.dk/services/TMHMM/)软件中对各基因家族基因的蛋白的跨膜结构进行分析；利用 SOPMA(https://npsa-prabi.ibcp.fr/cgi-bin/npsa_automat.pl.page=npsa_sopma.html)建立二级结构模型；应用 SignalP-4.1 Server 软件对个基因家族基因蛋白信号肽进行预测分析。

7.8.3 白桦 TLP 基因家族成员的组织表达特异性分析

使用植物总 RNA 抽提试剂盒提取白桦叶、茎、根部总 RNA，应用反转录酶将其反转录为 cDNA，采用 Taq DNA 聚合酶对 BpTLP 基因进行 PCR 扩增，对琼脂糖凝胶电泳结果进行灰度检测，使用 clustvis 将数据绘制为热图。

第8章

白桦类病斑及早衰形成机制的探讨

衰老是植物生长发育过程中重要的生理过程，通过衰老的发生，植物可以自我保护和抵抗不良外界环境。衰老的调控机制非常复杂，而很多早衰突变体的发现为人们研究衰老的发生提供了理想的工具。本实验室在研究白桦 $BpGH3.5$ 基因时，获得了21个超表达株系，其中有一个株系叶片表面逐渐长出褐色的死亡斑点，叶片提前脱落，表现为早衰的表型，命名为 lmd 株系。GH3.5是 GH3 家族蛋白，能够在生长素 IAA 上连接氨基酸，使植物体内游离的生长素保持在一定的水平[260]。一些研究表明，GH3 家族基因能够影响胚轴和根的发育，并影响植物对生长素的敏感性[261]，在白桦中，$BpGH3.5$ 基因能够影响根的伸长[121]。考虑到其他20个超表达株系并没有相似性状发生，以及 GH3 家族基因的功能，推断 lmd 株系早衰表型的产生可能是由于转化的 T-DNA 插入了相关基因，影响了相关基因的表达，进而引起了表型的变化。因此，本研究围绕白桦类病斑及早衰突变体 lmd 株系的生理生化、基因表达等情况进行了研究，并通过实验确定了 T-DNA 插入的位点，对被影响表达的 $BpEIL1$ 基因进行了基础的研究，并通过 RNAi 抑制 $BpEIL1$ 基因的表达，获得了一个与 lmd 突变株表型相近的抑制表达株系，初步确定了 $BpEIL1$ 基因在白桦类病斑及早衰产生中的重要作用。通过以上研究，主要获得以下几个结论。①lmd 突变株叶片细胞产生了区域性的细胞程序化死亡（PCD），这种细胞程度化死亡被限制在一定的范围内，当该范围内的细胞全部死亡后，只残留细胞壁结构，形成肉眼可见的褐色坏死斑点；②lmd 株系水杨酸含量的升高，诱导 PR 基因的表达，增强了 lmd 株系的抗病性；③lmd 株系生长量的降低是由于叶片表面分布有褐色的坏死斑点以及叶片在生长期内不正常的脱落导致的，其光合系统及叶绿素荧光参数并未发生显著变化；④转录组分析表明，在 lmd 株系成熟叶片中，与植物防御反应相关的条目（对真菌的防御反应、对细菌的防御反应）、与激素代谢和信号转导相关的条目（水杨酸响应途径、生长素激活信号途径、茉莉酸和乙烯信号途径）以及与细胞死亡、细胞对过氧化氢的反应、氧化还原反应过程等相关的 GO 条目显著富集；⑤通过 TAIL-PCR 和基因组重测序技术可知，lmd 突变株中的 T-DNA 插入了 BpEIL1 基因的启动子区，影响了 BpEIL1 基因的表达，使其表达量降低；⑥构建了 BpEIL1 基因启动子融合 GUS 的表达载体，并获得了转基因株系，通过 GUS 染色可以发现 BpEIL1 基因主要在白桦叶片中表达；⑦构建了 BpEIL1 基因抑制表达载体，并获得了 BpEIL1 基因抑制表达的转基因株系，其中有一个株系表现出与 lmd 突变株相似的表型，初步证明了 BpEIL1 基因在白桦早衰和类病斑性状形成中的重要作用。围绕以上结论，本章就以下几个问题进行进一步的探讨。

8.1　植物叶片衰老与细胞程序性死亡

植物在生长、发育及抵抗外界不良环境时发生的一种自发的细胞死亡称为细胞程序化死亡（PCD）[262]。PCD 影响了植物的整个生命过程，包括种子萌发、营养生长和生殖生长、衰老等[263]。本研究中，通过对苗高和地径的观察发现，三年生 lmd 突变株的苗高和地径均显著低于两个对照组，说明 lmd 株系植株的生长量较小。但是通过对光合指标和叶绿素荧光指标的观察发现，lmd 株系的光合系统似乎未发生显著的变化，通过对 lmd 株系细胞超微结构的观察发现，其叶绿体的形态和数量均未发生明显的变化。那么影响 lmd 株系生长量的关键因素之一可能就是存在于其功能叶片表面的褐色坏死斑点。通过实体显微镜的观察发现，lmd 株系从第 3 叶边缘开始出现零星的褐色斑点，在第 4 叶以及叶龄更长的叶片表面则均匀分布着大小一致的褐色斑点，并且斑点的数目随着叶龄的增长而增加，石蜡切片结果表明，相应区域的细胞已经死亡，只残留细胞壁结构，而周围区域的细胞则保持正常状态。超微结构观察表明，lmd 株系的叶片细胞发生了细胞程序化死亡，很多细胞产生自噬体，细胞内容物逐渐消失，最后原生质体完全消失，只留下细胞壁结构。Evans blue 染色结果表明，早在出现肉眼可见的褐色坏死斑点之前，相应位置的细胞就已经开始了细胞程序化死亡过程，lmd 株系的叶片细胞死亡数量显著高于两个对照株系。lmd 突变株系叶片细胞的程序化死亡可能与过氧化氢的积累有关，ROS 的积累被认为是细胞死亡的重要信号[18,264]。实验表明,除了第 1 叶由于太小而不便于观察、判断外,*lmd* 株系叶片从第 2 叶至第 5 叶均有明显的过氧化氢积累,有研究表明,过氧化氢是细胞死亡信号转导的关键物质。*lmd* 株系褐色坏死斑点的产生是从第 3 叶的叶缘开始,自第 4 叶开始布满整个叶片,而在已经发生过氧化氢积累的第 2 叶上未观察到有褐色坏死斑点的产生,这说明过氧化氢的积累是导致细胞死亡的因素之一,而叶片的叶龄也是一个重要的因素。*lmd* 株系叶片上这种褐色坏死斑点产生的时间、位置、大小、颜色均具有很强的规律性和稳定性。我们观察了外界环境对 *lmd* 株系叶片表面斑点产生的影响,在林木遗传育种基地(45°43.2′N,126°37.4′E)的自然环境中,从 5 月至 10 月叶片生长存续时间内,经历了不同的光照条件和温度条件,褐色斑点的出现、大小、形态及数量均未发生显著的变化。在实验室条件下模拟高温(30 ℃)和低温(16 ℃)环境,也未见影响褐色斑点的产生,可见 *lmd* 株系叶片表面褐色斑点的产生不依赖温度和光照等外界条件,而是由于植株本身的基因调控发生了改变。而导致 *lmd* 株系生长量较低的另外一个重要因素就是其叶片提前脱落。正常白桦植株叶片在整个生长季节均能保持绿色,进行光合作用,只有生长季结束,叶片才会逐渐变黄、脱落。而 *lmd* 株系的叶片在整个生长季中不断脱落,使得 *lmd* 株系的功能叶片总数相对较少,从而造成植株生长量的降低。乙烯是与植物衰老和果实成熟有关的一种植物激素[64]。研究发现乙烯在植物生长的特定阶段能够促进叶片的衰老,但其并不是促进叶片衰老最重要的因素[8]。我们用气相色谱法检测了 3 个株系成熟叶片乙烯的释放量,在 1 ppm 水平上均未检测出乙烯的释放,说明 *lmd* 株系叶片的脱落可能与乙烯的释放量无关。用液质联用的方法测定 3 个株系的脱落酸含量,结果表明 *lmd* 株系的脱落酸含量显著高于两个对照株系,说明 *lmd* 株系叶片的非正常脱落可能与其叶片内脱落酸含量的增加有关。

8.2 植物叶片早衰与抗病性的关系

lmd 株系成熟叶片表面褐色斑点的产生早在组织培养的无菌条件下就已经能够观察到,说明褐色斑点的产生并不是由于病原微生物引起的,而是一种自发的细胞死亡。这种自发的细胞死亡的发生类似于植物的过敏反应。所谓植物过敏反应(hypersensitive response,HR)是指植物在受到一些不兼容的病原菌感染后,在感染部位发生自发的细胞死亡,以限制病原

菌的扩散，另外，一些与抗病相关的基因表达量提升高，形成系统获得性抗性(SAR)，从而使植物的抗病性增强的一种反应[265]。植物中的 HR 反应，有时表现为典型的细胞程序化死亡(PCD)，有时又表现为不同于 PCD 的特征[266]。而这种在没有病原菌存在下就发生的自发的细胞死亡，从表型上观察，类似于过敏反应，被称为类病斑(lesion mimic)表型，类病斑表型常常会伴随着早衰表型的发生[267]。具有类病斑表型的突变体通常具有较好的抗病性，那么 *lmd* 株系的抗病性又如何呢？为了观察 *lmd* 株系的抗病性，我们使用半知菌亚门的链格孢菌 *Alternaria alternata*（Fr.）Keissler 的孢子喷洒白桦幼苗，观察 3 个株系幼苗对其的抗性。结果表明 *lmd* 株系对 *Alternaria alternata*（Fr.）Keissler 的抗性明显增强了，表现为发病时间明显延迟、发病率较低、病害程度较轻。

抗病性增强必然伴随着相关物质含量的变化及相关基因表达情况的变化。很多研究表明，水杨酸、茉莉酸乙烯等植物激素对植物抗病性具有重要的作用[60,268,269]，因此本研究测定了 *lmd* 株系中水杨酸、茉莉酸的含量及乙烯的释放量。结果表明，*lmd* 株系叶片中茉莉酸的含量和乙烯的释放量与两个对照相比没有明显的变化，而水杨酸的含量则显著升高了，水杨酸在植物防御反应形成中具有重要作用。植物为了避免外界环境的生物和非生物胁迫而形成了精细的防御系统[270]。一旦植物被病原菌攻击，会产生病原体相关分子模式(pathogen-associated molecular patterns，PAMPs)激发的免疫反应，即 PTI(PAMP-triggered immunity)，这是植物的一种基本防御反应[271]。在 PTI 之后的植物和病原菌的相互作用中，R 蛋白能激活效应器激活的免疫反应(effector-triggered immunity，ETI)，ETI 诱导水杨酸的积累和 MAPK 的激活[272]，形成植物的系统获得性抗性(SAR)。SA 在这个过程中具有重要的作用，并且能诱导病原相关基因(*PR1*，*PR2*，*PR5*)的表达[273]。很多植物，如番茄、小麦、拟南芥等[274-276]，在被病原菌感染后，水杨酸的含量均有所提高。*NahG* 基因能够编码水杨酸羟化酶，将水杨酸转化成儿茶酚，*NahG* 过表达的烟草株系会抑制水杨酸的积累，并且不能诱导系统获得性抗性来抵抗烟草花叶病毒的感染[277]。除此之外，PeaT1 诱导的 SAR 途径也是由水杨酸和 *NPR1* 基因诱导的[278]。由此可见，水杨酸对植物抗病性形成的重要性。*lmd* 株系水杨酸含量的增加对其抗病性的增强具有重要作用，同时检测了 SA 诱导的 *PR*(pathogenesis-related)基因的表达量，发现 *PR1*、*PR1b*、*PR1a*、*PR5* 的表达量均有显著提高。可见，*lmd* 株系抗病性的形成与细胞内水杨酸的积累有关。

8.3 植物叶片衰老与基因表达

在 *lmd* 株系成熟叶片上出现的褐色坏死斑点的大小是一定的，说明 *lmd* 株系出现褐色坏死斑点可能是由于细胞程序化死亡的起始信号发生了错误，而限制细胞死亡的调控系统则正常。为了更深刻地了解 *lmd* 株系表型产生的内在因素，对 *lmd* 株系和其转基因对照株系 G21 株系的第 1、2、3、4 叶，及野生型对照的第 4 叶进行了转录组分析。

在对 *lmd*、G21、WT 株系第 4 叶（成熟叶片）的差异基因分析中发现，*lmd* 株系与 G21 和 WT 株系共有的 995 个差异基因中，与脱落酸代谢相关的差异基因占总差异基因数的 11.96%，其中上调表达的基因占 64.71%，下调表达的基因占 35.29%；与乙烯代谢和信号转导有关的差异基因占 7.34%，其中上调表达的基因占 76.71%，下调表达的基因占 23.29%；与水杨酸代谢和信号转导有关的差异基因（134 个）占 13.47%，上调表达的基因占 79.10%，下调表达的基因占 20.90%。说明各个激素相关的代谢途径均发生了显著的变化，特别是水杨酸代谢途径。细胞程序化死亡相关差异基因占差异基因总数的 7.74%，其中上调表达的基因占 89.61%，下调表达的基因占 10.39%；植物过敏反应相关基因占总差异基因的 7.14%，其中上调表达基因占 88.73%，下调表达基因占 11.27%。植物激素对植物生长发育、抵抗外界不良环境等具有重要作用，以上结果说明，*lmd* 株系的植物激素代谢途径发生了显著的变化，相关功能也发生了变化。利用液质联用的方法测定水杨酸、茉莉酸、脱落酸等激素的含量发现，水杨酸和脱落酸含量显著提高，而茉莉酸含量没有明显的变化，实验结果与转录组测序结果相符，不同激素信号途径均发生了变化，说明不同激素信号之间存在着彼此的协同或者拮抗作用。大量的细胞程序化死亡相关基因的上调表达表明，*lmd* 株系早衰的发生与细胞程序化死亡有着密切的关系。除此之外，GO 富集分析表明，涉及与植物防御反应相关的条目，如对真菌的防御反应、对细菌的防御反应等，激素代谢和信号转导相关的条目如水杨酸响应途径、生长素激活信号途径、茉莉酸和乙烯信号途径等，以及细胞死亡、细胞对过氧化氢的反应、氧化还原反应过程等都具有差异基因的显著富集。这与 *lmd* 株系叶片过氧化氢积累、过氧化物酶（POD）活性增加、相关基因（*POD15*、*POD21*）表达量增加、SA 水平升高、相关抗病性基因

（PR1、PR1b、PR1a、PR5）表达量升高的实验结果相符。

除此之外，一些重要的转录因子的表达量也发生了变化。WRKY超家族的转录因子在植物生长、发育以及对抗外界不良环境时都具有重要作用[279-281]。NPR1位于水杨酸下游，是SAR的重要调控基因，在拟南芥中，WRKY转录因子在NPR1下游，介导拟南芥对病原菌的防御反应[282]。在lmd突变株中，WRKY家族的许多成员，如WRKY9、WRKY19、WRKY28、WRKY32、WRKY33、WRKY37、WRKY70、WRKY71、WRKY72、WRKY75的表达量均上调，说明lmd突变株中的防御反应系统和植物生长的调控均发生了变化。其他的一些与防御反应、衰老、激素信号、氧化还原反应等途径相关的转录因子的表达也上调，说明在lmd突变株中形成了复杂的信号网络。

8.4 植物 EIN3/EIL1 基因在衰老和类病斑形成中的调控机制

植物突变体在遗传学研究中具有重要的作用，如基因功能的发现及其在生物体内参与的代谢过程等。因此，人们采用各种方法，如物理诱变、化学诱变、插入诱变（主要包括T-DNA插入、转座子等）等获得植物突变体[283]。物理诱变和化学诱变具有随机性，对突变位点的定位较难，需要准确的物理图谱和相应的分子标记。由于插入突变是利用遗传转化技术和转座子随机转座原理将T-DNA或转座子插入基因组中随机破坏某个功能基因而导致突变，故一旦确认了某个突变体是由T-DNA或转座子插入而引起的，便可通过TAIL-PCR技术扩增其插入片段的侧翼序列，从而确定突变位点并找到引起突变的遗传基础[284,285]。由于白桦类病斑及早衰突变株lmd株系是一个T-DNA插入突变株，插入基因组的T-DNA序列为找到引起白桦类病斑及早衰的功能基因提供了良好的标签。基因组重测序技术通常被用来种内个体间的不同以及研究动植物的进化等[123,124,286]。本研究中，我们采用基因组重测序技术对lmd突变株的基因组进行重测序，共获得了56,361,128 bp的clean Reads，覆盖了参考基因组91.97%的序列。利用已知的T-DNA左臂和右臂序列信息，对重测序数据库进行比对，将比对的结果再与参考基因组进行比对，得到了两个插入位点，与TAIL-PCR获得的结果一致，确定为插入BpEIL1基因上游的598 bp处，处于该基因的启动子区。对BpEIL1基因的表达情况进行定量分析，发现该基因的表达量降低了。EIN3（ethylene insensitive 3）属于 EIN3 家族蛋白，是乙烯信号转导中的正调控因子[287]。植物通过 EIN3 蛋白的降解调控对乙烯信号的反应[51]。EIN3/EIL1 能活化很多与乙烯反应[288]、衰老[289]、花的发育[287]、SA 合成[58]、盐胁迫[55]、病原菌感染[57]、离子平衡[290]和铁代谢[291]等相关的基因，说明 EIN3/EIL1 是多种代谢途径的节点。为了研究白桦 *BpEIL1* 基因的功能，我们构建了 *BpEIL1* 启动子、超表达、抑制表达载体，分别转化白桦合子胚，并获得了转基因株系。GUS 染色结果表明，*BpEIL1* 基因主要在白桦叶片中表达，这与其叶片表型的出现相符。在移栽的 3 个抑制表达株系中，有 1 个株系表现出与 *lmd* 突变株相似的表型，如过氧化氢的积累、叶片的提前脱落、叶片表面长有褐色坏死斑点等。初步证明了 *BpEIL1* 基因导致白桦早衰和类病斑表型出现的结论。而另外两个抑制表达株系并未出现相似的表型，可能是由于基因表达被抑制程度不同。

EIN3 基因是一个重要的转录因子，在拟南芥中，通过 Chip-seq 获得了上千个 *EIN3* 的下游基因[64]，说明其表达量的变化具有牵一发而动全身的效应，而 *EIN3* 基因作为不同激素之间交叉作用的一个节点[292]，其表达水平稍有变化都可能引起一系列代谢反应的发生。也可能是由于转基因使用的是白桦合子胚，遗传背景的不同也可能导致不同表型的发生。*EIN3* 基因是乙烯信号转导通路中的重要转录因子，也是乙烯和其他激素协同或者拮抗作用的关键节点[293]。在拟南芥中，EIN3 家族有 6 个成员，而在白桦中，该家族只有 2 个成员，说明 *BpEIL1* 基因可能具有更特殊的功能。在拟南芥中，EIN3/EIL1 可以通过负调控 *SID2* 基因而抑制系统获得性抗性[58]。在水稻的 *SPL3* 突变体中，*EIN2* 和 *EIN3* 均表现为下调表达[294]。目前还没有研究证明 *EIN3* 基因可以导致类病斑表型的出现，但是基因在不同的遗传背景下功能会有所不同[295,296]。本研究中，*BpEIL1* 基因的低水平表达导致了白桦早衰和类病斑表型的产生，其过程中发生的细胞程序化死亡与过氧化氢的积累和 SA 水平的提高有关。然而，*BpEIL1* 基因调控白桦早衰和类病斑表型形成的分子机制还有待进一步研究。

8.5 展 望

本研究通过一系列的实验对白桦类病斑及早衰突变 *lmd* 株系的表型进行系统的研究，并初步探究了该突变体形成的分子机制，但还有一些工作需要进一步的完善。

(1)有关 $BpEIL1$ 基因启动子的研究，还应进一步设计不同的激素处理 $BpEIL1$ 基因启动子的转基因株系和野生型对照株系，分别用 GUS 染色和基因定量研究 $BpEIL1$ 基因对不同激素刺激的反应。

(2)模拟插入 T-DNA 后的启动子，即仅剩余 598 bp 启动子序列的缺失启动子序列，克隆该缺失启动子，融合 GUS 基因，构建表达载体，进行遗传转化，将获得的转基因植株与具有完整启动子的转基因植株一起在不同条件处理后进行染色观察，观察缺失启动子和完整启动子对外界刺激的反应情况。

(3)$BpEIL1$ 基因启动子关键元件的研究，找到是哪个或哪些关键元件的缺失，使得 $BpEIL1$ 基因不能被正常调控而导致白桦早衰的发生。

(4)$BpEIL1$ 基因上下游的调控关系的研究，阐明由于 $BpEIL1$ 基因表达量降低导致的白桦早衰表型产生的代谢途径。

(5)已经获得的 $BpEIL1$ 基因超表达和抑制表达株系的分子检测、移栽、表型观察等，进一步研究 $BpEIL1$ 基因的功能。

附录：使用药品及试剂配制

1.1 使用药品

Genome Walking Kit 试剂盒购自 TaKaRa；pGEM－T Easy Vector SystemⅠ购自 Promega Corporation；PCR 产物回收试剂盒 Universal DNA Purification Kit（离心柱型）购自 TIANGEN BIOTECH；实时荧光定量 PCR（RT－PCR）试剂盒 SYBR Green Realtime PCR Master Mix，购自东洋纺（上海）生物科技有限公司（Toyobo）；DIG 探针标记和检测试剂盒购于罗氏公司（Roche）；RNaseA、DNA 反转录试剂盒 PrimeScriptTM RT reagent Kit 均购自 TaKaRa 公司；Topo 克隆试剂盒 pENTRTM/－TOPO Cloning Kit 和 LR 克隆试剂盒 Gateway LR ClonaseTM Ⅱ Enzyme Mix 购自 invitrogen；植物 RNA 提取试剂盒购于北京百泰克公司（Bioteke）。

DNA 聚合酶 Mighty Amp DNA polymerase ver.3、Taq DNA 聚合酶、dNTP Mixture、DNA 分子量标准 Maker（DL－2000）、DNA 分子量标准 Maker（DL－15000）、卡那霉素（kanameisu，Kan）、潮霉素 B（hygromycin B，Hyg）、5－溴－4－氯－3－吲哚－β－葡萄糖甘酸酯（X－Gluc）、二甲基亚砜（DMSO）、利福平（rifampicin，Rif）购自 Sigma 公司；T4 DNA 连接酶、限制性内切酶购自 Promega（北京）生物技术有限公司。

乙二胺四乙酸二钠（EDTA）、三羟甲基氨基甲烷（Tris）、十二烷基硫酸钠（SDS）、溴代十六烷基三甲胺（CTAB）、LB 肉汤、WPM、6－苄氨基嘌呤（6－BA）、萘乙酸（NAA）、赤霉素 3（GA3）、异丙醇、Tris 饱和酚、氯仿、异戊醇、蔗糖、琼脂糖、冰乙酸、丙三醇、醋酸钠、乙醇、叔丁醇、磷酸缓冲液、戊二醛、二甲苯、番红 O、中性树脂、二氨基联苯胺（3,3′－diaminobenzidine，DAB）、2′,7′－二氯荧光黄双乙酸盐（DCFH－DA）、氯化钾、乙磺酸、氢氧化钾、醋酸铀、枸橼酸铅、内酮、锇酸、甘油、水饱和酚、苯胺蓝、Evans blue（伊文思蓝）、十二烷基硫酸钠（SDS）、琼脂、葡萄糖、石蜡等，以上药品均为进口或国产分析纯。

1.2 试剂及培养基配制

DAB 染液：将 DAB 粉末溶解于 10 mmol/L 磷酸缓冲液（pH＝7.0）中，加入 0.01% Triton X－100，用盐酸调 pH 值至 3.8，使用浓度为

1 mg/mL，现用现配。

DCFH-DA 染液：将 DCFH-DA 溶解于二甲基亚砜(DMSO)，配制成浓度为 10 mmol/L 的储存液，使用浓度为 10 μmol/L。

Evans blue 染色液：取伊文思蓝 0.25 g，溶解于 100 mL 蒸馏水中，配置成 0.25% 的 Evans blue 染色液。

苯胺蓝染色液：150 mmol/L 磷酸二氢钾(K_2HPO_4)，0.01% 苯胺蓝，调 pH 值至 9.5。

FAA 固定液：将 5 mL 38% 甲醛溶液，5 mL 冰醋酸和 90 mL 70% 乙醇混合，配置而成。

番红 O 染色液：取番红 O 1 g 溶解于 100 mL 蒸馏水中，配制成 1% 的番红 O 染色液。

固绿染色液：取固绿 0.5 g，溶解于 100 mL 蒸馏水中，配制成 0.5% 的固绿染色液。

苯胺蓝染色液：150 mmol/L K_2PO_4，0.01% aniline blue，调 pH9.5 备用。

SDS-甲醇溶液：将 50% 甲醇与 1%SDS 按照 1:1 的比例混合后使用。

RNA 提取液：2% CTAB，1.4 mol/L NaCl，0.1% 的 DEPC。

3 mol/L NaAc：24.6 g NaAc 加 30 mL 水和 30 mL 冰醋酸溶解，调 pH 至 4.0，定容至 100 mL，再加入 0.1% DEPC。

DEPC 水：在去离子水中加入 0.1% 的 DEPC。

DNA 提取液：2%CTAB，1.4 mol/L NaCl，20 mmol/L EDTA(pH=8.0)，100 mmol/L Tris·Cl(pH8.0)，121 ℃ 高压灭菌 20 min，常温保存。

转移液(20×SSC)：NaCl 175.3g、柠檬酸三钠 82.2g，NaOH 调 pH 至 7.0，加双蒸水定容至 1000 mL。

变性液：0.5 mol/L NaOH；1.5 mol/L NaCl。

中和液：1 mol/L Tris-HCl(pH=7.4)；1.5 mol/L NaCl。

马来酸缓冲液：将 11.6 g 马来酸(0.1 mol/L)和 8.77 g 氯化钠(0.15 mol/L)溶解于蒸馏水中，定容至 1 L，用氢氧化钠调 pH 值至 7.5。

冲洗缓冲液(Washing buffer)：在 500 mL 马来酸缓冲液中加入 1.5 mL 吐温 20 配置而成。

检测缓冲液(Detection buffer)：Tris-HCl 0.1 mol/L、氯化钠 0.1 mol/L，调 pH 值至 9.5，过滤后备用。

封闭液和抗体溶液按照试剂盒说明书配置。

CaCl₂溶液：用双蒸水将 CaCl₂ 粉末溶解并定容，配制成浓度为 2.5 mol/L 的储存液，过滤灭菌，保存于 －20 ℃ 条件下。

卡那霉素(Kan)：用蒸馏水将卡那霉素溶解，配制成浓度为 50 mg/mL 的储存液，过滤除菌，－20 ℃ 保存，使用浓度为 50 mg/L。

赤霉素(GA3)：用蒸馏水将赤霉素粉末溶解，配制成浓度为 0.5 mg/mL 的储存液，过滤除菌，－20 ℃ 保存，使用浓度为 0.5 mg/L。

利福平(Rif)：用二甲基亚砜(DMSO)将利福平粉末溶解，配制成浓度为 50 mg/mL 的储存液，过滤除菌，－20 ℃ 保存，使用浓度为 50 mg/L。

脱分化培养基：WPM 粉 2.14 g/L，硝酸钙[Ca(NO₃)₂]0.56 g/L，琼脂 7 g/L，蔗糖 20 g/L，6-BA 0.8 mg/L，NAA 0.02 mg/L，pH5.8；

分化培养基：WPM 粉 2.14 g/L，硝酸钙[Ca(NO₃)₂]0.56 g/L，琼脂 7 g/L，蔗糖 20 g/L，6-BA 0.8 mg/L，NAA 0.02 mg/L，GA3 0.5 mg/L，pH5.8；

生根培养基：WPM 粉 2.14 g/L，硝酸钙[Ca(NO₃)₂]0.56 g/L，琼脂 7 g/L，蔗糖 20 g/L，NAA 0.2 mg/L，pH5.8。

参考文献

[1] PINTÓ-MARIJUAN M, MUNNÉ-BOSCH S. Photo-oxidative stress markers as a measure of abiotic stress-induced leaf senescence: advantages and limitations[J]. J Exp Bot, 2014, 65(14): 3845-3857.

[2] PIAO W, KIM E Y, HAN S H, et al. Rice Phytochrome B (OsPhyB) Negatively Regulates Dark- and Starvation-Induced Leaf Senescence[J]. Plants, 2015, 4(3): 644-663.

[3] LI Z H, PENG J Y, WEN X, et al. Gene network analysis and functional studies of senescence-associated genes reveal novel regulators of Arabidopsis leaf senescence[J]. J Integr Plant Biol, 2012, 54(8): 526-539.

[4] MA W, SMIGEL A, WALKER R K, et al. Leaf senescence signaling: the Ca^{2+}-conducting Arabidopsis cyclic nucleotide gated channel2 acts through nitric oxide to repress senescence programming[J]. Plant Physiol, 2010, 154(2): 733-743.

[5] MA Q H, LIU Y C. Expression of isopentenyl transferase gene (ipt) in leaf and stem delayed leaf senescence without affecting root growth[J]. Plant Cell Rep, 2009, 28(11): 1759-1765.

[6] TALLA S K, PANIGRAHY M, KAPPARA S, et al. Cytokinin delays dark-induced senescence in rice by maintaining the chlorophyll cycle and photosynthetic complexes[J]. J Exp Bot, 2016, 67(6): 1839-1851.

[7] IQBAL N, KHAN N A, FERRANTE A, et al. Ethylene role in plant growth, development and senescence: interaction with other phytohormones[J]. Front Plant Sci, 2017, 8: 475.

[8] JING H C, SCHIPPERS J H, HILLE J, et al. Ethylene-induced leaf senescence depends on age-related changes and OLD genes in Arabidopsis[J]. J Exp Bot, 2005, 56(421): 2915-2923.

[9] CHEN G H, CHAN Y L, LIU C P, et al. Ethylene response pathway is essential for ARABIDOPSIS A-FIFTEEN function in floral induction and leaf senescence[J]. Plant Signal Behav, 2012, 7(4): 457-460.

[10] CHEN G H, LIU C P, CHEN S C, et al. Role of ARABIDOPSIS A-FIFTEEN in regulating leaf senescence involves response to reactive oxygen species and is dependent on ETHYLENE INSENSITIVE2[J]. J Exp Bot, 2012, 63(1): 275-292.

[11] NIU Y H, GUO F Q. Nitric oxide regulates dark-induced leaf senescence through EIN2 in Arabidopsis[J]. J Integr Plant Biol, 2012, 54(8): 516-525.

[12] DU J, LI M L, KONG D D, et al. Nitric oxide induces cotyledon senescence involving co-operation of the NES1/MAD1 and EIN2-associated ORE1 signalling pathways in Arabidopsis[J]. J Exp Bot, 2014, 65(14): 4051-4063.

[13] CHAI J Y, LIU J, ZHOU J, et al. Mitogen-activated protein kinase 6 regulates NPR1 gene expression and activation during leaf senescence induced by salicylic acid[J]. J Exp Bot, 2014, 65(22): 6513-6528.

[14] KIM J, CHANG C, TUCKER M L. To grow old: regulatory role of ethylene and jasmonic acid in senescence[J]. Front Plant Sci, 2015, 6: 20.

[15] SCHOMMER C, PALATNIK J F, AGGARWAL P, et al. Control of jasmonate biosynthesis and senescence by miR319 targets[J]. PLoS Biol, 2008, 6(9): e230.

[16] LEE S H, SAKURABA Y, LEE T, et al. Mutation of Oryza sativa CORONATINE INSENSITIVE 1b (OsCOI1b) delays leaf senescence[J]. J Integr Plant Biol, 2015, 57(6): 562-576.

[17] NAKASHIMA K, YAMAGUCHI-SHINOZAKI K. ABA signaling in stress-response and seed development[J]. Plant Cell Rep, 2013, 32(7): 959-970.

[18] KAURILIND E, XU E, BROSCHÉ M. A genetic framework for H_2O_2 induced cell death in Arabidopsis thaliana[J]. BMC Genomics, 2015, 16: 837.

[19] KADOTA Y, SHIRASU K, ZIPFEL C. Regulation of the NADPH oxidase RBOHD during plant immunity[J]. Plant and Cell Physiology, 2015, 56(8): 1472-1480.

[20] ZANDALINAS S I, BALFAGÓN D, ARBONA V, et al. ABA is re-

quired for the accumulation of APX1 and MBF1c during a combination of water deficit and heat stress[J]. J Exp Bot, 2016, 67(18): 5381 - 5390.

[21] ZHAO Y, CHAN Z L, GAO J H, et al. ABA receptor PYL9 promotes drought resistance and leaf senescence[J]. Proceedings of the National Academy of Sciences, 2016, 113(7): 1949 - 1954.

[22] ABREU M E, MUNNÉ-BOSCH S. Hyponastic leaf growth decreases the photoprotective demand, prevents damage to photosystem II and delays leaf senescence in Salvia broussonetii plants[J]. Physiol Plant, 2008, 134(2): 369 - 379.

[23] 周晓舟, 陈国平. 植物细胞程序化死亡的形态学和生理生化特征[J]. 广西植物, 2007, 27(3): 522 - 526.

[24] WOO H R, KIM H J, NAM H G, et al. Plant leaf senescence and death - regulation by multiple layers of control and implications for aging in general[J]. J Cell Sci, 2013, 126(Pt 21): 4823 - 4833.

[25] PETERSON C L, LANIEL M A. Histones and histone modifications[J]. Curr Biol, 2004, 14(14): R546 - 551.

[26] BRUSSLAN J A, RUS ALVAREZ - CANTERBURY A M, NAIR N U, et al. Genome - wide evaluation of histone methylation changes associated with leaf senescence in Arabidopsis[J]. PLoS One, 2012, 7(3): e33151.

[27] AY N, IRMLER K, FISCHER A, et al. Epigenetic programming via histone methylation at WRKY53 controls leaf senescence in Arabidopsis thaliana[J]. Plant J, 2009, 58(2): 333 - 346.

[28] LIU L, XU W, HU X S, et al. W - box and G - box elements play important roles in early senescence of rice flag leaf[J]. Sci Rep, 2016, 6: 20881.

[29] ZHANG K W, GAN S S. An abscisic acid - AtNAP transcription factor - SAG113 protein phosphatase 2C regulatory chain for controlling dehydration in senescing Arabidopsis leaves[J]. Plant Physiol, 2012, 158(2): 961 - 969.

[30] REN T T, WANG J W, ZHAO M M, et al. Involvement of NAC transcription factor SiNAC1 in a positive feedback loop via ABA biosynthesis

and leaf senescence in foxtail millet[J]. Planta, 2018, 247(1): 53-68.

[31] LEE S M, SEO P J, LEE H J, et al. A NAC transcriptionfactor NTL4 promotes reactive oxygen species production during drought-induced leaf senescence in Arabidopsis[J]. Plant J, 2012, 70(5): 831-844.

[32] ZHOU X, JIANG Y J, YU D Q. WRKY22 transcription factor mediates dark-induced leaf senescence in Arabidopsis[J]. Mol Cells, 2011, 31(4): 303-313.

[33] BESSEAU S, LI J, PALVA E T. WRKY54 and WRKY70 co-operate as negative regulators of leaf senescence in Arabidopsis thaliana[J]. J Exp Bot, 2012, 63(7): 2667-2679.

[34] HAN M H, KIM C Y, LEE J, et al. OsWRKY42 represses OsMT1d and induces reactive oxygen species and leaf senescence in rice[J]. Mol Cells, 2014, 37(7): 532-539.

[35] SONG Y, YANG C W, GAO S, et al. Age-triggered and dark-induced leaf senescence require the bHLH transcription factors PIF3, 4, and 5[J]. Mol Plant, 2014, 7(12): 1776-1787.

[36] WU X Y, DING D, SHI C N, et al. microRNA-dependent gene regulatory networks in maize leaf senescence[J]. BMC Plant Biol, 2016, 16: 73.

[37] KIM J H, WOO H R, KIM J, et al. Trifurcate feed-forward regulation of age-dependent cell death involving miR164 inArabidopsis[J]. Science, 2009, 323(5917): 1053-1057.

[38] YOSHIKAWA M. Biogenesis of trans-acting siRNAs, endogenous secondary siRNAs in plants[J]. Genes Genet Syst, 2013, 88(2): 77-84.

[39] MARIN E, JOUANNET V, HERZ A, et al. miR390, Arabidopsis TAS3 tasiRNAs, and their AUXIN RESPONSE FACTOR targets define an autoregulatory network quantitatively regulating lateral root growth[J]. Plant Cell, 2010, 22(4): 1104-1117.

[40] WOO H R, GOH C H, PARK J H, et al. Extended leaf longevity in the ore4-1 mutant of Arabidopsis with a reduced expression of a plastid ribosomal protein gene[J]. Plant J, 2002, 31(3): 331-340.

[41] SUZUKI Y, MAKINO A. Translational downregulation of RBCL is operative in the coordinated expression of Rubisco genes in senescent

leaves in rice[J]. J Exp Bot, 2013, 64(4): 1145-1152.

[42] LAI J B, YU B Y, CAO Z D, et al. Two homologous protein S-acyltransferases, PAT13 and PAT14, cooperatively regulate leaf senescence in Arabidopsis[J]. J Exp Bot, 2015, 66(20): 6345-6353.

[43] DANILOVA M N, KUDRYAKOVA N V, DOROSHENKO A S, et al. Opposite roles of the Arabidopsis cytokinin receptors AHK2 and AHK3 in the expression of plastid genes and genes for the plastid transcriptional machinery during senescence[J]. Plant Mol Biol, 2017, 93(4-5): 533-546.

[44] LEE I C, HONG S W, WHANG S S, et al. Age-dependent action of an ABA-inducible receptor kinase, RPK1, as a positive regulator of senescence in arabidopsis leaves[J]. Plant and Cell Physiology, 2011, 52(4): 651-662.

[45] MIAO Y, ZENTGRAF U. A HECT E3 ubiquitin ligase negatively regulates Arabidopsis leaf senescence through degradation of the transcription factor WRKY53[J]. Plant J, 2010, 63(2): 179-188.

[46] HU G, YALPANI N, BRIGGS S P, et al. A porphyrin pathway impairment is responsible for the phenotype of a dominant disease lesion mimic mutant of maize[J]. Plant Cell, 1998, 10(7): 1095-1105.

[47] 肖桂青, 张元夫, 杨必能, 等. 植物类病变突变体研究进展[J]. 分子植物育种, 2017, 15(1): 290-299.

[48] BRUGGEMAN Q, RAYNAUD C, BENHAMED M, et al. To die or not to die? Lessons from lesion mimic mutants[J]. Front Plant Sci, 2015, 6: 24-46.

[49] LORRAIN S, VAILLEAU F, BALAGUÉ C, et al. Lesion mimic mutants: keys for deciphering cell death and defense pathways in plants?[J]. Trends in Plant Science, 2003, 8(6): 263-271.

[50] LI W Y, MA M D, GUO H W. Advances in the action of plant hormone ethylene[J]. Scientia Sinica Vitae, 2013, 43(10): 854-863.

[51] 王彦杰, 张超, 王晓庆, 等. 高等植物 EIN3_EILs 转录因子研究进展[J]. 生物技术通报, 2012, (3): 1-8.

[52] CHEN Y F, ETHERIDGE N, SCHALLER G E. Ethylene signal transduction[J]. Ann Bot, 2005, 95(6): 901-915.

[53] JI Y S, GUO H W. From endoplasmic reticulum(ER) to nucleus: EIN2 bridges the gap in ethylene signaling[J]. Mol Plant 2013, 6(1): 11-14.

[54] AN F Y, ZHAO Q, JI Y S, et al. Ethylene - induced stabilization of ETHYLENE INSENSITIVE3 and EIN3 - LIKE1 is mediated by proteasomal degradation of EIN3 binding F - box 1 and 2 that requires EIN2 in Arabidopsis[J]. Plant Cell, 2010, 22(7): 2384-2401.

[55] ZHANG L X, LI Z F, QUAN R D, et al. An AP2 domain - containing gene, ESE1, targeted by the ethylene signaling component EIN3 is important for the salt response in Arabidopsis[J]. Plant Physiol, 2011, 157(2): 854-865.

[56] PENG J Y, LI Z H, WEN X, et al. Salt - induced stabilization of EIN3/EIL1 confers salinity tolerance by deterring ROS accumulation in Arabidopsis[J]. PLoS Genet, 2014, 10(10): e1004664.

[57] DUAN X Y, WANG X J, FU Y P, et al. TaEIL1, a wheat homologue of AtEIN3, acts as a negative regulator in the wheat - stripe rust fungus interaction[J]. Mol Plant Pathol, 2013, 14(7): 728-739.

[58] CHEN H M, XUE L, CHINTAMANANI S, et al. ETHYLENE INSENSITIVE3 and ETHYLENE INSENSITIVE3 - LIKE1 repress SALICYLIC ACID INDUCTION DEFICIENT2 expression to negatively regulate plant innate immunity in Arabidopsis[J]. Plant Cell, 2009, 21(8): 2527-2540.

[59] BOUTROT F, SEGONZAC C, CHANG K N, et al. Direct transcriptional control of the Arabidopsis immune receptor FLS2 by the ethylene - dependent transcription factors EIN3 and EIL1[J]. PNAS, 2010, 107(32): 14502-14507.

[60] SONG S S, HUANG H, GAO H, et al. Interaction between MYC2 and ETHYLENE INSENSITIVE3 modulates antagonism between jasmonate and ethylene signaling in Arabidopsis[J]. Plant Cell, 2014, 26(1): 263-279.

[61] ACHARD P, BAGHOUR M, CHAPPLE A, et al. The plant stress hormone ethylene controls floral transition via DELLA - dependent regulation of floral meristem - identity genes[J]. Proc Natl Acad Sci U

S A,2007,104(15):6484-6489.

[62] SHI Y J, TIAN S W, HOU L Y, et al. Ethylene signaling negatively regulates freezing tolerance by repressing expression of CBF and type-A ARR genes in Arabidopsis[J]. Plant Cell, 2012, 24(6): 2578-2595.

[63] HE W R, BRUMOS J, LI H J, et al. A small-molecule screen identifies L-kynurenine as a competitive inhibitor of TAA1/TAR activity in ethylene-directed auxin biosynthesisand root growth in Arabidopsis[J]. Plant Cell, 2011, 23(11): 3944-3960.

[64] CHANG K N, ZHONG S, WEIRAUCH M T, et al. Temporal transcriptional response to ethylene gas drives growth hormone cross-regulation in Arabidopsis[J]. ELIFE, 2013, 2: e00675.

[65] 孙冬. BGT杀虫基因的原核表达、抗体制备及在转基因白桦中表达的初步研究[D]. 哈尔滨:东北林业大学,2008.

[66] 周以良. 中国大兴安岭植被[M]. 北京:科学出版社,1991.

[67] 杜昕,岳永杰,李钢铁,等. 白桦根系生物量与生产力研究[J]. 林业资源管理,2014(5):64-68.

[68] 宁坤,刘笑平,林永红,等. 白桦子代遗传变异与纸浆材优良种质选择[J]. 植物研究,2015,35(1):39-46.

[69] 詹亚光,王玉成,王志英,等. 白桦的遗传转化及转基因植株的抗虫性[J]. 植物生理与分子生物学学报,2003(5):380-386.

[70] 詹亚光,刘志华,王玉成,等. 白桦抗虫基因转化的初步研究[J]. 东北林业大学学报,2001(6):4-6.

[71] 王志英,范海娟,薛珍,等. 转基因白桦抗性等级划分及其对幼虫中肠的影响[J]. 东北林业大学学报,2005(03):38-39,66.

[72] 程颖娟,虞莎,王佳伟. 拟南芥中miR156/7编码基因表达模式和功能分析[C]. 第七届长三角植物科学研讨会暨青年学术报告会摘要集,2018:52.

[73] 申婷婷. 白桦miR156及其靶基因BpSPL9的功能研究[D]. 哈尔滨:东北林业大学,2017.

[74] 李晓媛. 白桦BpEIN3基因功能的研究[D]. 哈尔滨:东北林业大学,2019.

[75] RICHARD S, MORENCY M J, DREVET C, et al. Isolation and

characterization of a dehydrin gene from white spruce induced upon wounding, drought andcold stresses[J]. Plant Mol Biol, 2000, 1: 1-10.

[76] ASHRAF M, BASHIR A. Salt stress indced changes in some organic meablites and ionic relations in nodules and other plant parts of two crop legumes differing in salt tolerance[J]. Flora, 2003, 198: 486-498.

[77] 张瑞萍. 脱水素基因逆境表达模式与白桦遗传转化研究[D]. 哈尔滨: 东北林业大学, 2009.

[78] 李园园, 杨光, 韦睿, 等. 转 TabZIP 基因白桦的获得及耐盐性分析[J]. 南京林业大学学报(自然科学版), 2013, 37(5): 6-12.

[79] 东北林业大学. 一种白桦抗旱基因 BpbZIP36 及其表达载体、蛋白和应用: CN201810631010. 3[P]. 2018-11-02.

[80] MORENO J E, MORENO-PIOVANO G, CHAN R L. The antagonistic basic helix-loop-helix partners BEE and IBH1 contribute to control plant tolerance to abiotic stress[J]. Plant Science, 2018, 271: 143-150.

[81] 东北林业大学. 一种提高白桦抗逆性的转录因子及其编码的蛋白: CN201510046863. 7[P]. 2015-04-29.

[82] 颜斌, 武丹阳, 李慧玉. 白桦 BpBEE2 基因的遗传转化及抗逆性分析[J]. 植物研究, 2019, 39(2): 287-293.

[83] BUCHANAN B B, WILHELM G, RUSSELL L. Biochemistry & molecular biology of plants[M]. Beijing: Science Press, 2004.

[84] 姜晶, 李晓媛, 王楚, 等. 白桦 BpCHS3 转基因植株耐盐性分析[J]. 北京林业大学学报, 2019, 41(4): 1-7.

[85] LEWIS N G, YAMAMOTO E. Lignin: occurrence, biogenesis and biodegradation[J]. Annual Review of Plant Physiology and Plant Molecular Biology, 1990, 41(1): 455-496.

[86] 吕梦燕. 东北白桦 COMT1 和 CESA4 基因克隆及反义 COMT1 遗传转化[D]. 哈尔滨: 东北林业大学, 2013.

[87] 韦睿. 白桦木质素 BpCCR1 基因的克隆及遗传转化[D]. 哈尔滨: 东北林业大学, 2012.

[88] 张岩. 白桦 BpCCR 基因的功能研究和应力木转录组分析[D]. 哈尔滨:

东北林业大学，2012.

[89] 陈肃. 白桦 4CL 与 CCoAOMT 基因表达分析及蛋白预测[D]. 哈尔滨：东北林业大学，2009.

[90] 孔雪. 白桦 4CL 基因表达载体的构建及遗传转化[D]. 哈尔滨：东北林业大学，2014.

[91] 关录凡. 白桦纤维素合成酶基因 BpCesA4 的遗传转化[D]. 哈尔滨：东北林业大学，2009.

[92] 陈鹏飞. 白桦纤维素合成酶基因克隆与表达特征分析[D]. 哈尔滨：东北林业大学，2008.

[93] 国会艳. 白桦 BplMYB46 基因调控抗旱耐盐和次生壁形成的分子机理[D]. 哈尔滨：东北林业大学，2014.

[94] WAN L L, ZHA W J, CHENG X Y, et al. A rice β-1, 3-glucanase gene Osg1 is required for callose degradation in pollen development[J]. Planta, 2010, 233(2): 309-323.

[95] LUNA E, PASTOR V, ROBERT J, et al. Callose deposition: a multifaceted plant defense response[J]. MPMI, 2011, 24(2): 183-193.

[96] 王元军. 植物体内的胼胝质[J]. 生物学通报，2005，40(1)：18-19.

[97] 史文秀. 离体加倍创造欧李多倍体种质及其鉴定[D]. 太原：山西农业大学，2015.

[98] 王铁军，钟万芳，朱丽梅，等. 烟粉虱病原真菌的分离鉴定及生物活性初步研究[J]. 江苏农业科学，2016，44(11)：148-150.

[99] 董臣飞，顾洪如，丁成龙，等. 水稻生育后期外源赤霉素调控稻草饲用品质的机理研究[J]. 草业学报，2016，(11)：94-102.

[100] EWING B, HILLIER L, WENDL M C, et al. Base-Calling of Automated Sequencer Traces Using Phred. I. Accuracy Assessment[J]. Genome Research, 1998, 8(3): 175-185.

[101] 王伟. 转录组分析文冠果幼苗抗冷性机制[D]. 泰安：山东农业大学，2015.

[102] 苑克俊，程来亮，牛庆霖，等. 苹果果实可溶性固形物含量相关基因的全基因组筛选与分析[J]. 植物生理学报，2016，52(5)：755-761.

[103] ZHU S Y, TANG S W, TANG Q M, et al. Genome-wide transcriptional changes of ramie (Boehmeria nivea L. Gaud) in response to root-lesion nematode infection[J]. Gene, 2014, 552(1): 67-74.

[104]马志慧. 铝胁迫下杉木无性系苗若干生理过程及转录组的研究[D]. 福州:福建农林大学,2015.

[105]ZHANG H,YANG Y Z,WANG C Y,et al. Large-scale transcriptome comparison reveals distinct gene activations in wheat responding to stripe rustand powdery mildew[J]. BMC Genomics,2014,15(1):898.

[106]杨侃侃. 基于RNA-seq技术对西瓜果皮色泽差异表达基因的分析[D]. 南昌:江西农业大学,2015.

[107]穆彩琴,张瑞娟,屈聪玲,等. 基于RNA-Seq技术的谷子新基因发掘及基因结构优化[J]. 植物生理学报,2016,52(7):1066-1072.

[108]刘宇,徐焕文,刘桂丰,等. 赤霉素GA_{4+7}处理下白桦无性系生长及差异基因表达分析[J]. 林业科学研究,2017,30(1):181-189.

[109]JIANG H,WONG W H. Statistical inferences for isoform expression in RNA-Seq[J]. Bioinformatics,2009,25(8):1026-1032.

[110]程雪薇. 莱茵衣藻富硒生物学特性及其转录组学研究[D]. 深圳:深圳大学,2015.

[111]TRAPNELL C,WILLIAMS B A,PERTEA G,et al. Transcript assembly and quantification by RNA-Seq reveals unannotated transcripts and isoform switching during cell differentiation[J]. Nat Biotechnol,2010,28(5):511-515.

[112]张俊娥,邓华峰,郑文强,等. 基于转录组高通量测序分析白光对杜仲愈伤组织中绿原酸含量的影响[J]. 江西师范大学学报(自然科学版),2015,39(6):570-574.

[113]戴超,刘雪梅,周菲. 白桦基因表达半定量RT-PCR中内参基因的选择[J]. 经济林研究,2011,29(1):34-39.

[114]KAZAN K,LYONS R. Intervention of Phytohormone Pathways by Pathogen Effectors[J]. Plant Cell,2014,26(6):2285-2309.

[115]XU E J,BROSCHE M. Salicylic acid signaling inhibits apoplastic reactive oxygen species signaling[J]. BMC Plant Biol,2014,14:155.

[116]周晨光. 白桦BpMYB106转录因子的功能研究[D]. 哈尔滨:东北林业大学,2014.

[117]刘禄,牛焱焱,雷昊,等. 基于地高辛标记对小麦进行Southern杂交分析主要影响因素的优化和验证[J]. 植物遗传资源学报,2012,13

(2): 182-188.

[118] 胡兴明. 水稻 tree1 增变表型的分子遗传学研究[D]. 北京: 中国农业科学院, 2017.

[119] 徐后喜. 基于重测序技术的美洲黑杨×小叶杨亲本变异位点检测分析[D]. 南京: 南京林业大学, 2015.

[120] WANG Z, YE S F, LI J J, et al. Fusion primer and nested integrated PCR (FPNI-PCR): a new high-efficiency strategy for rapid chromosome walking or flanking sequence cloning[J]. BMC Biotechnology, 2011, 11(1): 109.

[121] YANG G, CHEN S, WANG S, et al. BpGH3.5, an early auxin-response gene, regulates root elongation in Betula platyphylla×Betula pendula[J]. Plant Cell, Tissue and Organ Culture (PCTOC), 2014, 120(1): 239-250.

[122] 康丹, 方小艳, 游腾飞, 等. 染色体步移技术克隆已知序列侧翼启动子的研究进展[J]. 农业生物技术学报, 2013, 21(3): 355-366.

[123] THUDI M, KHAN A W, KUMAR V, et al. Whole genome re-sequencing reveals genome-wide variations among parental lines of 16 mapping populations in chickpea (Cicer arietinum L.)[J]. BMC Plant Biol, 2016, 16(Suppl 1): 10.

[124] NATARAJAN S, KIM H T, THAMILARASAN S K, et al. Whole Genome Re-Sequencing and Characterization of Powdery Mildew Disease-Associated Allelic Variation in Melon[J]. PLoS One, 2016, 11(6): e0157524.

[125] KIM H G, KWON S J, JANG Y J, et al. GDSL LIPASE1 modulates plant immunity through feedback regulation of ethylene signaling[J]. Plant Physiol, 2013, 163(4): 1776-1791.

[126] ZHU Z Z, AN F Y, FENG Y, et al. Derepression of ethylene-stabilized transcription factors (EIN3/EIL1) mediates jasmonate and ethylene signaling synergy in Arabidopsis[J]. Proc Natl Acad Sci U S A, 2011, 108(30): 12539-12544.

[127] 张析, 李潇玲, 郭文婷, 等. 棉花 EIN3/EIL 家族基因序列分析及 GhEIL3 基因克隆[J]. 西北植物学报, 2017, 37(3): 445-452.

[128] 陈强, 刘建, 陈丹阳, 等. 中华猕猴桃 EIN3/EIL 转录因子家族的成

员鉴定、系统进化和基因表达模式[J]. 应用于环境生物学报，2018，24(2)：315-321.

[129]马勇，莘少红，巴德仁贵，等. 甜瓜 EIN3/EILs 基因家族全基因组鉴定与进化分析[J]. 基因组学与应用生物学，2014，33(1)：105-112.

[130]敖金霞，高学军，仇有文，等. 实时荧光定量 PCR 技术在转基因检测中的应用[J]. 东北农业大学学报，2009，40(6)：141-144.

[131]ZHANG Z L，XIE Z，ZOU X L，et al. A rice WRKY gene encodes a transcriptional repressor of the gibberellin signaling pathway in aleurone cells[J]. Plant Physiol，2004，134(4)：1500-1513.

[132]LIU X Q，BAI X Q，WANG X J，CHU C Q. OsWRKY71，a rice transcription factor，is involved in rice defense response[J]. J Plant Physiol，2007，164(8)：969-979.

[133]CHUJO T，KATO T，YAMADA K，et al. Characterization of an elicitor-induced rice WRKY gene，OsWRKY71[J]. Biosci Biotechnol Biochem，2008，72(1)：240-245.

[134]包昌艳，邓浪，周军，等. 猕猴桃 WRKY 转录因子家族全基因组鉴定与分析[J]. 分子植物育种，2018，16(14)：4473-4488

[135]黄幸，丁峰，彭宏祥，等. 植物 WRKY 转录因子家族研究进展[J]. 生物技术学报，2019，35(12)：129-143

[136]王岚. 中国野生毛葡萄转录因子 ERF 调控抗病相关基因的研究[D]. 西安：西北农林科技大学，2019.

[137]董航. 大豆霜霉病抗病相关转录因子 WRKY 的筛选及功能分析[D]. 沈阳：沈阳农业大学，2017.

[138]黄磊. 水稻 NAC 转录因子 ONAC131、MNAC1 和 ONAC095 在抗病抗逆中的功能研究[D]. 杭州：浙江大学，2015.

[139]董勤勇，张圆圆，魏景芳，等. MYB 转录因子在水稻抗逆基因工程中的研究进展[J]. 江苏农业学报，2021，37(2)：525-530.

[140]黄喆，王保云，刘箐，等. 植物 U-box 蛋白在抗病抗逆反应中的功能研究进展[J]. 基因组学与应用生物学，2020，39(12)：5803-5808.

[141]杨程惠子，唐先宇，李威，等. NLR 及其在植物抗病中的调控作用[J]. 植物学报，2020，55(4)：497-504.

[142]房卫平，谢德意，李志芳，等. NBS-LRR 类抗病蛋白介导的植物抗病应答分子机制[J]. 分子植物育种，2015，13(2)：469-474.

[143]GOVARDHANA M, KUMUDINI B S. In‑silico analysis of cucumber (Cucumis sativus L.) Genome for WRKY transcription factors and cis‑acting elements[J]. Computational Biology and Chemistry, 2020, 85: 107212.

[144]项玉婷,王景,曾俊岚,等. 向日葵 WRKY 转录因子家族鉴定与生物信息学分析[J]. 分子植物育种, 2020, 18(14): 4572-4586.

[145]ZHANG J J, YANG E D, HE Q, et al. Genome‑wide analysis of the WRKY gene family in drumstick (Moringa oleifera Lam.)[J]. PeerJ, 2019, 7(7): e7063.

[146]苏玲,王鹏飞,杨阳,等. 葡萄全基因组 WRKY 转录因子鉴定和分析[J]. 黑龙江农业科学, 2019(1): 13-22.

[147]WANG M, VANNOZZI A, WANG G, et al. Genome and transcriptome analysis of the grapevine (Vitis vinifera L.) WRKY gene family[J]. Horticulture Research, 2014, 1: 14016.

[148]ZHAO N N, HE M J, LI L, et al. Identification and expression analysis of WRKY gene family under drought stress in peanut (Arachis hypogaea L.)[J]. PloS One, 2020, 15(4): e0231396.

[149]禹阳,贾赵东,马佩勇,等. WRKY 转录因子在植物抗病反应中的功能研究进展[J]. 分子植物育种, 2018, 16(21): 7009-7020.

[150]赵兴奎,范昕琦,聂萌恩,等. 高粱 WRKY 家族成员鉴定及生物信息学分析[J]. 分子植物育种, 2020, 18(13): 4170-4181.

[151]CHEN L G, SONG Y, LI S J, et al. The role of WRKY transcription factors in plant abiotic stresses[J]. Biochimica et Biophysica Acta (BBA)‑Gene Regulatory Mechanisms, 2012, 1819(2): 120-128.

[152]马勇,鲍牧兰,张红霞,等. 甜瓜 WRKY 转录因子家族基因生物信息学分析[J]. 基因组学与应用生物学, 2017, 36(11): 4761-4769.

[153]王安,庞文玉,秦宁,等. 大白菜 PUP 基因家族的生物信息学分析[J]. 北方园艺, 2018, 418(19): 14-22.

[154]王鹏洋,曲姗姗,梁源,等. 水稻 WRKY 转录因子家族的生物信息学分析[J]. 安徽农业科学, 2019, 47(12): 123-126.

[155]谷彦冰,冀志蕊,迟福梅,等. 苹果 WRKY 基因家族生物信息学及表达分析[J]. 中国农业科学, 2015, 48(16): 3221-3238.

[156]张书玲,刘莹,张惠敏,等. 棉花 WRKY 转录因子家族成员的鉴定和

生物信息学分析[J]. 中国农业科技导报,2017,19(08):9-15.

[157]刘潮,韩利红,宋培兵,等. 桑树 WRKY 转录因子的全基因组鉴定及生物信息学分析[J]. 南方农业学报,2017,48(09):1691-1699.

[158]尹明智,胡燕. 油菜菌核病相关的 WRKY 转录因子研究进展[J]. 安徽农业科学,2016,44(13):146-148,156.

[159]DRÖGE-LASER W, SNOEK B L, SNEL B, et al. The Arabidopsis bZIP transcription factor family – an update[J]. Current Opinion in Plant Biology, 2018, 45: 36-49.

[160]罗秀云,李园园,周赓,等. TGA 转录因子在植物氧化胁迫应答中的调控作用[J]. 化学与生物工程,2015,32(3):1-5.

[161]KATAGIRI F, LAM E, CHDA N H. Two tobacco DNA-binding proteins with homology to the nuclear factor CREB[J]. Nature, 1989, 340(3): 723-730.

[162]JAKOBY M, WEISSHAAR B, DRGE-LASER W, et al. bZIP transcription factors in Arabidopsis[J]. Trends in Plant Science, 2002, 7(3): 106-111.

[163]IDROVO ESPÍN F M, PERAZA-ECHEVERRIA S, FUENTES G, et al. In silico cloning and characterization of the TGA (TGACG MOTIF-BINDING FACTOR) transcription factors subfamily in Carica papaya[J]. Plant Physiology and Biochemistry, 2012, 54: 113-122.

[164]LI B, LIU Y, CUI X Y, et al. Genome-wide characterization and expression analysis of soybean TGA transcription factors identified a novel TGA gene involved in drought and salt tolerance[J]. Frontiers in plant science, 2019, 10(4): 549-562.

[165]林萍,王明元,李雨晴,等. 香蕉 TGA 转录因子家族的鉴定及枯萎病菌胁迫下的表达分析[J]. 热带作物学报,2021,42(8):2134-2142.

[166]GATZ C. From pioneers to team players: TGA transcription factors provide amolecular link between different stress pathways[J]. Molecular Plant-Microbe Interactions, 2013, 26(2): 151-159.

[167]田义,张彩霞,康国栋,等. 植物 TGA 转录因子研究进展[J]. 中国农业科学,2016,49(4):632-642.

[168]JOHNSON C, BODEN E, DESAI M, et al. In vivo target promoter-

binding activities of a xenobiotic stress - activated TGA factor[J]. Plant J. 2001, 28(2): 237-243.

[169] THUROW C, SCHIERMEYER A, KRAWCZYK S, et al. Tobacco bZIP transcription factor TGA2. 2 and related factor TGA2. 1 have distinct roles in plant defense responses and plant development[J]. Plant J. 2005, 44(1): 100-113.

[170] 吴娟娟. 拟南芥转录因子 TGA7 参与植物响应干旱胁迫的机制研究[D]. 北京: 中国农业大学, 2014.

[171] FENG J, CHENG Y, ZHENG C X. Expression patterns of octoploid strawberry TGA genes reveal a potential role in response to Podosphaera aphanis infection[J]. Plant Biotechnology Reports, 2020, 14(1): 55-67.

[172] 徐仲阳, 张宏, 莫启波, 等. 小麦响应白粉病菌转录因子 TaTGA1 的表达分析[J]. 植物病理学报, 2018, 48(6): 766-777.

[173] 连梓伊, 杨郁文, 陈天子, 等. 水稻 rTGA4 转录因子的启动子特征分析[J]. 华北农学报, 2013, 28(4): 1-6

[174] STASKAWICZ B J, AUSUBEL F M, BAKER B J, et al. Molecular genetics of plant disease resistance[J]. Science, 1995, 268(5211): 661-667.

[175] STEVENSON P C, TURNER H C, HAWARE M P. Phytoalexin accumulation in the roots of chickpea (Cicer arietinum L.) seedlings associated with resistance to fusarium wilt (Fusarium oxysporum f. sp. ciceri)[J]. Physiological & Molecular Plant Pathology, 1997, 50(3): 167-178.

[176] REIMERS P J, LEACH J E. Race - specific resistance to Xanthomonas oryzae pv. oryzae conferred by bacterial blight resistance gene Xa - 10 in rice (Oryza sativa) involves accumulation of a lignin - like substance in host tissues[J]. Physiological and Molecular Plant Pathology, 1991, 38(1): 39-55.

[177] 周洁, 陈伟, 叶明志, 等. 水稻感染细菌性条斑病后叶片中酚类物质的变化[J]. 福建农业大学学报, 1997, 26(2): 123-128.

[178] 郭泽建, 李德葆. 活性氧与植物抗病性[J]. 植物学报, 2000, (9): 881-891.

参考文献

[179] 黄秀丽. 玉米弯孢菌叶斑病抗性相关蛋白质鉴定及功能研究[D]. 上海: 上海交通大学, 2009.

[180] 张青, 赵景梅, 黄东益, 等. 大薯病程相关蛋白1(PR1)基因及其启动子序列的克隆与分析[J]. 分子植物育种, 2018, 16(7): 2078-2084.

[181] 王晶, 张丽伟, 刘春燕, 等. HMMER及同源比对预测大豆病程相关蛋白[J]. 基因组学与应用生物学, 2011, 30(6): 649-656.

[182] DAFOE N J, GOWEN B E, CONSTABEL C P. Thaumatin-like proteins are differentially expressed and localized in phloem tissues of hybrid poplar[J]. BMC Plant Biol, 2010, 10: 191.

[183] VAN DER WEL H, LOEVE K. Isolation and characterization of thaumatin I and II, the sweet-tasting proteins from Thaumatococcus daniellii Benth[J]. European Journal of Biochemistry, 2010, 31(2): 221-225.

[184] 冯超. 荔枝类甜蛋白基因克隆与表达分析[D]. 海南: 海南大学, 2011.

[185] ZHANG J R, WANG F, LIANG F, et al. Functional analysis of a pathogenesis-related thaumatin-like protein gene TaLr35PR5 from wheat induced by leaf rust fungus[J]. BMC Plant Biol, 2018, 18: 76.

[186] PETRE B, MAJOR I, ROUHIER N, et al. Genome-wide analysis of eukaryote thaumatin-like proteins (TLPs) with an emphasis on poplar[J]. BMC Plant Biology, 2011, 11: 33.

[187] EI-KEREAMY A, EI-SHARKAWY I, RAMAMOORTHY R, et al. Prunus domestica pathogenesis-related protein-5 activates the defense response pathway and enhances the resistance to fungal infection[J]. PLoS One, 2011, 6(3): e17973

[188] YAN X X, QIAO H B, ZHANG X M, et al. Analysis of the grape (Vitis vinifera L.) thaumatin-like protein (TLP) gene family and demonstration that TLP29 contributes to disease resistance[J]. Scientific Reports, 2017, 7: 4269.

[189] LIU J J, STURROCK R, EKRAMODDOULLAH A K M. The superfamily of thaumatin-like proteins: its origin, evolution, and expression towards biological function[J]. Plant Cell Rep, 2010, 29(5): 419-436.

[190] LIU J J, ZAMANI A, EKRAMODDOULLAH A K M. Expression

profiling of a complex thaumatin – like protein family in western white pine[J]. Planta Berlin, 2010, 231(3): 637 – 651.

[191] 陈建梅. 色素万寿菊褐斑病防治及类甜蛋白基因克隆研究[D]. 北京: 北京农学院, 2015.

[192] 刘潮, 韩利红, 王海波, 等. 胡萝卜类甜蛋白家族鉴定与生物信息学分析[J]. 中国蔬菜, 2017, (2): 38 – 44.

[193] SHATTERS R G, BOYKIN L M, LAPOINTE S L, et al. Phylogenetic and structural relationships of the PR5 gene family reveal an ancient multigene family conserved in plants and select animal taxa[J]. Journal of Molecular Evolution, 2006, 63(1): 12 – 29.

[194] 韩德平. 莜麦类甜蛋白的分离与鉴定及其基因克隆[D]. 太原: 山西大学, 2013.

[195] 张华崇, 张文蔚, 简桂良, 等. 陆地棉 TLP 基因家族的全基因组鉴定及表达分析[J]. 棉花学报, 2019, 31(5): 381 – 393.

[196] 崔宝禄, 李纷芬, 陈国平. 番茄复三螺旋基因响应外源激素和非生物胁迫的研究[J]. 西北植物学报, 2020, 40(8): 1372 – 1379.

[197] GAO H Y, HUANG R, LIU J, et al. Genome – wide identification of Trihelix genes in Moso Bamboo (Phyllostachys edulis) and their expression in response to abiotic Stress[J]. Journal of Plant Growth Regulation, 2019, 38(3): 1127 – 1140.

[198] 韩文龙, 朱振, 李君茹, 等. 梨 Trihelix 转录因子家族成员鉴定及表达分析[J]. 园艺学报, 2021, 48(3): 439 – 455.

[199] WANG W L, WU P, LIU T K, et al. Genome – wide analysis and expression divergence of the Trihelix family in Brassica Rapa: insight into the evolutionary patterns in plants[J]. Scientific Reports, 2017, 7(1): 6463.

[200] LIU X Q, ZHANG H, MA L, et al. Genome – wide identification and expression profiling analysis of the Trihelix gene family under abiotic stresses in medicago truncatula. [J]. Genes, 2020, 11(11): 1389.

[201] MAGWANGA R O, KIRUNGU J N, LU P, et al. Genome wide identification of the trihelix transcription factors and overexpression of Gh_A05G2067 (GT – 2), a novel gene contributing to increased drought and salt stresses tolerance in cotton[J]. Physiologia Planta-

rum,2019,167(3):447-464.

[202] WANG Z C,LIU Q G,WANG H Z,et al. Comprehensive analysis of trihelix genes and their expression under biotic and abiotic stresses in Populus trichocarpa[J]. Scientific Reports,2016,6(1):2543-2549.

[203] 李月,孙杰,谢宗铭,等. 陆地棉 trihelix 转录因子基因响应非生物胁迫表达谱分析[J]. 中国农业科学,2013,46(9):1946-1955.

[204] ZHOU D X. Regulatory mechanism of plant gene transcription by GT-elements and GT-factors[J]. Trends in Plant Science,1999,4(6):210-214.

[205] XIE Z M,ZOU H F,LEI G,et al. Soybean Trihelix transcription factors GmGT-2A and GmGT-2B improve plant tolerance to abiotic stresses in transgenic Arabidopsis[J]. PLoS One,2009,4(9):e6898.

[206] LIU X S,WU D C,SHAN T F,et al. The trihelix transcription factor OsGTγ-2 is involved adaption to salt stress in rice[J]. Plant Molecular Biology,2020,103(4-5):545-560.

[207] XI J,QIU Y J,DU L Q,et al. Plant-specific trihelix transcription factor AtGT2L interacts with calcium/calmodulin and responds to cold and salt stresses[J]. Plant Science,2012,185-186:274-280.

[208] LIU W,ZHANG Y W,LI W,et al. Genome-wide characterization and expression analysis of soybean trihelix gene family[J]. PeerJ,2020,8:e8753.

[209] 田永贤,陈敏,王其刚,等. 植物抗白粉病 MLO 基因研究进展[J]. 江苏农业科学,2020,48(1):44-54.

[210] 向贵生,王开锦,晏慧君,等. 蔷薇科植物 MLO 蛋白家族的生物信息学分析[J]. 基因组学与应用生物学,2018,37(5):2043-2059.

[211] JONES D S,KESSLER S A. Cell type-dependent localization of MLO proteins[J]. Plant Signal Behav,2017,12(11):e1393135.

[212] 魏小春,孟纯阳,赵艳艳,等. 辣椒 MLO 基因家族鉴定及表达分析[J]. 中国农学通报,2019,35(21):118-124.

[213] KONISHI S,SASAKUMA J,SASANUMA T. Identification of novel Mlo family members in wheat and their genetic characterization

[J]. Genes & Genetic Systems, 2010, 85(3): 167-175.

[214] 张宇, 何海霞, 王萌, 等. 巴西橡胶树 HbMlo9 基因的功能[J]. 吉林农业大学学报, 2018, 40(2): 198-203.

[215] ACEVEDO-GARCIA J, KUSCH S, PANSTRUGA R. Magical mystery tour: MLO proteins in plant immunity and beyond[J]. New Phytologist, 2014, 204(2): 273-281.

[216] REINSTÄPLER A, MÜLLER J, CZEMBOR J H, et al. Novel induced mlo mutant alleles in combination with site-directed mutagenesis reveal functionally important domains in the heptahelical barley Mlo protein[J]. BMC Plant Biol, 2010, 10: 31.

[217] CONSONNI C, HUMPHRY M E, HARTMANN H A, et al. Conserved requirement for a plant host cell protein in powdery mildew pathogenesis[J]. Nature Genetics, 2006, 38(6): 716-720.

[218] KONISHI S, SASAKUMA T, SASANUMA T. Identification of novel Mlo family members in wheat and their genetic characterization[J]. Genes & Genetic Systems, 2010, 85(3): 167-175.

[219] ZHOU S J, JING Z, SHI J L. Genome-wide identification, characterization, and expression analysis of the MLO gene family in Cucumis sativus[J]. Genetics & Molecular Research, 2013, 12(4): 6565-6578.

[220] POLANCO C, SÁENZ DE MIERA L E, BETT K, et al. A genome-wide identification and comparative analysis of the lentil MLO genes [J]. PLoS One, 2018, 13(3): e0194945.

[221] 简令成, 王红. Ca^{2+} 在植物细胞对逆境反应和适应中的调节作用在植物细胞对逆境反应和适应中的调节作用[J]. 植物学通报, 2008, 3: 255-267.

[222] HALFORD N G, HARDIE D G. SNF1-related protein kinases: global regulators of carbon metabolism in plants? [J]. Plant Molecular Biology, 1998, 37(5): 735-748.

[223] ALBRECHT V, RITZ O, LINDER S, et al. The NAF domain defines a novel protein-protein interaction module conserved in Ca^{2+}-regulated kinases[J]. The EMBO Journal, 2001, 20(5): 1051-1063.

[224] KIM K N, CHEONG Y H, GUPTA R, et al. Interaction specificity

of arabidopsis calcineurin B – like calcium sensors and their target kinases[J]. Plant Physiology, 2000, 124(4): 1844 – 1853.

[225] 李洋, 李晓薇, 徐赫韩, 等. 非生物胁迫下植物中 CBL – CIPK 信号通路研究进展[J]. 农业与技术, 2018, 38(11): 7 – 10.

[226] 柴畅, 狄成乾, 汪杨, 等. 多毛番茄 CIPK 基因家族生物信息学分析及低温下功能研究[J]. 中国蔬菜, 2021(02): 47 – 57.

[227] ZHANG H C, YIN W L, XIA X L. Calcineurin B – like family in Populus: comparative genome analysis and expression pattern under cold, drought and salt stress treatment[J]. Plant Growth Regulation, 2008, 56(2): 129 – 140.

[228] 李健. 玉米 ZmCIPK24 – 2 基因的功能研究[D]. 吉林农业大学, 2020.

[229] QIU Q S, GUO Y, QUINTERO F J, et al. Regulation of vacuolar Na^+/H^+ exchange in Arabidopsis thaliana by the salt – overly – sensitive (SOS) pathway[J]. The Journal of biological chemistry, 2004, 279(1): 207 – 215.

[230] CHEN L, WANG Q Q, ZHOU L, et al. Arabidopsis CBL – interacting protein kinase (CIPK6) is involved in plant response to salt/osmotic stress and ABA[J]. Molecular Biology Report, 2013, 40(8): 4759 – 4767.

[231] 陈勋基, 李建平, 郝晓燕, 等. 玉米 ZmCIPK21 基因的克隆与分析[J]. 核农学报, 2012, 26(6): 862 – 867.

[232] 陈勋基, 陈果, 邵琳, 等. 玉米 ZmCIPK42 克隆及逆境胁迫后表达特异性分析[J]. 分子植物育种, 2013, 11(3): 326 – 331.

[233] XIANG Y, HUANG Y M, XIONG L Z. Characterization of stress – responsive CIPK genes in rice for stress tolerance improvement[J]. Plant Physiology, 2007, 144(3): 1416 – 1428.

[234] CHEN X F, GU Z M, LIU F, et al. Molecular analysis of rice CIPKs involved in both biotic and abiotic stress responses[J]. Rice Science, 2011, 18(1): 1 – 9.

[235] KOLUKISAOGLU U, WEINL S, BLAZEVIC D, et al. Calcium sensors and their interacting protein kinases: genomics of the Arabidopsis and rice CBL – CIPK signaling networks[J]. Plant Physiology,

2004,134(1):43-58.

[236]栾非时,吕慧玲,朱子成,等. 西瓜 CIPK 家族基因的鉴定与特征分析[J]. 北方园艺,2018(8):1-7.

[237]黄珑. 甘蔗 ScCBLs 和 ScCIPKs 基因家族的克隆与鉴定[D]. 福建农林大学,2016.

[238]刘涛,王萍萍,何红红,等. 草莓 CIPK 基因家族的鉴定与表达分析[J]. 园艺学报,2020,47(1):127-142.

[239]王俊英,尹伟伦,夏新莉. 胡杨锌指蛋白基因克隆及其结构分析[J]. 遗传,2005(2):245-248.

[240]袁岐,张春利,赵婷婷,等. 植物中 GATA 转录因子的研究进展[J]. 分子植物育种,2017,15(5):1702-1707.

[241]LOWRY J A, ATHCLEY W R. Molecular evolution of the GATA family of transcription factors: conservation within the DNA-binding domain[J]. Journal of Molecular Evolution, 2000, 50(2):103-115.

[242]SCAZZOCCHIO C. The fungal GATA factors[J]. Current Opinion in Microbiology, 2000, 3(2):126-131.

[243]MUKHOPADHYAY A, VIJ S, TYAGI A K. Overexpression of a zinc-finger protein gene from rice confers tolerance to cold, dehydration, and salt stress in transgenic tobacco[J]. PNAS, 2004, 101(16):6309-6314.

[244]HUANG X Y, CHAO D Y, GAO P J, et al. A previously unknown zinc finger protein, DST, regulates drought and salt tolerance in rice via stomatal aperture control[J]. Genes and Development, 2009, 23(15):1805-1817.

[245]DAVLETOVA S, SCHLAUCH K, COUTU J, et al. The zinc-finger protein zat12 plays a central role in reactive oxygen and abiotic stress signaling in Arabidopsis[J]. Plant Physiology, 2005, 139(2):847-856.

[246]ŞAHIN-ÇEVIK M, MOORE G A. Isolation and characterization of a novel RING-H2 finger gene induced in response to cold and drought in the interfertile Citrus relative Poncirus trifoliata[J]. Physiologia Plantarum, 2006, 126(1):153-161.

[247]DANIEL-VEDELE F, CABOCHE M. A tobacco cDNA clone enco-

ding a GATA – 1 zinc finger protein homologous to regulators of nitrogen metabolism in fungi[J]. Molecular Genetics and Genomics, 1993, 240(3): 365 – 373.

[248]任梦轩,张洋,王爽,等. 毛果杨 GATA 基因家族全基因组水平鉴定及表达分析[J]. 植物研究, 2021, 41(01): 107 – 118.

[249]陈国梁,祖欢欢,张昊,等. 枣 GATA 转录因子家族生物信息学分析[J]. 分子植物育种, 2018, 16(15): 4863 – 4871.

[250]甘晓燕,巩檑,张丽,等. 马铃薯 GATA12 基因克隆及表达分析[J]. 分子植物育种, 2021, 19(7): 2123 – 2128.

[251]尹航,臧军蕊,袁玉莹,等. 燕麦 GATA6 转录因子克隆及干旱胁迫下表达模式分析[J]. 分子植物育种, 2022, 20(02): 357 – 362.

[252]史军娜,刘美芹,师静,等. 沙冬青 GATA 型锌指蛋白基因序列及表达分析[J]. 北京林业大学学报, 2011, 33(3): 21 – 25.

[253]骆鹰,王有成,王伟平,等. 水稻 GATA 基因家族生物信息学分析[J]. 分子植物育种, 2018, 16(17): 5514 – 5522.

[254]王建霞,王擎,赵玉兰,等. 玉米大斑病菌 GATA 转录因子氮源响应表达模式分析[J]. 农业生物技术学报, 2020, 28(7): 1297 – 1305.

[255]敖涛,廖晓佳,徐伟,等. 蓖麻 GATA 基因家族的鉴定和特征分析[J]. 植物分类与资源学报, 2015, 37(4): 453 – 462.

[256]REYES J C, MURO – PASTOR M I, FLORENCIO F J. The GATA family of transcription factors in Arabidopsis and rice[J]. Plant Physiology, 2004, 134 (4): 1718 – 1732.

[257]NAITO T, KIBA T, KOIZUMI N, et al. Characterization of a unique GATA family genc that responds to both light and cytokinin in Arabidopsis thaliana[J]. Bioscience Biotechnology and Biochemistry, 2007, 71(6): 1557 – 1560.

[258]HE P L, WANG X W, ZHANG X B, et al. Short and narrow flag leaf 1, a GATA zinc finger domain – containing protein, regulates flag leaf size in rice (Oryza sativa)[J]. BMC Plant Biology, 2018, 18(1): 273.

[259]ZHU W Z, GUO Y Y, CHEN Y K, et al. Genome – wide identification, phylogenetic and expression pattern analysis of GATA family genes in Brassica napus[J]. BMC Plant Biology, 2020, 20(1): 543.

[260] WESTFALL C S, HERRMANN J, CHEN Q F, et al. Modulating plant hormones by enzyme action: the GH3 family of acyl acid amido synthetases[J]. Plant Signaling Behavior, 2010, 5(12): 1607-1612.

[261] STASWICK P E, SERBAN B, ROWE M, et al. Characterization of an Arabidopsis enzyme family that conjugates amino acids to indole-3-acetic acid[J]. Plant Cell, 2005, 17(2): 616-627.

[262] FOMICHEVA A S, TUZHIKOV A I, BELOSHISTOV R E, et al. Programmed cell death in plants[J]. Biochemistry (Moscow), 2012, 77(13): 1452-1464.

[263] VAN HAUTEGEM T, WATERS A J, GOODRICH J, et al. Only in dying, life: programmed cell death during plant development[J]. Trends Plant Sci, 2015, 20(2): 102-113.

[264] TSUNEZUKA H, FUJIWARA M, KAWASAKI T, et al. Proteome analysis of programmed cell death and defense signaling using the rice lesion mimic mutant cdr2[J]. Mol Plant Microbe Interact, 2005, 18(1): 52-59.

[265] AGARRWAL R, PADMAKUMARI A P, BENTUR J S, et al. Metabolic and transcriptomic changes induced in host during hypersensitive response mediated resistance in rice against the Asian rice gall midge[J]. Rice(N Y), 2016, 9: 5.

[266] 王媛, 梁军, 张星耀. 植物抗病过程中的细胞程序性死亡[J]. 林业科学, 2008, 44(2): 143-149.

[267] ABAD M S, HAKIMI S M, KANIEWSKI W K, et al. Characterization of acquired resistance in lesion-mimic transgenic potato expressing bacterio-opsin[J]. MPMI, 1997, 10(5): 635-645.

[268] LIU Z X, WU Y, YANG F, et al. BIK1 interacts with PEPRs to mediate ethylene-induced immunity[J]. Proc Natl Acad Sci U S A, 2013, 110(15): 6205-6210.

[269] CLARKE J D, VOLKO S M, LEDFORD H, et al. Roles of Salicylic Acid, Jasmonic Acid, and Ethylene in cpr-Induced Resistance in Arabidopsis[J]. The Plant Cell Online, 2000, 12(11): 2175-2190.

[270] KWON S I, CHO H J, KIM S R, et al. The Rab GTPase RabG3b positively regulates autophagy and immunity-associated hypersensitive

cell death in Arabidopsis[J]. Plant Physiol, 2013, 161(4): 1722 - 1736.

[271] LALUK K, LUO H L, CHAI M F, et al. Biochemical and genetic requirements for function of the immune response regulator BOTRYTIS - INDUCED KINASE1 in plant growth, ethylene signaling, and PAMP - triggered immunity in Arabidopsis[J]. Plant Cell, 2011, 23(8): 2831 - 2849.

[272] ZHANG L, LI Y Z, LU W J, et al. Cotton GhMKK5 affects disease resistance, induces HR - like cell death, and reduces the tolerance to salt and drought stress in transgenic Nicotiana benthamiana[J]. J Exp Bot, 2012, 63(10): 3935 - 3951.

[273] MALAMY J, HENNIG J, KLESSIG D F. Temperature - dependent induction of salicylic acid and its conjugates during the resistance response to tobacco mosaic virus infection[J]. Plant Cell, 1992, 4(3): 359 - 366.

[274] IARULLINA L G, KASIMOVA R I, BURKHANOVA G F, et al. The effect of salicylic and jasmonic acids on the activity and range of protective proteins during the infection of wheat by the septoriosis pathogen[J]. Izv Akad Nauk Ser Biol, 2015, 42(1): 27 - 33.

[275] PRITHIVIRAJ B, BAIS H P, JHA A K, et al. Staphylococcus aureus pathogenicity on Arabidopsis thaliana is mediated either by a direct effect of salicylic acid on the pathogen or by SA - dependent, NPR1 - independent host responses[J]. Plant J, 2005, 42(3): 417 - 432.

[276] ANGULO C, De LA O LEYVA M, FINITI I, et al. Role of dioxygenase α - DOX2 and SA in basal response and in hexanoic acid - induced resistance of tomato (Solanum lycopersicum) plants against Botrytis cinerea[J]. J Plant Physiol, 2015, 175: 163 - 173.

[277] GAFFNEY T, FRIEDRICH L, VERNOOIJ B, et al. Requirement of salicylic acid for the induction of systemic acquired resistance[J]. Science, 1993, 261(5122): 754 - 766.

[278] ZHANG W, YANG X F, QIU D W, et al. PeaT1 - induced systemic acquired resistance in tobacco follows salicylic acid - dependent pathway[J]. Mol Biol Rep, 2011, 38(4): 2549 - 2556.

[279] CHEN C H, CHEN Z X. Potentiation of developmentally regulated plant defense response by AtWRKY18, a pathogen-induced Arabidopsis transcription factor[J]. Plant Physiol, 2002, 129(2): 706-716.

[280] SHIMONO M, SUGANO S, NAKAYAMA A, et al. Rice WRKY45 plays a crucial role in benzothiadiazole-inducible blast resistance[J]. The Plant Cell, 2007, 19(6): 2064-2076.

[281] 李冉, 娄永根. 植物中逆境反应相关的WRKY转录因子研究进展[J]. 生态学报, 2011, 31(11): 3223-3231.

[282] YU D, CHEN C, CHEN Z. Evidence for an important role of WRKY DNA binding proteins in the regulation of NPR1 gene expression[J]. Plant Cell, 2001, 13(7): 1527-1540.

[283] 杨震, 彭选明, 彭伟正. 作物诱变育种研究进展[J]. 激光生物学报, 2016, 25(4): 302-308.

[284] 陈健, 赵增琳, 张世宏, 等. 一个水稻T-DNA插入类病斑突变体的初步研究[J]. 吉林农业大学学报, 2008, 30(2): 133-137, 145.

[285] 刘玲, 刘福妹, 陈肃, 等. 转TaLEA小黑杨矮化突变体的鉴定及侧翼序列分析[J]. 北京林业大学学报, 2013, 35(1): 45-52.

[286] LI Y H, ZHAO S C, MA J X, et al. Molecular footprints of domestication and improvement in soybean revealed by whole genome re-sequencing[J]. BMC Genomics, 2013, 14(1): 579-591.

[287] HIBI T, KOSUGI S, IWAI T, et al. Involvement of EIN3 homologues in basic PR gene expression and flower development in tobacco plants[J]. J Exp Bot, 2007, 58(13): 3671-3678.

[288] SOLANO R, STEPANOVA A, CHAO Q, et al. Nuclear events in ethylene signaling a transcriptional cascade mediated by ETHYLENE-INSENSITIVE3 and ETHYLENE-RESPONSE-FACTOR1[J]. GENES & DEVELOPMENT, 1998, 12(23): 3703-3714.

[289] LI Z H, PENG J Y, WEN X, et al. Ethylene-insensitive3 is a senescence-associated gene that accelerates age-dependent leaf senescence by directly repressing miR164 transcription in Arabidopsis[J]. Plant Cell, 2013, 25(9): 3311-3328.

[290] YANG Y, OU B, ZHANG J Z, et al. The Arabidopsis Mediator sub-

unit MED16 regulates iron homeostasis by associating with EIN3/EIL1 through subunit MED25[J]. Plant J, 2014, 77(6): 838-851.

[291] BAUER P, BLONDET E. Transcriptome analysis of ein3 eil1 mutants in response to iron deficiency[J]. Plant Signaling Behavior, 2011, 6(11): 1669-1671.

[292] 丛汉卿, 齐尧尧, 张振文, 等. 木薯EIN3基因的序列分析及其乙烯和茉莉酸甲酯诱导表达特性[J]. 分子植物育种, 2015, 13(12): 2705-2712.

[293] CHAO Q, ROTHENBERG M, SOLANO R, et al. Activation of the ethylene gas response pathway in Arabidopsis by the nuclear protein ETHYLENE-INSENSITIVE3 and related proteins[J]. Cell, 1997, 89(7): 1133-1144.

[294] WANG S H, LIM J H, KIM S S, et al. Mutation of SPOTTED LEAF3 (SPL3) impairs abscisic acid-responsive signalling and delays leaf senescence in rice[J]. J Exp Bot, 2015, 66(22): 7045-7059.

[295] ZHANG Y F, HOU M M, TAN B C. The requirement of WHIRLY1 for embryogenesis is dependent on genetic background in maize[J]. PLoS One, 2013, 8(6): e67369.

[296] LANDONI M, DE FRANCESCO A, BELLATTI S, et al. A mutation in the FZL gene of Arabidopsis causing alteration in chloroplast morphology results in a lesion mimic phenotype[J]. J Exp Bot, 2013, 64(14): 4313-4328.